中国“海洋强国”战略的文化建构

基于中国海洋文化历史基础与发展抉择的思考

Cultural Construction of China’s “Powerful Maritime Country” Strategy

Thinking Based on the Historical Foundation and Development Choice of Chinese Maritime Culture

曲金良 著

学习出版社

图书在版编目（CIP）数据

中国"海洋强国"战略的文化建构：基于中国海洋文化历史基础与发展抉择的思考 / 曲金良著. -- 北京：学习出版社，2021.12

国家社科基金后期资助项目

ISBN 978-7-5147-1072-4

Ⅰ. ①中… Ⅱ. ①曲… Ⅲ. ①海洋经济－经济发展战略－研究－中国 Ⅳ. ① P74

中国版本图书馆 CIP 数据核字（2021）第 176705 号

中国"海洋强国"战略的文化建构

——基于中国海洋文化历史基础与发展抉择的思考

ZHONGGUO "HAIYANG QIANGGUO" ZHANLUE DE WENHUA JIANGOU

曲金良　著

责任编辑：李　岩　翟晓波
技术编辑：刘　硕
封面设计：杨　洪

出版发行：学习出版社
北京市崇外大街11号新成文化大厦B座11层（100062）
010-66063020　010-66061634　010-66061646
网　　址：http：//www.xuexiph.cn
经　　销：新华书店
印　　刷：固安县铭成印刷有限公司

开　　本：710毫米×1000毫米　1/16
印　　张：14.5
字　　数：245千字
版次印次：2021年12月第1版　2021年12月第1次印刷

书　　号：ISBN 978-7-5147-1072-4
定　　价：32.00元

国家社科基金后期资助项目

出版说明

后期资助项目是国家社科基金设立的一类重要项目，旨在鼓励广大社科研究者潜心治学，支持基础研究多出优秀成果。它是经过严格评审，从接近完成的科研成果中遴选立项的。为扩大后期资助项目的影响，更好地推动学术发展，促进成果转化，全国哲学社会科学工作办公室按照“统一设计、统一标识、统一版式、形成系列”的总体要求，组织出版国家社科基金后期资助项目成果。

全国哲学社会科学工作办公室

国家社科基金后期资助项目

出版说明

后期资助项目是国家社科基金设立的一类重要项目，旨在鼓励广大社科研究者潜心治学，支持基础研究多出优秀成果。它是经过严格评审，从接近完成的科研成果中遴选立项的。为扩大后期资助项目的影响，更好地推动学术发展，促进成果转化，全国哲学社会科学工作办公室按照"统一设计、统一标识、统一版式、形成系列"的总体要求，组织出版国家社科基金后期资助项目成果。

全国哲学社会科学工作办公室

目　录

Contents

引　论

2012年，党的十八大报告明确提出建设“海洋强国”，中央政治局常委为此进行了专题集体学习，习近平总书记就“海洋强国”建设问题作了重要讲话。这是中国作为世界上历史悠久、幅员辽阔的海洋大国之一，首次向全国、全世界宣示中国已将“海洋强国”建设确立为国家战略的政治意志和国家安排。2017年，党的十九大报告进一步提出“加快建设海洋强国”。党的十八大以来特别是十九大以来，中国的“海洋强国”战略引起全国高度重视，同时也引起了世界上不少国家政界、学界、军界和民间的纷纷热议，成为全世界一切与中国海洋事业发展密切相关的国家、组织、人士都不能不高度重视的标志性“时代话题”和“历史事件”。一方面，全国各有关方面、各有关地方正在争先恐后、紧锣密鼓地酝酿、制定贯彻落实国家“海洋强国”战略的部门化、行业化、地方化实施方案；另一方面，关于什么是“海洋强国”，中国为什么要建设“海洋强国”，中国应该建设什么样的“海洋强国”，中国怎么样才能建成“海洋强国”，中国作为“海洋强国”将会起到什么样的作用等一系列全局性、关键性也是基本性、根本性的理念认知、方向定位、目标确立、形象塑造、道路抉择的理论问题，亦是文化问题，尽管已经成为人们普遍关心的重大话题，但至今尚未形成明确的具有共识性的理论成果，为国家层面的决策提供参考。

面对全球范围内海洋发展竞争的日益激烈，许多沿海国家都对如何在21世纪这一“海洋世纪”中扮演海洋大国、强国角色充满期待并雄心勃勃。中国作为世界上历史最为悠久的海洋大国之一，一方面，当今的海洋主权和管辖权益却不断受到挑战和威胁，传统海洋安全和海域空间、海洋资源利用权益不断受到侵袭；另一方面，国家的对外开放政策和沿海区域发展、国家战略发展对海洋的依赖度越来越大。由此，如何将中国由一个海洋大国建设成为一个“海洋强国”，已经成为中国政府和社会各界十分关心重视并迫切需要解决的重大战略问题。

什么是“海洋强国”，世界上什么样的国家是“海洋强国”，中国应该建设成为什么样的“海洋强国”，其内涵要素、呈现形态都有哪些；世界上的“海洋强国”的发展历史经历了什么样的兴衰曲折，这些兴衰曲折对其本国、对人类历史都有些什么样的经验教训；中国的“海洋强国”建设应该走什么样的道路，从世界上其他“海洋强国”发展兴衰的经验教训中得到什么样的启示借鉴；如何才能保证我国的“海洋强国”建设之路走得通、走得好……不但成为我国国家安全、国家发展之大幸，而且成为世界和平、世界发展之大幸。这无疑既是关乎我国国家安全、国家发展、人民幸福的千年大计，也是关乎世界和平、世界发展、全人类幸福的千年大计。

中国要建设“海洋强国”，就要有建设“海洋强国”的理论，用于指导实践。我们这样一个海洋大国，建设“海洋强国”涉及方方面面，作为国家战略，如果缺少全局性、关键性也是基本性、根本性的统一的理论指导，就会顾此失彼，甚至可能走向歧途。因此，系统构建中国“海洋强国”的理论模式，全面回答什么是“海洋强国”，中国为什么要建设“海洋强国”，中国应该建设什么样的“海洋强国”，中国怎么样才能建成“海洋强国”，中国作为“海洋强国”将会起到什么样的作用等一系列全局性、关键性也是基本性、根本性的理论问题，并研究提出国家“海洋强国”战略目标的一整套切实可行的实现途径方案，用以指导中国“海洋强国”战略实践的国家决策参考，已经迫切地摆在了我们面前。

党的十八大确立我国建设“海洋强国”的战略之后，习近平总书记统筹国内国际两个大局，又先后在不同国际场合提出了建设“海上丝绸之路经济带”和“21世纪海上丝绸之路”（即“一带一路”）、构建“人类命运共同体”（2013年3月，习近平主席在莫斯科国际关系学院发表演讲，郑重提出构建人类命运共同体思想；2015年9月，习近平主席在第70届联合国大会一般性辩论时，全面阐释了构建人类命运共同体思想的具体内容；2017年1月，习近平主席在联合国日内瓦总部的演讲中再一次全面介绍了构建人类命运共同体思想；党的十九大报告把“坚持推动构建人类命运共同体”作为坚持和发展中国特色社会主义的基本方略之一）和“海洋命运共同体”（2019年4月，习近平主席出席中国人民解放军海军成立70周年多国海军活动时，首提构建“海洋命运共同体”），都得到了国际社会的积极响应，并全部确定为我国的国家战略。其中涉及的海洋战略内容，较之党的十八大、十九大提出和确定的“海洋强国”战略，就有了被不断赋予的更为丰富的新内涵。它们与“海洋强国”战略相辅相成，也是“海洋强国”战略文化内涵建构的新的有机内容。

一、“海洋强国”的文化理念

（一）不同的文化理念，就有不同的“海洋强国”观

什么是“海洋强国”？什么样的国家算得上是“海洋强国”？“海洋强国”都包括哪些要素，哪些内涵？不同的国家、不同的人，从不同的立场、角度、价值观念和评价尺度，会有不同的理解和认识。事实上世界上的“海洋强国”有不同的类型，其各自“强”在哪些方面、应不应该这样一个“强”法、这样的“强”法可不可以复制，这样的“强”法对人类整体有没有好处，至少这样的“强”法对人类有没有害处，出于不同的立场、角度、价值观和世界观，人们的认知、评价会大不一样，甚至大相径庭。

目前被人们视为世界上的“海洋强国”的，古代的先后有：古埃及、古希腊、古波斯、腓尼基—迦太基、古罗马、拜占庭、阿拉伯、奥斯曼；近代以来先后有：葡萄牙、西班牙、荷兰、英国、法国、俄国—苏联—俄罗斯、美国、德国、日本、印度、中国。[①] 这些古代西方的“海洋强国”，“在当时都曾称雄地中海，有的甚至是地跨欧亚非三大洲的陆海强国。诚如有专家指出的，地中海乃是‘帝国训练场’，它孕育了早期的海陆强国，形成了长达数千年的海洋文明，其社会组织制度、军事制度、航海传统和航海技术等对葡萄牙和西班牙等海洋强国向大西洋的探险产生了直接的影响”[②]。中央电视台电视系列片《大国崛起》第一集《海洋时代》认为，近代“五百年来，在人类现代化进程的大舞台上，相继出现了9个

---

① 参见［英］保罗·肯尼迪（Paul Kennedy）:《大国的兴衰》（中译本，国际文化出版公司2006年版）、唐晋主编:《大国崛起》（人民出版社2006年版）、杨金森著:《海洋强国兴衰史略》（《海洋战略与海洋强国论丛》，海洋出版社2007年版）等。

② 庞从容:《兴衰岂无凭——读杨金森先生〈海洋强国兴衰史略〉》，《人民政协报》文化周刊，2008年9月22日。

世界性大国，它们是葡萄牙、西班牙、荷兰、英国、法国、德国、日本、俄罗斯和美国”，都是靠“海洋”发迹的“海洋大国”和“海洋强国”。这个“名单”将印度、中国排除在外。那么，为什么人们把这些国家称为“海洋大国”“海洋强国”？这些除印度、中国之外的“公认”的“海洋大国”“海洋强国”，是怎样靠“海洋”发迹的、是一些什么样的“海洋强国”、其本来的面目及其历史结局又是怎样的？

（二）西方的“海洋强国”理念及其内涵的特性

西方的“海洋强国”，无论是古代的、近现代的，都是靠发展海上军事力量侵略别国、四处殖民、争霸世界而“发迹”起家的。它们大多一时逞强，并维持不了多久，正如有学者已经分析论证过的那样：古埃及因“内反外攻逐步衰落”，古希腊因“分裂、战乱导致最终衰落”，波斯因“腐败、内争和强敌使帝国衰落”，腓尼基—迦太基“在争霸中走向衰落”，古罗马因“落后、腐败和蛮族入侵使帝国衰落”，拜占庭因四处征战外攻内困衰落，阿拉伯帝国、奥斯曼帝国乃至自近代崛起的葡萄牙、西班牙、荷兰、英国、法国、德国、日本、俄罗斯、美国“九大海洋强国”，除了美国是最晚的一个，其他都到哪里去了？“其兴也勃焉，其亡也忽焉”，莫不如此。

世界上的“海洋强国”概念和理论，是伴随着近代以来由于西方各国“冲出地中海”而四处航海“发现”、实施殖民和为此在西方各国之间展开激烈的海洋霸权竞争、进而与世界各地沿海主权国家和“后殖民”独立国家之间展开海洋权力争夺和实力较量而形成的。其思想的来源和历史的渊源基于自古希腊、古罗马时代即开始的对地中海贸易线路与港口商业争夺的海上战争传统；而其近代的“现实”思想观念，来自其在寻找东方“香料之路”的航海中“发现”了海外“新世界”地盘后，由于争相实施侵占、殖民而引发的这些西方“发现者”之间的漫长的残酷的相互竞争吞并。这种“现实”思想观念的“代表作”，就是1604年荷兰人雨果·格劳修斯的《海洋自由论》、1635年英国人塞尔的《海洋封闭论或论海洋的所有权》、1819年德国人黑格尔的《历史哲学讲演录》之“地理环境决定论”及其“海洋欧洲中心论”和1890年美国人马汉的《海权对历史的影响》等大肆鼓噪“谁占有海洋谁就占有了世界”“谁拥有了海洋谁就拥有了一切”等海上霸权、海外殖民观的先后出笼。

1604年荷兰人雨果·格劳秀斯的《海洋自由论》，攻击、否认的是在此之前西班牙、葡萄牙人的“海洋占有权”的理论。宣称“任何国家到任何他国并与之贸易都是合法的，上帝亲自在自然中证明了这一点”，“如果他们被禁止进行贸易，那么由此爆发战争是正当的”。[①]这种理论看似主张“海洋自由”“贸易自由”，实际上是为打破别人已有的海洋霸权而获得自己的海洋霸权制造了借口，至少事实上成为西方各国竞相争霸海洋而不惜发动战争的支撑理论。借此“海洋自由论”或曰“公海论”这一从别人手中抢夺肥肉的托词，荷兰、英国等在这种竞争中先后成为“海上马拉车夫”和“日不落帝国”，与之相伴随的，是海洋竞争中的战争杀戮不可避免地从未间断。

但是，一旦肥肉到手，“海洋自由”“贸易自由”的虚伪性、两面性就暴露无遗：新的海洋霸主们一方面固守自己既得的海洋地盘，为此而拿来1635年英国人塞尔的《海洋封闭论或论海洋的所有权》；另一方面挥舞“海洋自由”“贸易自由”的大棒，继续向着别人的既得海洋地盘扩张、占领。英国也正是以此为“原则”，通过大炮打开了无法通过自由贸易打开的中国的大门的。西方世界这样争霸海洋的历史似乎在“昭示”世人：无论什么国家，只要想在这样的竞争中“脱颖而出”或者控制更大空间的海洋，成为打败老牌“海洋强国”的新生“海洋强国”，就只有建设强大的海军，形成占领和控制海洋的霸权力量。

黑格尔的《历史哲学》则通过“欧洲中心论”“欧洲高贵论”鼓吹了以地中海为主的海洋欧洲及其航海殖民的天经地义，扬言“大海邀请人类从事征服，从事掠夺”，“这种超越土地限制、渡过大海的活动，是亚细亚各国所没有的，就算他们有更多壮丽的政治建筑，就算他们自己也以大海为界——就像中国就是一个例子。在他们看来，海洋只是陆地的中断，陆地的天限；他们和海洋不发生积极的关系”。中国、印度和巴比伦“这些占有耕地的人民仍然闭关自守，并没有分享海洋所赋予的文明。既然他们的航海——不管这种航海发展到怎样的程度——没有影响他们的文化，所以他们和世界历史其他部分的关系，完全只是由于被其他民族寻找、发现和研究出来的缘故”。[②]于是，非洲人的被奴役、被贩卖、被杀戮，亚

---

① 荷兰法学家雨果·格劳秀斯（Hugo Grotius，1583~1645）1604年写出《海洋自由论》（Mare Liberum），1609年出版，宇川译中文本由上海三联书店2005年出版。

② 黑格尔：《历史哲学》，王造时译，上海书店出版社2001年版，第92、第93、第104页。

洲人的被侵略、被占领、被殖民，在黑格尔等人看来是欧洲人这种高贵民族的上等“荣耀”，非欧洲人的苦难的厄运和悲剧则是“活该”。

1890年美国马汉的《海权对历史的影响》赫然出笼，既“总结历史”，又强化海上力量的重要性，就成为揭示这一“历史昭示”的注脚，对西方人如何在这样的海洋竞争中“脱颖而出”而控制更大空间的海洋，成为打败老牌“海洋强国”的新生“海洋强国”，提供了理论武器。一时乎被一些跃跃欲试要走“强国之路”者奉为“经典”，先后至少对3个国家成为新的“海洋强国”产生了巨大影响：一是美国，二是日本，三是德国，并由此影响了世界历史的进程。“海权论”的实质，就是通过强大的海洋军事力量控制海洋，实现国家的海洋霸权意志，从而保障、强化和扩大国家的海洋贸易利益、海洋资源占有、海洋管辖权益、海洋安全空间、海外殖民权利。美国、日本、德国等，走的都是这样一条“海洋大国”“海洋强国”道路。但这样的道路是“人人可行”吗？是一条“人间正道”吗？近代西方世界先后从海上“崛起”的葡、西、荷、英等，先后一个个“眼见他起高楼，眼见他楼塌了”。世界经历了两次大战之后，德国、日本战败投降，被人类所不齿，重新缩回了自己的“老窝”，其中德国向世界表示了谢罪和忏悔，而日本虽然成了人类历史上迄今唯一品尝了两颗原子弹滋味的战败岛国，但至今不肯悔罪，仍在梦想着军国主义复活。只有美国实实在在得到了两次世界大战的“实惠”，成为靠海军及其支撑体系四处称霸世界的“海洋大国”“海洋强国”。美国在地球上的出现，就是英国殖民道路最终失败的证明；美国的强大，先是靠了大发世界上殖民与反殖民战争的难财，后是靠了其海上军事力量的强大以“主导世界”“领导世界”。这样的发展模式不可能长久，必然走向自己的反面。

（三）中国学界对“海洋强国”理念与内涵的误读

什么是“海洋强国”、怎样才能成为世界“海洋强国”、怎样才能巩固“海洋强国”的地位？无论是国际还是国内政界学界，对此都有不少研究论说。从目前来看，西欧国家较为沉寂，美国较为高调，日本仍跃跃欲试，韩国从不甘落后。美国一直宣称要保持其世界海洋强国的“领导地位”，日本近年来坚称要将日本由“岛国日本”建设成为“海洋日本”，韩国则不断宣称要建设“东亚海洋中心”。我国学界不少人出于拳拳爱国、强国之心，以“接受”中国历史上不但没有能够“称霸海洋”反而深受西方海洋霸权之害的“教训”和中国如何能在当代世界海洋竞争中胜出为出发点，纷纷为国家如何建设海洋大国、强国阐发主张、出谋划策。其中尤以研究批判中国古代无海权思想、高度评价马汉《海权论》、强调我国应加强海军建设以保卫国家海洋权益和海洋安全；大力发展海洋科技、海洋经济、海洋贸易而增强国家海洋发展实力；大力增强全民族的海洋意识和海权观念的论说最为多见。图书出版和宣传媒介为此推出《海洋强国兴衰史略》《大国的兴衰》《大洋角逐》《决战海洋——帝国是怎样炼成的》《文明的冲突与世界秩序的重建》《世界大趋势：正确观察世界的11个思维模式》《美国世纪的终结》《当中国统治世界：中国的崛起和西方文明的终结》《中国新世纪安全战略》《中国震撼：一个“文明型国家”的崛起》《文明的转型与中国海权：从陆权走向海权的历史必然》《大国之道：船舰与海权》以及中央电视台纪录片《大国崛起》等，有国外论说的引进，有国内论说的包装，不断引起社会反响和各界争鸣，表现出了国内外学界、传媒出版界和全国上下普遍强烈的强国崛起意识。

但是，毋庸讳言，我国学界既有的“海洋强国”观念和理论，有不少是受西方观念、西方理论影响的结果。对于“海洋强国”之“强”，人们的关注点往往在海洋经济、科技、国防等“硬实力”上，习惯于将我国海洋的“硬实力”与其他海洋强国比“差距”。即使我国的海洋经济、科技、国防等“海洋硬实力”在“量”上超过一些西方“海洋强国”，那就说我国“质”上不如人；即使我国的“海洋硬实力”在“量”上、“质”上都超过，那就说我国“人均”上不如人；即使我国的在“量”上、“质”上“人均”上都超过，那就说我国在“软实力”上不如人；总之是一切都不如人。这种主动找差距的用心是好的，有些方面也的确存在差距，需要奋发有为，迎头赶上，但总觉得不如人、总是自我找差距、总是要“向国际看齐”“与国际接轨”，总是找不到自己独立性所在、优势所在，找不到自己在世界上的位置的自我贬损“落后意识”，则是十分有害的。这些观念、理论已经在20世纪50~70年代的社会主义学术建设中得到了批判，但近几十年来又沉渣泛起，甚至有蔓延之势。

分析近代以来人们对西方近现代海洋强国何以崛起与发展、中国近代以来在西方海上侵略中何以落败和应如何在当代海洋竞争中崛起与复兴的历史和现实的解读及认识，我们发现，虽然呈现出的是众说纷纭的状态，但总的来看，中国学界受西方近代海权理论影响至深，就迄今仍然占据话语权的主流观点而言，对什么是“海洋强国”、何以成为“海洋强国”、应该建设发展什么样的“海洋强国”在历史评价和发展理念上多有误读误解。

误读误解之一是：认为凡是在近代历史上能够耀兵海上、争霸殖民的，都是“海洋大国”“海洋强国”。比如，2006年中央电视台12集电视纪录片《大国崛起》列出的就是这样9个“大国”：葡、西、荷、英、德、法、俄、日、美。纪录片一经播出，即“轰动了中国”。“央视—索福瑞调查数据显示，《大国崛起》首播平均每集收视量400万人次，这对一部纪录片而言不能不说是个奇迹。之后的一个月，《大国崛起》应观众强烈要求在中央电视台连播3轮，这在中国纪录片发展史上绝无仅有。”①

误读误解之二是：认为西方多国能够成为“海洋大国”“海洋强国”的关键，是其拥有强烈的海权观念和坚船利炮等强大的海军力量，而且认为这些海洋强国都是成功的“典范”，看不到或至少是忽略了其坚船利炮所代表的“海洋文明”模式的畸形、给海外文明带来的灾难、最终导致的自身损失甚至毁灭。

误读误解之三是：认为“落后就要挨打”，弱肉强食、丛林法则不但是必然的，而且是天经地义的，从而缺失了对人类文明走向应有的崇尚“文明”、摒弃“野蛮”的正义的基本追求。

误读误解之四是：认为西方“海洋强国”的道路是其本身固有的社会制度包括“民主”“科学”“法制”的产物，且往往追溯到其古希腊罗马时期，而对其“民主”只是贵族上层民主且对占人口绝对多数的下层奴隶和海外殖民地土著民族却只有奴役和杀戮，其“科学”在近代之前长期落后于东方世界，其“法制”是如何演绎出血淋淋的对内镇压、对外扩张的历史的，则极少给予全面分析和反思。其实西方的这种海洋发展的资本主义原始积累的罪恶历史早已被马克思揭露无遗，但近些年来在我国学术界却有死灰复燃之势。

误读误解之五是：由于以上基本理念的错误，导致的“结论”，世界沿海各国要成为“海洋强国”，就必须向西方学习，抛弃自己的传统，走西方的霸权、殖民道路，只有这样才能“迎头赶上”。而事实上这样的理念、主张是错误的、危险的。日本这个东方国家从近代开始“脱亚入欧”，不但给世界造成了严重的灾难，自己也最终“品尝”了全人类迄今唯一

① 娄和军：《〈大国崛起〉何以崛起？》，《视听界》2007年第1期。

"品尝"过的两颗原子弹，导致至今仍然是被美国"保护"的"非正常国家"的历史结局。中国近代洋务运动的最终失败，其后不断浮起的"全盘西化"思潮和自我矮化的一系列主张与实践，都不断导致一次次丧权辱国，不但没有使中国走向繁荣富强，反而使中国在近代整整一个世纪中饱受西方和日本侵略、内乱频仍之苦。

因此，中国应该建设成为什么样的"海洋强国"，其内涵要素、呈现形态都有哪些；世界上的"海洋强国"的发展历史经历了什么样的兴衰曲折，中国的"海洋强国"建设应该从中得到什么样的启示借鉴；如何才能保证我国的"海洋强国"建设之路走得通，走得好，使中国成为文明、正义、健康、可持续发展的"海洋强国"并影响世界和维护世界海洋和平，这些无疑既是关乎我国国家安全、国家发展、人民幸福的千年大计，也是关乎世界和平、世界发展、全人类幸福的千年大计。

（四）"海洋强国"概念的应有内涵

"海洋大国"的概念一般而言具有"海洋强国"的涵义。若只"大"不"强"，"大"则不能持久，旋即就会变"小"。只有真正的"海洋强国"才会是真正的"海洋大国"。

"海洋小国"不能真正成为"海洋强国"；"海洋小国"如果要做"海洋大国"，一定是扩张侵略型的；而这，也是不可持续、不能长久的，即一定是短命的。

"海洋大国"并不需要刻意做"海洋强国"，只要能够保持"海洋大国"的地位，一般就是相对而言的"海洋强国"；已是"海洋大国"还要刻意做"海洋强国"，其目标指向必然是"超级海洋大国"，就必然推行海洋霸权，因而也就四处树敌，容易导致四面楚歌。

世界上的"海洋强国"不应该只是经济、军事的强国，而应该是全面的、综合的强国。世界上的"海洋强国"不应该是竞争性的、对他国有威胁的、倚强凌弱的霸权性强国，而应该是对世界海洋和谐、和平起到示范性、引领性作用的强国。

自近代以来，在世界上起主导作用的是西方竞争性、侵略性、霸权性的"海洋强国"，其自身在古代历史上相互之间的竞争、侵略、吞并和短命，其自19世纪中叶东侵以来导致世界的动荡和其自身的开始衰落，都充分证明了其自身发展模式的不可持续性。

在世界竞争格局下的丛林法则中，“海洋大国”或“超级海洋大国”只能有一国或少数几国，别的海洋国家若也要成为“海洋强国”，大多是不可能的，能够靠军事扩张、侵略冒险、直接向“海洋强国”宣战并将其打败取而代之的，只有少数新的一个或几个。这种丛林法则的实质就是武力争斗。这样的“海洋强国”道路是非人性、非人道、非正义、野蛮的，这样的“海洋强国”观念是不足取的。

世界上的“海洋强国”并非“千篇一律”的同一模式、同一类型。英国的、美国的、日本的武力争斗、侵略扩张的“海洋强国”模式是同一种类型；如果将中国古代对海洋的开发利用和海洋经济社会的发展、在东亚环中国海地区以及环太平洋地区的海洋交流与中国主导下的和平发展视为另一种“海洋强国”类型，则“海洋强国”的内涵、各国坚守的海洋发展理念、所走的海洋发展道路、对内对外所产生的影响各不相同。

二、世界不同“海洋强国”兴衰的发展模式与历史教训

（一）中西方海洋文明属于不同类型

文明，有泛称和狭指之别。泛称，指的是人类告别蛮荒时代有了“文化”现象之后的历史阶段的整体文化面貌，如称人类文明；狭指，是对某一个具体的人类社会单元或曰“文化区”（大单元，如国家、民族、多国多民族大区域等；小单元，如部落、一国一民族内的较小区域、小地理空间、社会族群等）的整体文化面貌，如称东方文明、西方文明，中国文明、埃及文明，黄河文明、伊斯兰文明、玛雅文明，等等。文明作为一个或大或小的整体概念，其“文化面貌”是由具体的文化现象构成的。那种认为文明有高级低级、先进落后之分，或文明单指“（较为）高级”“（较为）先进”的社会单元或社会阶段的流行观点，是一种认为人类社会只有一种模式直线发展的思维逻辑，既不符合人类社会各个单元的发展模式即文化面貌千差万别的实际，也反映着说者对他文明、他文化的歧视。任何说者，即“话语权”者，事实上是从来不会认为自己的文明比别的文明低一等的。

一般看来，人类生存主要的“基地”是陆地，而不是海洋，因而往往对海洋影响人类的程度及其重要性容易忽视。但事实上，一方面，就世界范围而言，地球总面积的70%多是海洋，陆地被海洋切割成了一个个大大小小的岛屿，人类社会就是分别生活在“海洋地球”的一个个大大小小的岛屿上的，古往今来，无论各民族如何迁徙、各国家如何变迁，地球上的大多数国家、地区、民族都是沿海或环海的“海洋”国家、地区和民族；另一方面，即使是非沿海的“内陆”国家、地区和民族，历史上也大多与“海洋”国家、地区和民族发生了或多或少、或大或小、或疏或密的

联系，“海洋”意识、“海洋”国家、地区和民族对它们的影响，同样形成了它们的文明史不可忽视的因素；至于在当代，已经有越来越多的人把地球看作一个由“海洋”和“岛屿”组成的世界，把整个“陆地”视为一个“大岛”、几个“中岛”和众多“小岛”。随着全球化时代的到来，现代化交通与通信工具的全球性使用、经济贸易与文化传播的全球性流通，“纯粹”的“内陆”国家、地区和民族已经少之又少，世界上几乎所有国家、地区和民族，无论是直接还是间接，都与海洋有着密切的联系。

事实上，就整个人类的总体的“文明”及其“文化”而言，是既离不开陆地、充满着陆地的因子和元素，又离不开海洋、充满着海洋的因子与元素的，无论认定其性质和色彩是陆地文明、陆地文化（整体意义上的），抑或是海洋文明、海洋文化（整体意义上的），都是片面的，不足取的。但具体到某些狭义的文明体、文化区那里，则可一方面根据其主要对海洋抑或主要对陆地的依赖程度及其文明呈现、文化表现，一方面根据其主要对海洋抑或主要对陆地的重视程度及其文明呈现、文化表现，判别其文明、文化（整体意义上的）的性质和色彩是属于陆地文明、陆地文化，抑或是海洋文明、海洋文化。

一般而言，凡是一个文明体、文化区是沿海、环海的，只要那里的居民懂得打鱼捞虾、煮盐晒盐、行船航运（无论运货运人），是为“靠海吃海”，这就是有了以海洋为因子、元素的文化，这就是“海洋文化”；即使还有更小的文明体、文化区不懂得这些，不从事这些，也总会接触海洋，哪怕只知道站在海边远远地一望，观一观潮，览一览浪，他们也必然会有所思所想，积淀形成并传承着对海洋的看法，也许是对海洋的“科学”认知，抑或是对海洋的浪漫畅想，这同样也是“海洋文化”。至于一种文明体、文化区对海洋的依赖程度多少、重视程度多大，其文明、文化的基本性质和色彩才是海洋文明、海洋文化？不但在不同的历史空间条件、时代条件下都是不同的，而且在相同的历史空间条件、时代条件下人们的认识、解读也是不同的。因此，从整体上判别一种文明体、文化区是不是海洋文明，有时很容易，而有时则很难。因此，我们所说的海洋文明，只能是粗略的“归类”，只要海洋对这个文明体、文化区十分重要，都可以称其为由诸多海洋文化现象构成的海洋文明。

世界不同沿海国家、民族、区域的海洋文化，都既具有其作为海洋文明及其海洋文化的共性，又具有其本国、本民族、本区域的海洋文明及海洋文化个性。就人类文明发生、发展的早期历史而言，不同区域的生存环境及其生活资料来源，决定了其早期的文明模式和文化特性。靠山吃山，靠海吃海，人类沿海、环海地区的“渔盐之利、舟楫之便”，是其早期历史上的基本文明模式和文化特性。例如，中国先秦时代沿海的齐国地区、燕国地区、吴越地区等；[①] 公元前后的腓尼基地区、古埃及地区、古希腊地区等，都是这样的海洋文明区域。但随着人类历史的进展和国家、民族的整合及其文化区域的扩大与演变，多种模式类型的海洋文化区域在人类文化发展的长期历史上扮演了重要角色。其中，以沿海、环海或岛屿为疆域空间的海洋国家、地区和民族，其海洋文化是“单一型”的；以沿海、环海和岛屿与幅员辽阔的大陆同构为疆域空间的海洋国家、地区和民族，其海洋文化是“复合型”的——海—陆兼具、互动互补、整合融汇为有机整体。这可以看作世界上海洋文化区域的两种主要模式类型。前者以环地中海多个海洋文明的“单体”为代表，后者以环中国海海洋文明的“整体”为代表。

没有比较就没有鉴别，没有鉴别就容易看不清“这一个”和“那一个”的面貌区别。人们长期以来看不清中国海洋文明亦即海洋文化的面貌，也正是长期以来没有看清西方海洋文明亦即海洋文化的面貌的缘故。在世界史、世界文明史亦即整体意义上的世界文化史范围内比较中国海洋文明亦即海洋文化与西方的模式及其发展道路的异同，是确立中国海洋文明亦即海洋文化世界史上的定位的一种必需的视角。有鉴于此，有必要对西方海洋文明及其海洋文化的“西方特色”模式和历史上的兴衰过程作一梳理分析，以便于通过认知、定位西方从而在比较中更准确地认知和定位自我。

（二）古希腊罗马海洋文明的“地中海争霸时代”

西方的海洋文明，主要指的是欧洲特别是西欧的海洋文明。欧洲海洋文明早期的辉煌时期，学界一般称之为“古典时期”，主要是处于环地中海的欧洲部分的南欧地区，以古希腊、古罗马时期为代表。

古希腊文明，一般认为开始于公元前490年、前480年的雅典联合各城邦邦主两次赢得波希战争之后，雅典成为古希腊各城邦的霸主的时

① 如春秋战国时期，齐地大兴“渔盐之利”，称“海王之国”。见《管子·海王》。

期。距此之前的大约800年间，爱琴海地区文明程度较高的是小岛克里特上的克里特文明。克里特岛在地中海的爱琴海南部海域之中，面积约0.83万平方公里，仅相当于我国海南岛的1/4，岛上多山，只有北部狭窄沿海平原，物产贫乏，其现在的种植作物也只是以油橄榄、葡萄、柑橘为多，其生活资源只有靠“进口”，在当时实际上只是一个地中海贸易的中转站，靠为停泊的船只服务和收取“进港税”亦即“过路费”发财。这样的坐收渔利的“文明”自然令强盗眼馋，而它自己却招架力量太小，弱不禁风，似乎一夜之间，即被外来的多利亚人的入侵所毁灭；其后地中海贸易的中转站亦即靠收取“过路费”发财的地点便转到了巴尔干半岛上的迈锡尼，于是又有了迈锡尼文明，但这些文明同样弱不禁风，又被多利亚人的入侵所毁灭。自此希腊完全陷入封闭贫穷的荒寂状态，史称希腊历史的“黑暗时代”。人们了解这一时期历史的主要依据是《荷马史诗》，故而也称为“荷马时代”。

荷马时代同样是一个战争时代，到了荷马时代末期，希腊在战争中吸收非洲埃及文明、亚洲的小亚细亚文明，一方面通过战争和地中海贸易掠夺财富，一方面通过奴隶制度积累财富，出现了一些由贵族和奴隶构成的小城邦，其中雅典是较为发达的一个，建立了海战军队，依靠其地理优势，控制了巴尔干半岛海上贸易航路，从而招来了西亚波斯的嫉恨与侵略。

地中海周边和欧洲地区的早期历史一直是小国寡民割据、时不时战争四起、“乱哄哄你方唱罢我登场”的时期。雅典之所以赢得反抗波斯大军反复侵略的胜利，并短暂地巩固了其地位，靠的是海上军队。而也正因为如此，它以海军强大自傲，四处侵略，仅仅过了几十年之后，公元前415年，雅典对西西里岛的斯巴达发动远征，结果以惨败告终，元气大伤，无力抵御斯巴达的反攻。至公元前405年，雅典海军被全歼；次年，雅典向斯巴达投降，斯巴达成了希腊的新霸主。古希腊自己的文化占据历史的“峰值”，仅仅几十年时间。但斯巴达的霸权统治也未能长久，希腊各城邦陷入混战之中。在此期间，位于希腊北部、原被希腊人视为蛮族的马其顿趁势靠军事崛起，马其顿在菲利普治下，于公元前338年又取得了对整个希腊的控制权。公元前336年马其顿亚历山大即位，一方面平定希腊城邦的起义，另一方面于公元前334年率大军渡海东征，拉开了“征服世界”的序幕。于是，波斯被亚历山大击败，原被波斯占领的叙利亚和古埃及先后被亚历山大占领。波斯国王企图求和，被雄心勃勃的亚历山大拒绝，双方于公元前 331 年爆发高加米拉战役，亚历山大再一次取得胜利，并乘势攻下巴比伦，波斯王国宣告灭亡。亚历山大继续东进，战火直烧到印度河流域，后无功折返。公元前 323 年亚历山大病死，他征服世界的美梦化为泡影，他占领的所有地盘随之分裂。但无论如何，古希腊早已风光不再。公元前 146 年，希腊地区又被罗马吞并。

罗马本是一个古代亚平宁半岛的城邦，后发展成为地中海地区的奴隶制大国。罗马的来历，有一个古老的传说：大约公元前 800 年，一条母狼从怡伯河中救起国王的两个孩子并用乳汁喂养他们，这两个孩子长大以后，从篡夺了王位的叔父手中夺回了王位，并在有 7 座山丘的地方建立了罗马城，母狼也因此成了罗马城的象征。史学家一般把这个“吃狼奶长大”的古罗马的历史划分为三个或四个时期，也只能从“传说时期”开始，相传公元前 750 年左右在古亚平宁半岛的台伯河畔出现了罗马城邦。到公元前 500 年左右，罗马开始形成阶级和国家。在战乱中，到公元前 3 世纪中叶，罗马基本统一了亚平宁半岛；通过连续不断的百年混战，至公元前 2 世纪中叶，由罗马最后征服了北非迦太基、伊比利亚半岛大部、马其顿和希腊等地区，形成了欧洲及环地中海的“罗马时代”。

在这一时期，罗马维持其统治的政治基础是共和制，社会基础是大庄园奴隶制，上层矛盾、社会矛盾不断激化。到公元前 2 世纪后期，奴隶反抗奴隶主的起义此起彼伏，上层权力斗争交织延续，经苏拉独裁、前三雄同盟和恺撒独裁、后三雄同盟等反反复复，各种势力、各大地盘战战停停，公元前 2 世纪 30 年代至前 1 世纪 30 年代，史称“百年内战时代”。而不断扩展地盘，四处征战、吞并，是转移内部矛盾的暂时办法，于是这一时期罗马的版图不断扩大，最大时西起伊比利亚半岛、不列颠群岛，东达两河流域，南至非洲北部，北迄多瑙河与莱茵河。由于版图过大，被分为东部地区和西部地区分别控制，却因此导致双方大战又起。公元前 31 年罗马共和制瓦解，走向集权独裁，史称“帝国时代”。罗马帝国也出现了约两个世纪的稳定，经济文化有了发展，被称为“罗马的和平”时期。四通八达的道路把罗马大帝国的各个部分联结为一个整体，罗马成为罗马帝国的中心。但到了 2 世纪，罗马的奴隶制的经济和政治陷入危机，大战又起。192 年，安东尼王朝皇帝被杀，罗马又出现了近百年的战争混乱时期，史学家将 193 年塞维鲁王朝建立到 235 年灭亡这段时期称为“后期帝国”时期，此间一直战乱频仍，皇帝更迭频繁，在 235 年至 284 年的近 50 年间，罗马接连出现了 20 多位皇帝，平均只在位两三年。奴隶和隶农的起义遍及各地，始于安东尼王朝后期的社会、经济和军事危机到在3世纪达到空前规模，因此一些史家又划出一个3世纪的百年“危机时期”（193~284年）。这一时期，1世纪在地中海东岸兴起的基督教，于2、3世纪传播到了西部。

284年，近卫军军官戴克里先篡夺政权，实行“戴克里先改革”，即鉴于帝国因过于庞大不断出现战乱难以统治，也不便于抵挡四面八方的“野蛮人”北自莱茵河南自埃及的不断侵扰，他的办法就是将庞大的帝国分裂掉，最先是一分为二，在地图上画了一条直线，分作东西两部分，于292年任命自己为东部帝国皇帝，马克西米安为西部帝国皇帝，并分别在东部和西部分别建立新都，遗弃罗马都城。293年，又实行了“四帝制”，即将罗马再度分裂为四，四个皇帝各自统治罗马的1/4。由此，便将罗马永久地分裂掉了。后经不断战乱，四个皇帝又被废掉，由君士坦丁于324年当权，但难以维持，330年只好迁都拜占庭，更名君士坦丁堡。新都还未坐热，仅仅几年，337年君士坦丁死去，战乱又起，罗马复归分裂。至395年，四分五裂的“罗马帝国”就连一丝一毫的联系也荡然无存。西部罗马经济不断出现危机，人口减少，田地荒芜，城乡萧条。410年西哥特人占领了罗马，452年匈奴王阿提拉又打败西哥特人占领了罗马，455年汪达尔人又打败匈奴人再陷罗马，476年北方的日耳曼人又大举入侵占领罗马。就这样，在短短的几十年里，在罗马的地盘上先后建立起来的是西哥特王国、汪达尔—阿兰王国、勃艮第王国、东哥特王国等一个个“蛮族王国”，昔日的罗马早已没有了踪影。

这一时期罗马还没有自己的文字，他们是通过希腊人的字母记述自己的语言的，其书写材料除石头、金属（如青铜板）和木板外，主要是纸草和羊皮纸。关于这一时期的历史档案史料本来就少，罗马帝国灭亡后又几乎全部被毁，涂蜡的木板和纸草卷在火灾中化为灰烬，铜板档案或是在火灾中熔化，或是被制造武器或其他用品。关于古罗马的历史，其实人们难得其详，有许多“辉煌”是基于神话传说，由欧洲的史学家们虚构和中国的西方史学家们用“伟大”“辉煌”“无与伦比”之类的辞藻堆砌“高评”出来的。

以君士坦丁堡为都城的东罗马，历经人民起义、外族入侵和一系列的社会变革，于7世纪左右由奴隶制社会进入封建社会，不断抵抗着萨珊波斯人、阿拉伯人、罗斯人、马扎尔人、突厥人的不断进攻，1453年君士坦丁堡终被伊斯兰教的奥斯曼土耳其苏丹率20万大军和300艘战舰攻陷，东罗马寿终正寝。

“在经院式历史教科书的重复塑造下，近千年的古罗马历史被固化为一首充斥着权力角逐、英雄、战争与阴谋家等音节的史诗。”但“这些不过是古罗马人生活中的一小部分，真正迷人且一直在时光中焕发恒久光彩的，却是古罗马人的生活方式”，即“古老公路和尘土飞扬的市区街道，深入到古罗马人的乡野、庄园、社区、作坊、浴场、集市、贵族别墅或下层家庭里去，目睹由兼职经商的官员、在大街上露天授课的教师、怯于航海的水手、靠火灾致富的商人、只准在夜间劳作的骡子车车夫、沉迷于公共朗诵会的贵族、‘吃了吐，吐了吃’的饮食狂人、在公共厕所里并肩集体聊天的市民、一生平均有三次婚姻的上层人士、为稳定男奴阶层而存在的献身女奴等等众生相”。[①] 这就是古罗马“众生相”的真实写照。

（三）西方海洋文明的“黑暗的中世纪”

显然地，古希腊、罗马的“发达”是不可持续的，古罗马之后，自5世纪开始，直到15世纪文艺复兴，欧洲处于欧美史学家所称的长达千年之久的“黑暗的中世纪”。“黑暗的中世纪”，意即欧洲中世纪是停滞的一千年，沉静的一千年，宗教狂热和火刑架的一千年。封建割据带来频繁的战争，造成科技和生产力发展停滞，人民生活在毫无希望的痛苦中，所以自文艺复兴时期开始，欧洲及后来的欧美普遍称中世纪为“黑暗时代”。野蛮、黑暗、残酷、压抑、血腥，是这一时期的代名词。

这样评价中世纪，定性为“黑暗”，无非是像不少人指出的那样，其实是文艺复兴时期及后来的人们“别有用心”地强加的，为了表示文艺复兴的“光明”性。一味地“往中世纪脸上抹黑”，一味地夸大它的“黑暗”程度，这样“贬低别人是为了抬高自己”，用以证明“黑暗”之后的“宗教改革”“文艺复兴”“科技发展”和“民主政体”的“伟大”和“光明”。也有人评价中世纪是充满了上帝之言、祈祷之声和人心祝福的一千年，是西方人走向内心、修炼趋圣的一千年，是人们都想着死后上天堂以及世界末日来临，把活着看作必须忍受的痛苦，时时处处在宗教裁判所和精神压迫中生活的一千年，这是为后来的“宗教改革”“文艺复兴”“科技发展”

① ［英］纳撒尼尔·哈里斯：《古罗马生活》，卢佩媛等译，希望出版社2007年版。

和“民主政体”的普及做充分准备、充分筹划的一千年。不过这样评价则完全是非历史的，好像欧洲人故意走向“黑暗的中世纪”，故意在“黑暗中摸索”了一千年，目的就是要在一千年之后再把这一千年彻底颠覆。这是荒唐的。

其实，说中世纪“黑暗”也罢，“光明”也罢，都是人们对这一千年历史的价值判断，而不是历史事实本身。历史事实是，在欧洲古典时期，地中海的古希腊文明是通过海路引入、掠夺、接受了北非、西亚的文明成果之后发展起来的。被颠覆之后，文明的重心转移到了罗马半岛，罗马时期走的依然是古希腊的老路，一直与掠夺、战争、混乱相伴随，其翻来覆去的范围，一直没有超出环地中海的圈子。罗马灭亡之后，欧洲在5世纪到15世纪的“中世纪”时期依然在战争、掠夺与基督教的禁锢并存中生活，地中海海洋发展一直乏善可陈，而在北欧的斯堪的纳维亚半岛及环北海区域，在逐渐进入了以“维京人”为主体的“北欧海盗”时代。如果这也算作欧洲的海洋文明，则欧洲的海洋文明的重心，又从南欧转到了北欧。只是古典时期南欧的海洋文明尚不是纯粹的“海盗文明”，而“中世纪时期”北欧的海洋文明则是地地道道的“海盗文明”了。

维京人（Viking）从8世纪到11世纪一直侵扰欧洲沿海和英国岛屿，其足迹遍及从欧洲大陆至北极疆域，也有人将欧洲这一时期称为“维京时期”。据欧洲语言学家们论证，“Viking”一词一说是来源于古代北欧人的语言，“vik”意为“海湾”，“ing”意为“从某处来”，“Viking”即在海湾中从事活动，“维京人”就是在海湾中从事活动的人；另一说是来源于古英语“wíc”，意为“进行贸易的城市”，因为后来部分维京人定居到英伦岛上了，并进行海上贸易。也有人考证说“Viking”在冰岛土语中即意为“海上冒险”，英语“wicing”一词在古代盎格罗－撒克逊诗歌中即已出现，意即“海盗”。无论如何，在18世纪的“维京人”的传奇故事中，直到20世纪的欧美人语言中，“维京人”就是指海盗，“维京人”的故事就是海盗故事。“维京人”在设得兰群岛、法罗群岛、冰岛、格陵兰岛等地都设立了殖民地，一方面四处抢夺过往的船只货物，一方面自己也进行海路交易。维京人活跃的时期，被称为北欧“维京时代”，当时北欧一带还没有“国家”的概念，只是到了“维京时代”的末期，北欧才出现国家、国王等“新生事物”。丹麦等国，就是在这一时期开始出现具备国家形态的政权的。欧洲在中世纪时期，北欧和英伦海峡范围内获得了发展，并形成了海上贸易和港口中转及城市发展的“传统”，实际上就是在维京人的海盗经营的基础上发展起来的。

文艺复兴发端于14世纪的意大利，15世纪后期起扩展到西欧，16世纪达到鼎盛。自此，欧洲人从宗教禁锢中“解放”了出来，就像打开了“潘多拉的盒子”，欧洲也走向了近代。

（四）西方海洋文明“走出地中海”后的海外殖民时代

让我们再次回顾一下西方真实的而不是被歪曲了的近代历史，以认清西方近代海洋发展、“发迹”的海盗式的海洋文明道路。只要还原而不是遮蔽西方海洋文明近代“发迹”的真实历史面目，就可以看清，近代以来我们许许多多中国人对它的“惯性”误读到了何种严重程度。

近代西方的海洋“发迹”历史，亦即其近代海洋文明的历史，是一部更为野蛮、血腥的罪恶历史。

欧洲的经济几乎完全依赖中介性的贸易。由此对市场、航线的争夺与反争夺此起彼伏，区域地缘政治变化、航路变化风声鹤唳。这就是欧洲经济文化的“繁华”中心总是走马灯似的频繁起落、频繁转移，“乱哄哄你方唱罢我登场”的根本缘由。一会儿是地中海沿岸，一会儿是北海和波罗的海地区，一会儿是北欧的汉萨同盟，一会儿是大西洋沿岸，一会儿又成了西北欧的英、荷地区，不一而足。原因是整个欧洲尤其是地中海地区及西欧地区的经济传统上都是短缺经济，自然条件恶劣，土地贫瘠，最重要的必需品日益依赖外部世界供应。正如列宁《俄国资本主义的发展》一书中深刻分析的那样：“资本主义如果不经常扩大其统治范围，如果不开发新的地方并把非资本主义的古老国家卷入世界经济漩涡之中，它就不能存在和发展。”①

西方社会多个时期的发展是建立在对海洋的利用之上的。西方人在多个时期充分地利用了海洋交通的条件。在西方的“地中海文明”时期，古希腊、罗马是相对最为“发达”的前后两个地区。只不过这种“发达”是海上攻占、掠夺和对奴隶生产力的无偿占有、少数人聚敛财富的结果。其后就是这种“发达”的灰飞烟灭，整个欧洲进入千年的“黑暗的中世纪”；其后就是其“冲出地中海”，航海“发现新大陆”后开始四处侵夺的“大

① 列宁：《俄国资本主义的发展》，人民出版社1960年版，第543页。

西洋文明”时代。这同样是一个充满血腥的奴隶贸易、靠奴隶生产的“大西洋时代”。自15世纪中叶到19世纪中叶的400年间，非洲被掳掠到欧美为奴隶的黑人有2000万之多，并且在这2000万被运送到欧美的数字的背后，还有由于抓捕、关押过程中的不堪屈辱、饥饿、疾病和装船、航海过程中遭受非人待遇而反抗、跳海、患病等惨死的，有2亿非洲人。[1]由于西方海外殖民强盗和奴隶贸易贩子将非洲变成商业性猎获黑人的场所，“黑奴贸易”竟然成为一个专门发财的大行业。数以千万计的非洲黑人背井离乡、漂洋过海，被贩卖到美洲以及印度洋、亚洲由殖民者开办的矿井和种植园中做奴隶，这成为西方海外殖民国家通过海路实现资本原始积累的最重要的手段之一。在《资本论》中，马克思写道：“美洲金银产地的发现，土著居民的被剿灭、被奴役、被埋葬于矿井，对东印度开始进行的征服和掠夺，非洲变成商业性的猎获黑人的场所，这一切标志着资本主义生产时代的曙光。这些田园诗式的过程是原始积累的主要因素。”[2]马克思还一针见血地指出：“殖民制度极大地促进了贸易和航运的发展。‘垄断公司’是资本积累的强有力的手段。殖民地为迅速产生的工场手工业保证了销售市场，保证了对通过市场的垄断而加速的积累。在欧洲以外直接靠掠夺、奴役和杀人越货而夺得的财富，源源流入宗主国，在这里转化为资本。”黑奴贸易以及美洲的黑人奴隶制又为工业革命、资本主义和帝国主义的“发达”积累了资金、提供了条件。这就是西方殖民主义、帝国主义的海洋文明的“发迹”历史。

当年西方殖民者的奴隶贸易，在大西洋上形成了一条“三角贸易”，大发横财：出发——贩奴船从欧洲港口装载上廉价工业品启航，驶向非洲以换取黑人；转程——从非洲载满黑人奴隶，横渡大西洋直赴美洲殖民地，高价出卖，用这些奴隶换来的钱再“兑换”美洲殖民地的廉价原料以及美酒与宝物；回程——返航欧洲，用美洲殖民地的廉价原料再加工成廉价工业品，重新启航。这就是大西洋上的“三角贸易”的循环路线图。

西方殖民主义、帝国主义的海洋文明的“发迹”，一方面，出现了以欧洲大西洋沿岸国家为主的以奴隶劳动为基础的社会，例如在葡萄牙各城

① 对此数字，中外学者研究统计多有出入，但对其惨状的具体描述是一致的。这里的数字及描述见艾周昌、郑家馨主编《非洲通史》（近代卷）第一章《黑奴贸易的盛行》、第二章《荷属开普殖民地和法属马斯克林群岛》，华东师范大学出版社1990年版。

② 《马克思恩格斯选集》第2卷，人民出版社1972年版，第205~218页。

市，输入的奴隶占人口总数的1/10[①]；另一方面，通过黑奴贸易及其他海外掠夺聚敛的大量财富并未转化为发展本国经济的资本，由此也造成了社会上层，包括王公贵族、海盗富商、资本家、知识精英等在本国之内、在各国之间对金银财富的无休无止的贪欲、竞争、掠夺和放荡轻浮、炫耀奢侈、挥霍而又吝啬的生活，社会道德的全面沦丧。所谓“文艺复兴”，这一14世纪在意大利兴起、于15世纪在欧洲盛行的“思想解放运动”，也恰恰为欧洲这一海上掠夺、殖民主义、资本主义和帝国主义海洋文明的“发迹”解除了一切道德的禁锢，制度的锁链，创造了充满激情、任性、放荡不羁的观念与思想空间，于是他们可以“道德沦丧、恶性膨胀、物欲横流、野蛮成性、为所欲为”了。而所谓“西方文化”，正是由这样的社会上层所控制、所体现的。王公贵族、海盗富商、资本家、工场主、农场主等和为其鼓吹、呐喊的知识精英们控制着经济，控制着社会，控制着舆论话语权，于是他们自视为世界中心、第一人等，视别的民族都是“异教徒”、别的文化都是野蛮文化的思想观念、道德伦理等——这就是我们所知道的“西方文化”。正如马克思在《法兰西内战》一文中指出的那样，资本主义的文明是“罪恶的文明”[②]。

一般估计，非洲在400年间人口停滞不增，在世界总人口中的比例则从1/5下降到1/13，同时是非洲人全面的赤贫、破产、饥饿、死亡，全面的浩劫；美洲土著被大量屠杀、被迫沦为奴隶、被欧洲殖民者带来的病毒导致的流行病传染，大部分惨死，2亿多印第安人的90%死于火枪、皮鞭、矿井和瘟疫；亚洲、大洋洲的大面积地区因其坚船利炮沦为殖民地和势力范围，惨受剥削和屈辱，比如对印度沿海的大屠杀和全面殖民、对中国的鸦片毒害和战争侵略。可以说，西方的“发达”从头到脚沾满了非洲、美洲（殖民者们叫作“新大陆”）、亚洲、大洋洲各地人民的鲜血。正如马克思所揭露的，直到18世纪中期，这些欧洲野兽们还在大剥印第安人的头盖皮：“那些谨严的新教大师，新英格兰的清教徒，1703年，在他们的立法会议上决定，每剥一张印第安人的头盖皮和每俘获一个红种人都给赏金40镑；1720年，每张头盖皮的赏金提高到100镑；1744年，马萨诸塞湾的一个部落被宣布为叛匪以后，规定了这样的赏格：每剥一个12岁以上男子的头盖皮得新币100镑……每剥一个妇女或儿童的头盖皮得

① 联合国教科文组织召开的专家会议报告：《15—19世纪非洲的奴隶贸易》，中国对外贸易出版公司1984年版，第146页。

② 《马克思恩格斯选集》第2卷，人民出版社1972年版，第394页。

50镑！”[1]

在南非罗安达以南30公里处的大西洋岸边，有著名的罗安达奴隶纪念馆。纪念馆不大，却记录着数百年间欧洲人惨无人道的奴隶贩卖的历史，载满了非洲千百万黑人奴隶抗争的呐喊。纪念馆里有一组图片，其中一幅图，一个戴手铐脚镣的奴隶回头对身后的白人殖民者说：“我是人，不是野兽。”那个殖民者面色如铁，毫无表情，用枪口对着奴隶，强迫他继续前行。图片的下方摆放着一排枪械，那是当年殖民者用来镇压奴隶反抗用的。自1482年在安哥拉登陆并于1576年建立罗安达城后，葡萄牙殖民者不断向安哥拉内地深入，从这里开始干起贩奴的罪恶勾当。紧随其后的是西班牙人、荷兰人和英国人。在15世纪末至16世纪80年代的奴隶贸易初期，殖民者与奴隶贩子组织“猎捕队”，通过发动战争劫掠奴隶。由于受到黑人的反抗出现伤亡，改为使用各种阴险毒辣的手段，在黑人部落之间制造矛盾，让黑人自相残杀，然后将战俘掠卖为奴隶；或者在黑人上层寻找代理人，并向其提供武器，让其以强制手段逼迫下属就范。纪念馆图片下方枪排旁边的地面上，是一副带着铁球的脚镣，如同室内地面中心放着的木枷一样，是防止奴隶逃跑的。一旦奴隶试图从船上跳入水中，铁球将使他们坠入万丈深渊，木枷也将紧紧束缚住他们的双手使其无法活动而沉入海底。非洲黑人的处境极其悲惨。被捕获的黑人交给奴隶贩子后，立即被驱赶到海滨防守严密、拥挤不堪的据点，戴上木枷和脚镣，甚至用铁链将他们锁在一起，等候贩奴船来接运。从佛得角到安哥拉长达6000多公里的西非沿海地区，散落着大大小小近百个从事奴隶贸易的据点，有些至今遗迹犹存。[2]

人类进入21世纪的第一年，西方列强“发迹”的罪恶、拖欠非洲人民的这笔血债——奴隶贩卖问题，成为联合国第三届反种族主义大会的主题之一。非洲国家提出要求西方为历史上的奴隶贩卖道歉，要求西方为殖民统治非洲进行赔偿。2007年，联合国纪念奴隶制结束200周年。

众所周知，西欧的中世纪是一个“黑暗”的封建时代，这个地区分散为许多彼此竞争的国家。有的国家内部又分裂为众多的小国或不相统属的贵族领地，物产贫乏，到处是短缺经济，所以激发了贸易，激发了竞争，互相争夺，战争不断，即使是约占1/3的贵族和平民“公民”们的“富裕”，

① 《马克思恩格斯选集》第2卷，人民出版社1972年版，第257~258页。
② 李新烽：《海滨奴隶纪念馆——安哥拉纪行之一》，《人民日报》2002年3月17日。

也是以约占 2/3 的连“民”都不是的奴隶们用生命、血汗换来的。

为了控制贸易通道，为了争夺贸易市场，1500 年的时候，只有 8000 万人口的欧洲分为 500 多个国家，自 1500~1800 年这 300 年里，彼此征伐不止，战争几乎使整个欧洲全部卷入其中，陷入了旷日持久的“相互残杀，从不停息”[①]。在欧洲，国家集团之间的大混战发生过多次，从 17 世纪的德意志 30 年战争起，到第二次世界大战为止，参战国家在 5 个以上，甚至十多个、几十个的大型国家集团大混战，至少有六七次。战争就是对贸易通道、贸易市场的竞争掠夺，18 世纪中期英国开始崛起的关键因素，其实就是战争，战争的结果是对贸易通道、贸易市场的控制。西方历史学家也说，把非洲人送进奴隶制深渊最多的，是英国船只。其中最重要的战争，是 1756~1763 年英、法之间的七年战争。这是英、法之间海上霸权以及海外殖民地争夺的大战，最主要的是世界霸主地位的争夺。七年战争期间，仅“著名”的大战役就有 39 次。七年大战的最后结局，是法国海军几乎全军覆没，从此奠定了英国在欧洲乃至世界的霸主地位，诞生了“日不落帝国”；法国从此一蹶不振，政权动荡，欧洲霸主地位丧失。英、法这个“海峡两岸”的相向小国，有着长期战争的传统。在此之前 1337~1453 年的“百年战争”，从 1337 年几乎连续不断地打到 1453 年，大战 116 年。

英国的“崛起”，一方面是如上所说通过战争夺得欧洲的海外贸易通道的转移所致，一方面作为其“基础”，是由于英国本土的煤矿资源。这两者都发生在英国，基本上由于偶然，而非必然。如果英国不是“欧洲的山西”，且多是极容易开采的地表煤，也就不会有后来的机器时代和“工业革命”。其物产贫乏，生活日用品短缺，急需大量进口，而海外贸易入不敷出，即没有多少东西可供出口，加之到了 18 世纪末，英国的森林覆盖率不足 5%，又陷入燃料严重短缺中。“穷则思变”，于是向地下发展——掘煤开矿，煤炭成了英国人能够获取的重要资源，而在这一过程中，出身低下、“文化”程度很低的体力劳动者“瓦特”们（而不是那些“科学家”，当时欧洲的科学，依然基本上垄断在天主教会那里，并没有与工业革命联系在一起）发明了蒸汽机，这就是工业革命没有首先发生在法国、荷兰，更没有首先发生在中国的最根本、最直接的原因。1800 年，

① 黑格尔在《历史哲学演讲录》中说，亚洲各国“相互残杀，从不停息，促使了他们自己的迅速没落”，试图通过亚洲、中国与欧洲的对比，力图精心构造一个以欧洲为核心的现代“新世界”谎言。

英国的煤炭的产量占当时世界的90%，这是英国人在人类历史上的第一次产品领先。

即使如此，仍然没有改变其与东方的贸易中依然是巨额逆差的局面。直至19世纪上半叶，英国在争夺世界市场中成了西方实力最强大的国家，在与中国的贸易中占了绝大比重。直到鸦片战争前夕，英国仍然存在着巨大的贸易逆差，何况中国的进口额中还包括了大量的鸦片进口额。无耻的英国商人为了平衡其贸易逆差，不惜丧心病狂地向中国倾销鸦片，导致中国政府不得不禁烟，而英国竟公然挑起侵略中国的战争，并由此带动了西方列强的纷纷东来。他们之所以东来，不是因为中国“贫穷落后”，而恰恰是因为中国地大物博，物产丰富。

这就是西方通过海洋发展“发达”“崛起”的海洋文明之路。

（五）近代西方“海洋强国”远比同时期的中国落后

15世纪末至16世纪初，西欧几个岛屿、海岸之国的一些“闯海人”驾着他们的小船，偶然地闯到了他们至死还以为是“印度”的美洲。由此，被西方人称为“地理大发现”和“新航路开辟”的历史被逐渐展开，西欧国家的海上贸易航线开始始发于欧洲大陆西海岸，由此造成了欧洲经济中心的转移，成就了大西洋西岸荷兰和英国等的崛起，自此开始了世界历史上的近代历程。在此之前，尽管荷兰、英国等都是小区域型的沿海、岛屿国家，其文化类型显然是海洋文明，但这并没有给他们带来“发达”“先进”的命运。但是，到了这时，历史的“机遇”却这样偶然地降临到了他们面前。一方面是“地理大发现”和“新航路开辟”使他们看到了外部的世界，一方面是其本国本地区生活条件的困苦使他们既你争我抢、连年混战，又不得不另寻出路。尤其是从16世纪下半叶起，地中海地区的谷物生产状况恶化，加上因城市人口增长，造成了几乎整个欧洲地区粮食和生活必需品短缺。由此，海盗式的西方海洋文明开始走向了极端。如荷兰作为“17世纪标准的资本主义国家”，阿姆斯特丹成为欧洲最大的商港，航运之盛跃居全欧之冠。[①] 这一切是靠什么支撑的？就是靠殖民掠夺和海上霸权——荷兰的海外舰队总吨位约占当时世界总吨位的

① 宋则行、樊亢主编:《世界经济史》(上卷)，经济科学出版社1993年版，第17页。

3/4，正如马克思所揭露的，荷兰"经营殖民地的历史，'展示出一幅背信弃义、贿赂、残杀和卑鄙行为的绝妙图画'。最有代表性的是，荷兰人为了使爪哇岛得到奴隶而在苏拉威西岛实行盗人制度。为此目的训练了一批盗人的贼。盗贼、译员、贩卖人就是这种交易的主要代理人，土著王子是主要的贩卖人。盗来的青年在长大成人可以装上奴隶船以前，被关在苏拉威西的秘密监狱中"①。"他们走到哪里，哪里就变得一片荒芜，人烟稀少。"② 但荷兰人的这种局面不能维持长久，从17世纪末开始，荷兰经济实力逐步减弱，到18世纪阿姆斯特丹已经一蹶不振。③ 这时的英国凭借其地下煤炭资源，有了制造工业的优势，迅速成为西方世界的霸主，伦敦成了全欧洲的经济中心。至于这个中心规模如何？1500~1800年整个欧洲也只有8000万人，分布在数以百计的国家中，许多国家只有几万、十几万、几十万人，大一些的也只有几百万人；如16世纪的英国，全国人口只有约300万人，直到18世纪中叶的1741年才达到590万人，1800年时总人口集聚到866万人，相当于今天中国的一个大省的人口的1/10，或者一个较大城市的人口；而18世纪亚洲人口占世界的2/3。

被欧洲人自诩为"先进""发达"的海洋文明标本的欧洲地区，在历史上，其生产技术水平和经济发展程度总体上长期比东方落后得多。即使它们"发现"了"新大陆"并"发现"了他们所知的"黄金遍地"的"人间天堂"东方之时，除了羊毛、呢绒和金属制品等少数商品之外，他们一直拿不出更多适合东方国家需要的商品来进行交换。欧洲的经济长期是短缺经济，这就是长期以来东西方贸易一直不能保持平衡、始终进口大于出口、一直存在着巨大贸易逆差的缘由。直到鸦片战争之前，例如1781~1790年，仅中国运往英国的茶叶一项，价值就高达9600多万银圆，而1781~1793年英国输入中国的呢绒、布匹等全部工业品仅价值1600多万银圆，不如中国输出给英国的茶价的1/6。他们为了弥补贸易逆差，越来越多地往中国输入鸦片。表1和表2是"鸦片战争"时期欧美与中国经济贸易对比的"常识"。

① 《马克思恩格斯选集》第2卷，人民出版社1972年版，第256页。

② 《马克思恩格斯选集》第2卷，人民出版社1972年版，第280页。

③ 宋则行、樊亢主编：《世界经济史》（上卷），经济科学出版社1993年版，第17页。

表 1 鸦片战争前中国与欧美贸易情况（价值单位：银两）①

年 度	欧美输华平均每年总值	中国输给欧美平均每年总值	中对欧美贸易出（+）入（-）超情况
1765~1769	1 774 815	4 177 909	（+）2 403 094
1795~1799	5 908 937	7 937 254	（+）2 028 317
1830~1833	9 192 608	13 443 641	（+）4 251 033

表 2 鸦片战争前中英贸易情况（价值单位：银两）

年 度	英国输华平均每年总值	占欧美输华比例	中国输英平均每年总值	占输出欧美比例	中对英贸易出（+）入（-）超情况
1765~1769	112 915	67.2%	2 190 619	52.4%	（+）997 704
1795~1799	5 573 015	90.9%	5 719 972	72.1%	（+）346 957
1830~1833	7 335 023	79.8%	9 950 286	74.0%	（+）2 615 263

那时候，在中英贸易中，中国始终处于出超地位，而英国一直处于入超地位。欧洲其他国家与中国贸易的情况同样基本如此。与中国贸易初期，欧洲国家不得不以黄金和白银来支付，这就造成了大量金银的外流。这样的状况长期持续，使欧洲上层社会本不宽裕的黄金储存耗尽，经济日益窘困，急需开辟新的财源。这是欧洲一方面纷纷抢占美洲四处探挖金矿、贩卖奴隶、开拓市场，强行让别人“改革”制度、“开放”国门，野蛮侵略、四处扩张和残酷殖民，一方面越来越多地往中国输入鸦片的直接动力。

关于世界进入近代史前后中国的真实情况，近代以来不少国人由于心理的落差，只按照西方近代以来的主流观念和话语“理论”理解中国的历史和文化，而对真实的中国历史不求甚解，对自己的文化失去了自信。

其实，一些在西方不占“主流”的外国学者，却在历史上提供了了解中国的真实材料。明末传教士利玛窦的《中国札记》这样记载中国：“这里物质生产极大丰富，无所不有，糖比欧洲白，布比欧洲精美……人们衣饰华美，风度翩翩，百姓精神愉快，彬彬有礼，谈吐文雅。”清代中晚期曾主持中国海关总税务司的英国人赫德的《中国见闻录》写道：“中国有世界上最好的粮食——大米；最好的饮料——茶；最好的衣物——棉、丝和皮毛。他们无须从别处购买一文钱的东西。”当时清朝乾隆皇帝说中国“不藉外

① 表 1 及表 2，根据严中平等编：《中国近代经济史统计资料选辑》，科学出版社 1955 年版，第 4~5 页列出。

夷货物以通有无”，尽管被不少现代人嘲讽，却并非夸饰自傲之词。

长期以来被一些人说成是“小农经济”“商业不发达”的中国商品经济，在历史上是相当繁盛的。即使在那些被不少人诟病为“小农经济”的“典型”地区，即使在那些被不少人嘲笑为“封建皇帝昏庸无知”“不知英国在哪里”的清代，直到鸦片战争被西方侵略、控制之前，中国商业经济的发达程度也每每被赞叹为“繁华”“兴盛”“极度繁荣”①，不管是沿海还是内地，形容某城某地“科第接踵，舟车毕集，货财萃止，诚天下佳丽之地”②，“颇属繁盛”“其商贾之踵接而辐辏者亦不下数万家”③。“牵挽往来，百货山列”④，“市不以夜息，人不以业名，富庶相沿”⑤等史籍记载汗牛充栋，琳琅满目，俯拾即是，兹不一一。

正如美国 L.S. 斯塔夫里阿诺斯《全球通史》所说，中国明清时代“尽管改朝换代时，不可避免地有起义和盗匪活动相伴随，但比较起同时代欧洲三十年战争（1618~1648 年）期间的残杀和破坏，是微不足道的。因此，从 14 世纪中叶到 19 世纪欧洲人开始真正侵入中国为止，这整个时代是人类有史以来政治清明、社会稳定的伟大时代之一”⑥。

在整个 18 世纪，亚洲的人口占世界的 2/3，到 1755 年，亚洲生产着世界上 80% 的产品；所有欧洲地区、非洲地区和美洲地区相加，才仅仅生产着世界上 20% 的产品。当代学者罗伯特 · B. 马克斯在《现代世界的起源——全球的、生态的述说》一书中，这样描绘 18 世纪中期的中英力量对比：“十八世纪中期的时候，与中国相比，英国的势力还是太小了，它仍然无力挑战中国在亚洲确立的贸易原则，尽管他们试图这样做，最著名的一次发生在 1793 年，马嘎尔尼勋爵带领使团觐见中国皇帝乾隆，结果遭到一番冷嘲热讽，无功而返，英国对此之所以无可奈何，就是鉴于当时的英国和中国之间确实还实力悬殊。”⑦

历史上的中西方人看待对方，经历了 3 个阶段。第一阶段是西方的中

---

① 倪玉平：《清代漕粮海运与经济区域的变迁》，《江苏社会科学》2002 年第 1 期。

② 〔清〕朱镜等纂：《临清直隶州志》卷六《疆域志 · 风俗》、卷九《关榷 · 税额》、卷十一《市廛》，乾隆五十年刻本。

③ 〔清〕杨定国：《义井巷创修石路记》，道光《济宁直隶州志》卷四《建置志》，徐宗干、许瀚等修纂，咸丰九年刻本。

④ 〔清〕光绪《淮安府志》卷二《疆域志》，孙云锦等修纂，光绪十年刻本。

⑤ 〔清〕朝以煦：《淮壖小记》卷四，咸丰五年刻本。

⑥ 〔美〕L.S. 斯塔夫里阿诺斯：《全球通史：1500 年以后的世界》，上海社会科学院出版社 1999 年版，第 233~234 页。

⑦ 引见韩毓海：《漫长的十八世纪：历史的“偶合”》，《天涯》2008 年第 5 期。

世纪直至近代的早期，是西方仰视中国和中国俯视西方；第二阶段是近代中期西方列强开始有了“发迹”的本钱之后，西方开始平视中国，中国也开始平视西方；第三阶段是鸦片战争之后，是西方俯视中国和中国仰视西方。

时至今日，尽管“中国仰视西方、西方俯视中国”的现象依然存在，但也有一些能够实事求是的西方学者，反对“西方中心论”，主张“东方中心论”，又形成了一股潮流。较早的是著名学者李约瑟，他在《中国科技史》中每每与西方相对照，并列出一个图表，列举了中国的几十项创造发明与欧洲最初采用它们之间的时间差，大多数时间差达10~15个世纪，最大的时间差是25个世纪，最短的时间差也有1个世纪。查尔斯·辛格等编写的《技术史》第二卷中指出，从500年到1500年，“在技术方面，西方几乎没有传给东方任何东西。技术的流向是相反的”。并在书中复制了李约瑟的图表，用于说明。还有弗兰克的《白银资本》、彭慕兰的《大分流》以及近年孟德卫的《1500—1800：中西方的伟大相遇》等，也都认为西方率先现代化纯属偶然，强大的中国有可能发展出一条与西方不同的现代化之路。

（六）中国近代“门户开放”向西“师夷”的历史教训

世界进入近代的标志，是西方国家之间在激烈的海外殖民掠夺竞争中形成了靠海上武力打拼、争霸世界的发展模式，形成了西方海洋文明。让我们再引一次马克思的话：资本主义的文明是“罪恶的文明”。毛泽东也曾经说过，帝国主义列强侵略中国，是阻碍中国社会进步和发展的首要因素，是近代中国贫穷落后和一切灾祸的总根源，“在帝国主义时代，资本主义到了非殖民地半殖民地不能过活的地步”①。西方列强如此东来，先是控制了曾在东西方海上贸易中长期扮演重要的中转与集散角色的中东及南亚海洋文明区域，并对这一区域实施了长期的殖民占领，进而又开始把魔爪伸向东南亚、东北亚区域。至此，以中国为中心国家、以中国文化为核心文化的东亚和平式海洋文明形态被侵略、被干扰、被迫转型。就连中国这样文明历史悠久、幅员辽阔的世界大国和以中国为中心的整个东方世界都没有阻挡住西方列强的坚船利炮，因此在接下来的19世纪中叶到20世纪末的一

① 《毛泽东选集》第2卷，人民出版社1991年版，第673~674页。

个半世纪里，西方海洋文明主导了世界。其造成的结果大略有三：一个是世界范围内其各个殖民地原住民人口的大部分沦为奴隶或死亡，各殖民地原住民文化传统的毁灭；一个是西方列强之间抢占、瓜分世界地盘之后的相互厮杀，以及与之交织在一起的殖民地反抗，由此导致20世纪上半叶在短短几十年中爆发两次世界大战，人类接连遭受到两次大规模的世界性灾难，人类文明在战火中变得满目疮痍，有许多国家成为一片废墟，一些战争贩子的“祖国”，例如德国、日本，或被攻占首都，或遭原子弹轰炸，只能无条件投降，被钉在“非正常国家”的耻辱柱上；一个是早在19世纪末就在西方世界的营垒里杀出了两个世界巨人马克思和恩格斯，他们用科学的思想照亮了世界反对西方罪恶的资本主义模式、推翻西方式罪恶的资本主义上层建筑的道路，先是当时的巴黎革命及其人民公社使其伟大的社会主义——共产主义理论得到了实践，尽管是短暂的实践，却意义重大。紧接着就是列宁领导的俄国十月革命，成立了世界上第一个社会主义国家——苏维埃社会主义共和国联盟（1922~1991年），并通过“十月革命一声炮响”，给中国和世界各地“送来了马克思主义”，由此催生了20世纪中叶世界性的社会主义运动和中华人民共和国等一大批社会主义国家的诞生。只是，世界上的社会主义阵营是在帝国主义势力相对薄弱的国家和区域产生的，在经济实力上还难以在短时期内与帝国主义阵营抗衡，这才导致在社会主义阵营内部的物质至上主义者、机会主义者放弃了马克思主义和社会主义主张，从而导致社会主义阵营的世界性解体和社会主义势力的一度式微。所以从总体上说，崇尚西方将把代表着西方近现代“强势”文化的西方海洋文明视为“先进文化”，主导着19世纪中叶到20世纪末的一个半世纪。直至20世纪末和进入21世纪以来，世界的发展才呈现出多极化的趋势，其中在世界东方的上空还飘扬着社会主义红旗的中国，已开始成为世界多极中越来越重要的一极。近一二十年来，在世界范围内，随着西方发展模式和西方主导世界的格局的弊端及其后遗症越来越明显，“西方文化强势论”“西方文化先进论”已受到越来越多的挑战，“世界文化多样化”“可持续发展”“和谐发展”“人类命运共同体”的理论和主张正在被越来越多的国家所接受，中国文化的和合、和谐、和平发展模式包括其海洋发展上的理念、主张和实践，正在得到更多的世界认同。

毋庸讳言，有不少人自近代以来对西方这些国家的“发家史”及其本质、本性的认识是很不全面、批判是很不彻底的。一方面批判、谴责其过程，一方面赞美、羡慕其结果。因而导致更多的人对于西方列强的海洋

“发迹”史，亦即对非洲、美洲、亚洲的殖民和惨无人道的奴隶贸易、海盗式掠夺与用坚船利炮经商敛财的野蛮途径，包括对中国的野蛮的攻城略地、市场占有等“友好贸易”，不但已经“健忘”了，而且认为他们这样的发展道路是对的、应该的；反而认为历史上的中国也应该走这样的道路，否则就是“封建专制”，就是“小农意识”，就是“闭关锁国”，因此必须全盘否定。这就是为什么近代以来有些人试图否定中国传统文化，嘲笑中国和平、和谐式发展道路，主张西化，主张“向国际看齐”“与国际接轨”，实即向西方看齐、与西方接轨、纳入西方体系的原因。

诚然，上述对西方海洋文明模式的肯定，是基于西方近代以来的发展强势的价值认同，即：在近代以来的西方东侵、中西方碰撞、侵略与反侵略战争中，毕竟失败的是中国；“落后就要挨打”，如何使中国强大起来，保证中国不败？必须向西方学习，必须研究他们的道路。应该说，这样认识问题的动机是爱国的，这是近代洋务派就思考的问题、坚持的主张。但事实上这样的道路是走不通的，已经被历史反复证明。对此，中国共产党人也已经反复给予阐明。事实上，中国近代史上一次次反侵略战争的失败，一个个丧权辱国的“条约”，都是在投降派、洋务派手中造成的。

以前被人们有意无意遮蔽的是，鸦片战争之后“国粹派”、洋务派的论争和势力的消长的最终结果，是由洋务派（也同样是投降派），如李鸿章等掌握了话语权和操作权。视西方这些小国强盗集团为“列强”，不敢惹他们不满，更不敢惹他们生气，自甘受辱，为的是保全自己办理“洋务”的既得利益及其上层集团的整体“腐败”利益，洋务派亦即投降派与列强们采取了不战、投降、合作，甚至是里应外合的动辄求和、动辄签约、动辄割让、动辄赔款、动辄引狼入室，同时积极为列强们卖力推销战舰、军火、商品的策略。洋务派的实质，“是封建军阀经过外国侵略者改造，适合于镇压太平天国革命之用的新军阀”，“是外国侵略者选择的最顺从的代理人”；洋务运动“重在防内并无对外的意图”其作用就是“加深殖民地化”。即使洋务派自己也不得不承认：“自有洋务以来，叠次办结之案，无非委曲将就”；“自洋务兴，中国为岛族所轻侮”。正是清朝上层的这一“转变”，使国将不国，全国民众看不到希望，由此普遍的声讨汉奸卖国贼、大规模的“反清灭洋”运动，才如火如荼、风起云涌。与外来洋人的民族矛盾、文化冲突加剧了国内阶级矛盾的激化，鸦片战争后10年间，各族人民纷纷揭竿而起，自发的“反清”“灭洋”“反清灭洋”起义竟然达100多次。而在鸦片战争之前，即使拿清王朝这个非汉族政权而言，除了清初由明清政府转换而导致的多次反清运动和各地起义，基本上是社会安定、经济发达、物产丰富、文化繁荣的，尽管官场腐败、内部争斗，但阶级、阶层矛盾什么时候都有。

可以说，正是西方列强的东侵，面对西方列强东侵的国内投降派，尤其是洋务派软弱导致了中国近代政局、思想、社会的混乱、割裂和国家从强大走向衰微，导致国家毫无民族凝聚力，社会四分五裂，如一盘散沙，经济被外国列强、本国洋务派双重剥削、挤压，人民水深火热。近年来不少人主张为洋务派即投降派翻案，认为西方的近代化代表了“世界潮流”，这就失去了起码的人类正义感和对中国文化历史的基本尊重。“世界潮流”不能、也不应该是四处侵略。当时世界上有数百上千个国家，所谓西方列强，即靠坚船利炮四处侵略的列强，实际上是一些西欧小国，且它们自己也是互相争斗，互相侵略，相互残杀，靠武力、靠侵略、靠殖民，把世界各地都视为可以占领、掠夺、侵吞的对象，从而“瓜分”了世界。这与“世界潮流”绝对不能同日而语。曾几何时的“马拉车夫”荷兰、“日不落帝国”英国、似乎不可一世的日本等一个个岛国，一番番折腾，给别人造成灾难的同时也搬起石头砸了自己的脚，一个个依然是“复归原位”。

中国在历史发展上选择的道路是和平的，没有通过自己强大的海洋发展能力去四处侵略、占领、殖民，这是中国文化的传统本性使然。中国近代的受辱和落后，并不是中国发展模式包括海洋发展模式自身的结果，而是由于外部侵略造成的。总结反侵略战争的失败和受辱的教训，一味地自我谴责、自我否定，一味地强调向侵略者学习，无异于灭自己的志气、长敌人的威风，不但于事无补，反而自惭形秽，越发抬不起头来。近代洋务派占据话语权的结果，是军事、经济乃至政治处处受制于“洋人”，动辄不战自败、动辄割地赔款、处处引狼入室、处处丧权辱国，由此导致近代中国处于半殖民地半封建社会的深渊。中国的辛亥革命、新民主主义革命，最终推翻三座大山，是民族自强的结果，是马克思主义中国化的结果，而不是西化的结果。如何才能更好地防止强盗的侵袭，如何才能彻底地消灭强盗，如何才能稳操胜券？还是需要民族自强、民族自信——“我们的事业是正义的。正义的事业是任何敌人也攻不破的”[①]。民族自强、民族自信，是一个国家核心竞争力真正强大的力量源泉。

---

① 《毛泽东文集》第6卷，人民出版社1999年版，第350页。

三、中国文化——中国海洋文化的内涵与特性

什么是中国海洋文化？这个问题的一连串问号是：什么是海洋文化？中国有海洋文化吗？如果有，其具体内涵有哪些？和西方有什么不一样？为什么不一样？应该怎样认识和评价？这是首先要回答的基础性也是根本性的问题。

要说明什么是中国海洋文化，首先要说明什么是海洋文化；而要说明什么是海洋文化，则首先要说明什么是"文化"——由此才能进而说明"中国文化"和作为"中国文化"有机构成的中国海洋文化。

（一）关于"文化"

"文化"，是一个使用非常广泛的词语，内涵十分丰富。世界上不同的民族、不同的人，在不同的历史阶段、不同的语境中，使用"文化"一词，有着不尽相同的涵义。因此，要给"文化"下一个一般意义上的严格确切的定义，是一件十分困难的事情。古今中外，不少哲学家、政治家、社会学家、人类学家、历史学家和语言学家等都一直努力，试图从各自学科的角度来界定文化的概念。然而，迄今为止仍没有一个公认的、令人满意的定义。有人说有关"文化"的各种定义有几百种，这显然是一个保守的估计。如果将古今中外的各种"文化"界说加以统计的话，恐怕成千上万种是有的。季羡林先生说过，"对于'文化'的含义的理解五花八门"，"据说现在全世界给文化下的定义有500多个，这说明，没法下定义"①。

① 季羡林:《西方不亮东方亮——季羡林在北京外国语大学中文学院的演讲》,《中国文化研究》1995年第4期。

但是，这不能导致这样的结论：什么都是“文化”，“文化”的定义是不可道的，“文化”的内涵是没有边界的。

之所以世界上人们对“文化”的把握和界说各不相同，是因为在世界上的各文化区那里，人们的“文化”面貌、“文化”观念、“文化”追求原本不同。如果说相邻文化区的“文化”或许相近，如果说东西方的“文化”是世界上五花八门、千差万别的文化板块中的最大两个板块，则这两大板块的差异更是明显。这在东西方（中西方）关于“什么是文化”的不同界说中也能反映出来。

在中国暨东方这一板块这里，“文化”的概念，自古就是文治与教化的意思。早在两千年以前的《周易》中就记载了中国人关于“文化”的含义：“观乎天文，以察时变；观乎人文，以化成天下。”西汉刘向说“凡武之光，为不服也，文化不改，然后加诛”，晋代束哲说“文化内辑，武功外悠”，唐代孔颖对此疏曰“言圣人观察人文，则诗书礼乐之谓，当法此教而化成天下也”，等等，其文治与教化主义都十分显然。中国人的这种“文化”观，自古至近代是一以贯之的。顾炎武说：“自身而至于家国天下，制之为度数，发之为音容，莫非文也。”说明“文化”从人自身的修养、性情、行为表现直至国家的典章制度、生活艺术，都属于文化的范畴。

而在西方，“文化”（Culture）一词源自拉丁文“colere”，意即“to cultivate”，即耕种、居住、训练等义，直到现代，仍然与栽培、种植、养殖等是一个词。西方的“Culture”一词之所以被翻译为中文的“文化”，是不得已而为之，因为在西方的词汇及其观念里，就从来没有“文以教化”这一概念，“Culture”一词已经是最为“接近”的了。

学界一般认为，西方最早对“文化”进行“释义”的是英国人类学家爱德华·伯内特·泰勒（Edward Burnett Tylor）所著的《原始文化》一书，说“‘文化’是一个错综复杂的总体，包括知识、信仰、艺术、道德、法律、习俗和任何人作为社会成员所获得的能力和习惯”。[①] 这里，泰勒对“文化”的界定包括文化的精神和社会习惯两个层面。应该说，这是与中文的“文化”最为接近的一种解释和界定。同时期的马修·阿诺德（Matthew Arnold）则将处于精神层面的文化与处于行为层面的文化分离。之后的雷蒙·威廉斯（Raymond Williams）、克利福德·格尔兹（Clifford Geertz）和约翰·邦德勒（John H. Bodle）等学者在此基础上，又认为一

① ［英］爱德华·伯内特·泰勒：《原始文化》，连树声译，上海文艺出版社1992年版，第2页。

个群体区别于其他群体的特有物质也具有文化属性，即从物质层面认识文化。[①] 约瑟夫·奈（Joseph Nye）等“软实力”论者就曾指出，一个国家的价值观、外交政策、制度等，或处于行为文化层面，或处于精神文化层面，而美国的麦当劳则是美国的一种物质文化，与其他食品即使是美国其他食品相区别。麦当劳作为一种美国特有的食品，将连锁店开到了全球各地，将广告和促销行为渗入了世界各个角落，进而实现了麦当劳这种美国物质文化的全球流通。

总的看来，关于“文化”的概念和内涵，学界使用最广泛的是文化的三分法，即精神文化、行为文化、物质文化。[②] 按这里的“行为文化”，实际上是“制度文化”。“制度”是累积的、规范的、成形的相对确定性形态，而“行为”具有累积、规范、成形的相对不确定性。

如上“文化”的这些观念影响到中国学界，当代中国文化界对“文化”的定界即是：文化分为广义和狭义两种。如《辞海》就说：“从广义来说，指人类社会历史实践过程中所创造的物质财富和精神财富的总和。从狭义来说，指社会的意识形态，以及与之相适应的制度和组织机构。”就文化的性质，《辞海》指出：“文化是一种历史现象，每一社会都有与其相适应的文化，并随着社会物质生产的发展而发展。”

但事实上，狭义的“文化”观试图把物质文化分离出去，是徒劳的。作为研究，你可以只研究文化的精神层面及其形态，也可以只研究文化的制度层面及其形态，也可以将这两个层面及其形态统合考察，也可以只研究文化的物质层面及其形态。但事实上人类物质的创造，是按照其意识、观念和制度需求的创造形态，是精神文化和制度文化的物质体现，或者说是精神文化和制度文化的物质载体，这样的物质本身就是文化的表现形态。如此，怎么能被说成不是“文化”，怎么能被剥离在“文化”的范畴和视野之外呢？

事实上，无论在世界上的任何民族、任何人，乃至任何历史阶段、任何语境中，“文化”概念的使用都有一个共同的内涵与边界，那就是：

“文化”，是人类社会缘于自然资源和环境条件所创造和传承的物质

---

① Raymond Williams. Moving from High Culture to Ordinary Culture Originally. London: Mac Gibbon and Kee, 1958; Clifford Geertz. Emphasizing Interpretation: From The Interpretation of Cultures. London: Fontana, 1973; John H Bodle. An Anthropological Perspective, Cultural Anthropology: Tribes, States, and the Global System. New York: McGraw Hill, 1999.

② 参见吴瑛：《信息传播视角下的软权力生成机制研究》，《上海交通大学学报》（哲学社会科学版）2009年第3期。

的、精神的、制度的、社会的生活方式及其表现形态。

包括这样几层含义：

其一，“文化”是人类社会不同于自然世界、甲社会不同于乙社会的“生活方式”。

其二，“文化”呈现为体现“生活方式”的丰富多彩的“表现形态”亦即生活形态。

其三，“文化”是人类社会“创造”的，这种“创造”既包括超越自然界的“新造”，也包括作用于“自然界”，赋予自然界“有意义”的“形式”。

其四，“文化”是人类社会的产物，人类社会尽管是由单个人组成的，但单个人的“创造”没有被社会认同的，不属于“文化”范畴。

其五，“文化”是人类社会创造出来并经传承的产物，虽经创造出来但没有得到传承，没有形成为某种物质的、精神的、制度的、社会的生活方式的，不属于“文化”范畴。

其六，人类社会的“文化”不是无源之水、空穴来风，而是基于其所依存的自然资源和环境条件创造和传承的；人类社会所处的自然资源环境条件不尽相同，其文化模式和样态也不尽相同。

其七，人类社会的“文化”创造和传承基于自然资源和环境条件，而又不完全受自然资源和环境条件的制约，表现了人类社会的“文化”创造和传承的能动性；但无论如何，都不能从根本上改变其文化传统缘于资源环境造成的“基因”，这就是人们通常所说的“民族文化特性”。

其八，人类社会是具体的，不是抽象的；其生存依托的自然资源和环境条件也是具体的，而不是抽象的；其所创造和传承的物质的、精神的、制度的和社会的生活方式也都是具体的，而不是抽象的。因此，古今中外所有的“文化”，都是具体的，而不是抽象的。人们虽然常说“文化”或“人类文化”如何如何，但具体所指的“文化”的空间边界，往往是区域文化、国别文化、民族文化、地域文化等；具体所指的“文化”的时间边界，往往是“史前文化”“古代文化”“现代文化”等；具体所指的“文化”的内容边界，往往是“精神文化”“制度文化”“物质文化”等；具体所指的“文化”的层级边界，往往是“民族文化”“国别文化”“地方文化”“社区文化”“族群文化”等；具体所指的“文化”的形态边界，往往是“思想文化”“政治文化”“管理文化”“军事文化”“艺术文化”“技术文化”“民俗文化”等；具体所指的“文化”所依存的物质基础亦即地理资源环境边界，往往是“内陆文化”“海洋文化”等——其中“内陆文化”可分为“平原文化”“山区文化”“草原文化”等，依据其物质生产生活方式及其表现形态分为“农耕文化”“游牧文化”等，依据其人口集聚及生活形态分为“乡村文化”“城市（镇）文化”等；“海洋文化”可分为“半岛文化”“岛屿文化”“港湾文化”“海域文化”“大洋文化”等，依据其物质生产生活方式及其表现形态分为“渔业文化”“盐业文化”“航运文化”等，依据其人口集聚及生活形态分为“渔村文化”“港埠（城市）文化”等。

为什么在古今中外的各种“文化”定义里，大约都会分作广义的“文化”和狭义的“文化”？这是因为，人们看到，用“文化”的概念所能指称的，既包括精神层面的，也包括制度层面的，还包括物质层面的，几乎“包罗万象”，因而从“学科研究”“分析把握”的现代学科角度，“不得不”将其“化大为小”而已。其实，只要“化大为小”，只取其“狭义”，就不是“文化”内涵的全部；而只要包括几乎“包罗万象”的文化的“广义”，就会超越了现代学科的研究范畴、研究手段及其认知能力，亦即对其“无能为力”。因此，对“文化”的认知和把握，按照现代学科的细分必然显得捉襟见肘，只能靠多学科的交叉整合，建构“文化学”的整体系统。

（二）关于中国文化

中国文化，是中华民族在中国幅员辽阔的大陆与海洋所创造和传承的物质的、精神的、制度的、社会的生活方式及其表现形态。

中国文化，在当代语境下，是人类“文化”的一个“国别文化”系统；而历史地看来，则是一个以当代中国为主体区域的“区域文化”系统。由是，中国文化至少有如下意涵：

其一，中国是一个多民族国家，因此中国文化是多民族的文化，而不同于西方大多“民族国家”的单一民族文化。尽管世界上不少国家包括西方“民族国家”的人口也是由多民族构成的，但中国文化的多民族性特点在于，中国幅员辽阔，自中华文明之初就开始在长期的发展历史上逐渐形成了既以汉民族文化为主体辐射影响边疆民族文化，边疆民族文化又辐射影响汉民族文化同时保持着相对的民族文化个性的传统。因此“中国文化”是一种以汉民族文化为主体、多民族文化共存共荣的内涵丰富的“元多文化”的“共同体”，而不是一种单一文化。

其二，中国在长期的历史发展中一直是东亚地区幅员最大、最为发达和辉煌、对外最具吸引力和辐射力、影响面最广的国度，因而中国文化在东亚地区各国各地区的发展历史上，生成了长期以中国本土文化为中心的“中国文化圈”。在近代之后纷纷“独立”的东亚国家中，人们习惯于用“汉文化圈”“儒家文化圈”或“汉字文化圈”相指称。

其三，在西方文化近代崛起之前，中国文化在历史上一直是世界文化中的重要部分。这不但是中国和东亚地区诸国在近代之前的认识，也是西方诸国在近代之前的认识；也就是说，这是近代之前的“世界共识”。

其四，中国文化是世界上绵延发展历史最为长久、自古至今连绵不断、一直保持着坚强旺盛的生命力的文化。世界上“四大文明古国”的文化，包括中国文化、古印度文化、古巴比伦文化、古埃及文化，除了中国文化，其他都消失或转型了，这充分说明了中国文化本身在此起彼伏的世界文化竞争的丛林中能够生存发展的独特优势所在。

其五，中国文化在人与自然的主体认知上，是一种“天人合一”的文化。因此，中国文化主张敬畏自然而不是破坏自然，主要表现为对自然的顺应，而不是一味地强调对自然的改造、战胜，因而在中国思想文化中保持着历史悠久的自然保护主义。中国文化中的自然观，是当今世界解决受西方文化引领、影响，用工业化包括高科技工业化等非自然的生产生活方式竞争发展造成的资源破坏、环境污染难题的思想文化宝库。

其六，中国文化在社会理想层面上，是一种追求天下大同的文化。而这种天下大同的内涵，是“以和为贵”“天下共享太平之福”的和谐文化、和平文化。这是与西方文化的主要不同点。在中国文化中，实现这种天下大同的方式，是“以文教化”——这是中国历史话语系统中的“文化”的本意。中国早在夏商周三代，就实行政治体制的内封外服制度，自秦汉建立中央集权帝国之后，一直对内实行直辖和流官制度，对外实行分封和土司制度，如此历代沿袭，中国文化的影响不断扩大，西被流沙，东括东海，南迄南洋，北及北极，都不是靠武力侵吞而致，而是声教所及、海外向化、遣使来朝的“以文教化”的结果。

其七，中国文化在精神理想层面上，是一种善与美的文化，即追求道德人心的向善与精神情感的向美。这表现为中国传统的儒家思想与道家、释家思想的融会互补，和以民间信仰、民间伦理为基础的社会信仰、社会伦理的杂糅相生，其核心内涵是普及、普遍的弃恶扬善、中庸中和、和谐吉祥、知足常乐的社会观、人生观和审美观。中国历史上几乎所有被奉为经典的思想家、文学家的著述，都贯穿着中国文化向善与向美的一根主线。中国历史上几乎所有的国家祭祀和民间祭祀的神灵，都沟通着中国社会“善男信女”向善与向美的心灵世界。中国的汉字、音乐、绘画、诗词歌赋、小说戏曲，作为语言艺术形式，都承载着这样的向善与向美的教化功能和陶冶功能，既是向善与向美的艺术体现，也是向善与向美的生活体现。

其八，中国文化在制度层面上，是一种礼仪文化。这就是中国自古有“礼仪之邦”美誉的缘由。中国社会的基础层面，是靠“礼”来治理与运转的。诚然，中国也有法制，但中国的法制是建立在社会伦理和民俗基础之上、对礼仪不能解决的“超越”了礼仪规范的“犯罪”的惩罚制度，其实质，是礼制的补充和保障。因此，在这样一个以礼制文化建构为基础的社会，其基本主调是有矛盾靠礼仪调节、调解，使之化解、消除在基层社会尤其是家庭、家族、乡里之中，而不是动辄打官司、告上法庭、“依法”断案、“依法”执行。这是和谐社会建构的基础。在中国当代和谐社会建设中，传统的优秀礼仪文化无疑是不可无视、需要发扬光大的法宝。

其九，中国文化在物质文化层面上，由于中国资源环境基础的陆海兼备，幅员辽阔，物产丰富，民俗多样，因而呈现出内涵丰富灿烂、形式琳琅满目的生活文化样态。比如，世界公认“吃在中国”，中国是“世界美食厨房”，上至古代宫廷御菜，下到不同地区、不同民族乃至同一地区、同一民族的不同地方的民间小吃，都有各种各样关于吃的文化。

其十，中国文化，就其原生性主体文化的内涵而言，主要是指中华传统文化，即在中国有着悠久深厚的历史积淀、在中华民族的代代相传中延续发展的文化。

关于中华传统文化的基本精神，学者则有诸多不同的表述。有的学者表述是（1）刚健有为；（2）和与中；（3）崇德利用；（4）天人协调。[①]有的学者表述为“融和与自由”[②]，也有的学者表述说，以自给自足的自然经济为基础的、以家族为本位的、以血缘关系为纽带的宗法等级伦理纲常，是贯穿中国古代的社会生产活动和生产力、社会生产关系、社会制度、社会心理和社会意识形态这5个层面的主要线索、本质和核心，“这就是中国

① 张岱年：《论中国文化的基本精神》，载《中国文化研究集刊》第1辑，复旦大学出版社1984年版。

② 许思园：《论中国文化二题》，载《中国文化研究集刊》第1辑，复旦大学出版社1984年版。

古代传统文化的基本精神”[①]。还有的学者认为，中国的民族精神大致上可以概括为4个相互联系的方面：（1）理性精神；（2）自由精神；（3）求实精神；（4）应变精神。[②]也有的学者概括为尊祖宗、重人伦、崇道德、尚礼仪等。还有的学者认为，中国传统文化的精神是人文主义，这种人文主义表现为：不把人从人际关系中孤立出来，也不把人同自然对立起来；不追求纯自然的知识体系；在价值论上是反功利主义的；致力于做人。[③]

我们不能不承认，近代以降，尤其是近百年中，中华传统文化遭到了史无前例的冲击和破坏。近年来，人们又不断发出弘扬中华优秀传统文化的呼唤。即使不少西方人，也开始在东方文化中寻找救世良方。

对于中国文化的上述性质和内涵，近代以降，人们往往认为这是“内陆文化”“农耕文化”的体现，而不是海洋文化的体现。这是十分片面的，是对中国文化基本性质和内涵的误识。

第一，中国文化赖以创造和传承发展的资源与环境既有陆地又有海洋，因此中国文化就其所依存的地理资源环境边界而言，是由“内陆文化”和“海洋文化”共同构成的。中国的海洋文化同样历史悠久、丰富灿烂，只是长期以来，在人们的观念视野里，忽略了中国文化中的海洋文化的存在，或者说没有从海洋文化的视角观照中国文化而已。

第二，即使就中国的“内陆文化”而言，它与中国的海洋文化也是中国文化整体中的不可分割、互融互动、互为腹地的；即使仅就中国的“农业文化”而言，其发展也是与海洋文化中的“渔业文化”“盐业文化”“商贸文化”等连为一体的。

第三，一个重要的问题是，“农业”“农民”“农村”“农业经济”等涉“农”的概念，在中国传统的概念中，往往是从整体上包括“渔业”“渔民”“渔村”“渔业经济”的。至今中国人口归类只分农业人口、非农业人口，对“农民”的统计口径依然包括“渔民”；“渔业”作为大“农业”的组成部分，依然归口于国家的“农业农村部”。如此等等，说明“农业文化”在很大程度上、很多层面和很多领域中是包括“海洋文化”的，只是一直没有单独分类加以强调而已。近十几年来人们对“海洋文化”的重视和强调，是世界海洋竞争和中国海洋发展进入了“海洋时代”的结果。

---

① 杨宪邦：《对中国传统文化的再评价》，载张立文等主编：《传统文化与现代化》，中国人民大学出版社1987年版。

② 刘纲纪：《略论中国民族精神》，《武汉大学学报》1985年第1期。

③ 庞朴：《中国文化的人文精神》，《光明日报》1986年1月6日。

通过以上分析论述可知，中国文化与中国海洋文化既不是并列的两个概念，更不是相对立的两个概念；中国海洋文化是中国文化的一个重要的主体构成部分。因此，作为中国文化的基本精神，自然也就是作为中国文化主体构成部分的中国海洋文化的基本精神；中国文化的灵魂，同样也是中国海洋文化的灵魂。这是中国文化中内陆文化与海洋文化的共性；同时，中国文化中的内陆文化与海洋文化，又都呈现着各自的丰富的个性。

（三）关于海洋文化

有海洋认知思维、开发利用行为，就有海洋文化。但中国现代知识界、学术界，在20世纪八九十年代整个世界把眼光“聚焦”在海洋上之前，海洋文化的概念一直没有形成，90年代之后才开始出现，并逐渐得到了学界和社会的重视；将其作为一个范畴、领域乃至一门交叉综合性的新学科加以专题的或系统的研究，也成为中国学界有别于西方学界呈现出的一大学术亮点。而对海洋文化进行研究的基础，是关于什么是海洋文化的研究对象界定。对此，从开始出现探讨到形成较为广泛的共识，并非一蹴而就，而是经历了一个视角各异、内涵不同、边界不一的过程。如：

> 海洋文化是中华文化的重要组成部分。所谓海洋文化，其实也是地域文化，主要指中国东南沿海一带的别具特色的文化。同时，也包括台、港、澳地区以及海外众多华人区的文化。[①]

> 海洋文化，顾名思义，一是海洋，二是文化，三是海洋与文化结合……我初步理解，凡是滨海的地域，海陆相交，长期生活在这里的劳动人民、知识分子，一代又一代通过生产实践、科学试验和内外往来，利用海洋创造了社会物质财富，同时也创造了与海洋密切相关的精神文明、文化艺术、科学技术，并逐步综合形成了独特的海洋文化。[②]

---

① 李天平：《海洋文化的当代思考》，见广东炎黄文化研究会编：《岭峤春秋——海洋文化论集》，广东人民出版社1997年版。

② 林彦举：《开拓海洋文化研究的思考》，见广东炎黄文化研究会编：《岭峤春秋——海洋文化论集》，广东人民出版社1997年版。

我对海洋文化的概念是（原文如此，以下同——引者注）：滨海地域的劳动人民和知识分子世世代代在沿海地区生活，他们对内交流、对外交往，依傍海洋从事政治、经济、文化活动，创造了丰富的物质财富和精神财富，并在斗争实践中逐步孕育、构筑、形成具有海洋特性的思想道德、民族精神、教育科技和文化艺术，总而言之，就是海洋文化。①

从广义的文化定义出发，笔者认为海洋文化的定义可作如下的表述：人类社会历史实践过程中受海洋的影响所创造的物质财富和精神财富的总和就是海洋文化。②

海洋文化是世界性的文化现象。海洋文化涉及面很广，内涵很丰富，科学地界定其概念，需要有一段时间进行探讨，不可能一次臻于完善……

应该说，各种说法都有其相应的理由和根据，只是视角不同而已，有的是从人类历史发展的角度来概括；有的是从全球大文化的分类来说明；有的则是从海洋特殊生态环境所创造的文化角度来作出界定，等等，因之，在其理论上都可以说具有开拓性意义。③

海洋文化，是人类与海洋有关的创造，包括器物制度和精神创造。具体说来，海船，航海，有关海洋的神话、风俗和海洋科学等都是海洋文化。④

认为海洋文化是“人类社会历史实践过程中受海洋的影响所创造的物质财富和精神财富的总和”，取的是广义的概念（但“受海洋的影响”这一限定不确，将人类社会对海洋资源与环境的直接开发利用“所创造的

① 林彦举：《把握机遇，凝成一体，明确目的，虚实并举》，见广东炎黄文化研究会编：《岭峤春秋——海洋文化论集》，广东人民出版社1997年版。

② 徐杰舜：《海洋文化理论构架散论》，见广东炎黄文化研究会编：《岭峤春秋——海洋文化论集》，广东人民出版社1997年版。

③ 欧初：《研究海洋文化、增强海洋意识是当代一项战略任务》，见广东炎黄文化研究会编：《岭峤春秋——海洋文化论集》，广东人民出版社1997年版。

④ 邓红风：《海洋文化与海洋文明》，见《中国海洋文化研究》（第一卷），海洋出版社1998年版。

物质财富和精神财富”这一主体部分排除了）；将其内容仅限定在“与海洋密切相关的精神文明、文化艺术、科学技术”，或曰“具有海洋特性的思想道德、民族精神、教育科技和文化艺术”，取的是狭义的概念；而把海洋文化的创造主体限定在了“滨海地域”，把海洋文化仅视为“地域文化”，而且仅“指中国东南沿海一带”，“也包括台、港、澳地区以及海外众多华人区的文化”，则显然眼光和视域过受局限。①

1997年笔者在《发展海洋事业与加强海洋文化研究》中是这样表述的：

> 海洋文化，作为人类文化的一个重要的构成部分和体系，就是人类认识、把握、开发、利用海洋，调整人与海洋的关系，在开发利用海洋的社会实践过程中形成的精神成果和物质成果的总和，具体表现为人类对海洋的认识、观念、思想、意识、心态，以及由此而生成的生活方式包括经济结构、法规制度、衣食住行习俗和语言文学艺术等形态。②

1999年，笔者主编的《海洋文化概论》出版，作为学界第一部海洋文化基础理论的入门书，所给出的定义遂被国内外学界较普遍接受，成为较为广泛的共识：

> 海洋文化，就是和海洋有关的文化；就是缘于海洋而生成的文化，也即人类对海洋本身的认识、利用和因有海洋而创造出的精神的、行为的、社会的和物质的文明生活内涵。③

当然，10多年后看这一海洋文化定义，尚有不够完善的地方。其一，“和海洋有关的文化”，体现海洋文化的主体性不够明确；其二，“精神的、行为的、社会的和物质的”四义中，“行为的”不如“制度的”为确；其

① 曲金良主编：《海洋文化概论》，青岛海洋大学出版社1999年版，第5~6页。

② 曲金良：《发展海洋事业与加强海洋文化研究》，《中国海洋大学学报》（社会科学版）1997年第2期。

③ 曲金良主编：《海洋文化概论》，青岛海洋大学出版社1999年版，第7~8页。此后，笔者应邀赴多个国家和地区讲学、出席相关学术研讨会，都对此作过直接和间接的介绍；2006年，作为中国—欧盟合作项目成果合作主编出版的 *China Ocean Culture* 向西方国家发行；2008年，韩国学界将《海洋文化概论》翻译出版。

三，“文明生活内涵”，不如改为“文明生活方式及其表现形态”表述更为具体明确。

有鉴于此，为便于读者对“什么是海洋文化”有一个简要而完整的概念，兹重新表述如下：

> 海洋文化，就是人类缘于海洋而创造和传承的物质的、精神的、制度的、社会的生活方式及其表现形态。

在这一定义中，“缘于海洋”，这是人类海洋文化最基本也是最根本的“海洋因子”和“海洋元素”。人类社会是分散在不同的地理环境中的，其所缘海洋环境与资源条件不同，认识、把握、开发、利用和适应海洋的社会实践不同，其所创造的精神成果和物质成果也就不同，亦即其所呈现的精神的、物质的、制度的生活方式与形态就不同。

这里，“海洋”即“海洋资源环境”，包括“海洋资源”与“海洋环境”两个互融而又各有偏重的概念。“海洋资源”侧重于称指人类可以“利用”为物质生活资料来源的海洋环境要素，在史前时期和古代时期主要是通过捕捞和养殖可供食用的海洋动物和植物，如食用鱼类、藻类和通过煎煮可供佐食及他用的海盐；近代以来随着海洋开发利用科学技术的发展，“海洋资源”得到了越来越多的“发现”、开发利用。“海洋环境”侧重于指人类可以“借用”为物质生活手段和生活条件的海洋资源要素，比如，利用海洋水体的浮力可以行船，包括海上捕捞和海上运输；利用季风航海，可以实现远距离“天堑变通途”的政治、经济、文化的跨洋沟通；通过了解海洋潮汐原理和发明工程技术可以灌溉潮田；等等。这种“借用”一方面是能动的开发，一方面是被动和主动的“适应”。例如，对海洋风暴潮，这是人类不可抗拒的自然灾害，人类对其只能不断认识和了解，做出力所能及的预防和适应。同时，“海洋环境”也是“海洋资源”所处的“环境”。近代以来随着海洋开发利用科学技术的发展，“海洋环境”可开发利用的要素被“发现”得越来越多，开发利用力度也越来越大，但同时也造成海洋资源、海洋环境破坏越来越严重。这是近代以来开发利用海洋的观念越来越强烈，而被动和主动的“适应”意识越来越弱化导致的结果。

在这里，“缘于海洋”，即不是仅限于对海洋资源和环境的开发利用、借用和适应，而是以此为基础，通过海洋资源和环境，实现与内陆资源和环境开发利用、借用和适应的对接，使海洋和内陆互相联系、互相协调，互为依托，互动互融，整合发展：海洋发展以内陆为腹地基础，内陆发展以海洋为拓展条件。这就是说，一定区域的人类社会只要与海洋资源环境发生了关联，其文化就有了海洋元素，那么具有较充分的海洋元素的文化，就具有了海洋文化的性质。

这里的“海洋因子”和“海洋元素”，既包括海洋资源环境的物质的因子和元素，也包括海洋人文社会的非物质的因子和元素。

这里的生活方式，意即人类一定的社会群体在长期历史发展中形成的、所有社会成员都“习惯性”地认为、“理所当然”地认同并“遵守”的一种规范化的生活方式；“表现形态”，则丰富多彩，具体表现为人类对海洋的认识和实践所形成的精神生活包括意识、观念、思想、心态，以及由此而形成的物质生活、制度生活、社会生活和审美生活面貌等。作为一种“文化”，“生活方式及其表现形态”具有鲜明的民族性、区域性和历史性特征。

由此，我们把海洋文化的内涵结构，按照其作为社会生活方式的表现形态，分为物质文化、精神文化、制度文化、社会文化 4 个层面：

海洋文化的物质文化层面，指的是一个国家、民族、区域“文化体”面向海洋、开发利用海洋资源和环境的生产、贸易和消费，体现为这一“文化体”的物质生活面貌；

海洋文化的精神文化层面，指的是一个国家、民族、区域“文化体”面向海洋、开发利用海洋资源和环境的思想意识、价值观念、精神导向与审美情趣，体现为这一“文化体”的精神思想体系；

海洋文化的制度文化层面，指的是一个国家、民族、区域“文化体”面向海洋、开发利用海洋的行政制度、法规政策与组织管理，体现为这一“文化体”的政治法律制度安排；

海洋文化的社会文化层面，指的是一个国家、民族、区域“文化体”面向海洋、开发利用海洋的社会形态、人口结构与民俗传承，体现为这一“文化体”的基本社会样态。

（四）关于中国海洋文化

中国有没有海洋文化？这是一个现在看来已不是问题的问题，无须回答，但在 20 世纪八九十年代之前，却是一个被忽视、被遮蔽、被否定的问题——从西方19世纪30年代黑格尔的《历史哲学》到我国20世纪80年代的部分思想都贯穿着这样的观念：中国是农业大国，中国没有海洋文化。

中国拥有海洋，而且是世界上的海洋大国，中华民族世世代代跟海洋打交道，即使仅仅统计生活在海边、海岛、海上直接跟海洋打交道的中国人，其人口数量也比得上世界上不知多少个小国。他们打鱼、制盐、造船、航海、贸易，同五洲四海的商人做生意，同万国来朝的海客交朋友，他们自己也航海闯荡世界，他们吃着海鲜，唱着渔歌，欣赏着海洋景观，感叹着海市蜃楼，探索着海洋的秘密，开发利用着海洋资源，建构着他们自己的海洋管理制度体系，经营维护着他们自己的海洋权益，维护着世界的海洋和平……这一切不是中国的海洋文化，是什么？

说中国没有海洋文化，现在看起来无异于无知和胡说，但在20世纪八九十年代以前，却似乎理所当然，理直气壮，天经地义。近代以来，在我们的不少被视为"精英"的理论家、史学家、文化学家那里，在我们的不断重复的传统观念里，我们的中国文化被塑造成了"没有海洋文化"的文化。

20世纪八九十年代以来，如前所述，随着国际社会迅速升温的海洋资源与海洋空间的竞争、"海洋圈地运动"，随着大大小小的发达国家、发展中国家和地区的国家海洋发展战略的纷纷出台及其行动实施，国际上兴起了以西方海洋竞争意识和发展观念为主导标志的海洋文化浪潮。中国学术界在此影响下，加之对国内伴随"思想解放运动"而来的西化思潮的应对，中国也有海洋文化的共识迅速达成。但是，对于中国海洋文化整体而言是什么、怎么样、为什么等基本问题，却一直众说纷纭。上述关于海洋文化的种种解说，实际上大多是关于中国海洋文化的，然而如上举述可见，对于中国海洋文化的基本概念，对于中国海洋文化的基本性质，对于中国海洋文化的基本内涵和外延边界，对于中国海洋文化之于中国文化的关系，对于中国海洋文化的历史与现实作用等，尚没有形成共识性的答案。

依据如上我们关于文化、海洋文化和中国文化的定义，我们可以对"中国海洋文化"的概念作出如下表述：

> 中国海洋文化，就是中华民族缘于海洋所创造和传承的物质的、精神的、制度的、社会的生活方式及其表现形态。

显然，中国海洋文化作为中国文化的有机构成，其所缘海洋资源环境与内陆资源环境是密不可分、相互依存、互为腹地的。

如前所述，中国海洋文化，是相对于“中国内陆文化”而言、与“中国内陆文化”相对应的概念，两者都是中国文化的有机构成，亦即两者是同构为中国文化一个整体的。其中，哪里是中国海洋文化的边界？它与“中国内陆文化”（往往被说成是“农耕文化”）如何“分析”？事实上不存在一个绝对客观的标准和尺度。人类观察事物总是有一个视角和立足点，人们判断什么是海洋文化、什么是内陆文化，也只是对其各自所缘海洋还是内陆的重要性的一种认知、一种强调、一种放大而已。

我们的地球71%面积是海洋，不到30%的陆地被海洋分割成了一个个“大陆”和“岛屿”。一般而言，在人们将人类文化或区域文化分析为内陆文化和海洋文化的观念视野里，是把“大陆”的沿海地区和海洋中的“岛屿”地区的文化类型，因其最为直接地、或在元素构成上较多地依存于海洋资源和海洋环境空间，故而归类为海洋文化；而把“大陆”上不直接接触海洋、海洋对其发展不产生直接作用的“内陆”环境与资源空间的文化类型，归类为“内陆文化”的。

显然，这样划分人类文化的“海洋文化类型”和“内陆文化类型”，是一种文化地理学视角的划分。这是人类认知、分析国别、区域文化的基本视角。但是，仅仅从这一视角判定什么样的文化是海洋文化，什么样的文化是内陆文化，在很多情况下具有不可操作性，因为事实上并没有一个具体确定的标准，其边界很多情况下是模糊的，存在着很多交叉地带、模糊地带。

一方面，大陆与岛屿的区别，何以认定？即多大面积是大陆，多大面积是岛屿？目前国际上采用的标准，完全是自然地理学上的概念，不考虑任何社会人文因素——以格陵兰岛的面积为界，将格陵兰定名为“岛”，比格陵兰岛面积大的称为大陆；比格陵兰岛面积小的称为岛屿。格陵兰陆域面积是218万平方公里，海域辽阔。可见这样的标准，完全是“硬性”的“规定”。也就是说，无论把格陵兰说成是大陆还是“海岛”，格陵兰人的文化依然是格陵兰人的文化，并不因为人们把格陵兰划归为海岛抑或大陆而改变其文化自身。由此可见，人们把格陵兰人的文化归为大陆文化类型还是海洋文化类型，依据的并不是格陵兰人的文化的自身性质和特色，而是依据格陵兰是海岛还是大陆的人为“规定”。同样，在一个大陆上，只有一个国家，它的文化类型就一定是大陆文化？如澳大利亚，它四面环海，却又是大陆，那么它是海洋文化类型还是内陆文化类型？显然这在于人们对其自身文化特征的定性。弗兰克·布鲁兹（Frank Broeze）有一本书叫作《岛屿国家：澳大利亚人与海洋的历史》，[①] 就是对澳大利亚文化的海洋文化定性。

另一方面，都是沿海地区，乃至同在一个岛屿或岛群上，为什么各个民族、各个地区的文化不尽相同，甚至差异很大？世界上有没有"标准"的海洋文化？即如果同是海洋文化，同属于海洋文化类型，这些海洋文化是不是同样的？世界上有没有一个海洋文化的固有模式，或曰统一模式？显然没有。"世上没有相同的一片树叶。"世上的海洋文化千差万别。对此，我们后面还将做专门分析。

由于人类社会在地球上的选择分布所处海洋资源与环境条件的不同，人类的海洋文化既具有作为海洋文化的共性，又具有不同的时代特色和区域特色，呈现为不同时代、不同区域海洋文化的不同范式，具体体现为不同的意识形态、社会形态和物质形态。

人类自古至今都是以社会组织形态生活的，从史前时代到现在，人类的最高社会组织形态是国家。我们把拥有海洋疆域、注重利用海洋、海洋在其发展中起着一定的作用、占有一定的分量、在其文化的结构中具有一定的元素的国家称为海洋国家。不同的海洋国家所拥有的海洋资源与海洋环境条件不同，其民族发展的历史积淀不同，所走过的道路不同，因而所形成的海洋文化包括精神文化、社会文化和物质文化也各不相同。不仅如此，世界上的海洋国家，除了海洋小国之外，举凡海洋大国，其一国的海洋文化之下，也有各地不同的区域的亦即地方的海洋文化特性。因此，我们可以把大型、较大型海洋国家的海洋文化，按照其创造和传承主体的层级结构，解析为国家（民族）海洋文化、地方（区域）海洋文化、社群（社会群体及其行业群体）海洋文化 3 个层面。对此，我们后面还将作专门论述。

当然，国家以统辖一国的有效政权的存在为表征，历史地看，国家的存亡、疆域的变更、政权的更迭、人口的迁徙、发展道路的抉择等都是一直处在变化中的，我们对一个海洋国家的海洋文化的分析，也只能放置在历史的时空之中。在一些历史时段，不少相邻的沿海国家之间由于地缘政

① Frank Broeze, *Island Nation: A History of Australians and the Sea*, Allen & Unwin, Australia, 1998.

治、民族、经济、文化等的相互关系，形成了一个或几个超越国家、民族的共同的“海洋文化区域”，或曰“海洋文化圈”，但在另一些历史时段，一个个国家及其国家文化又呈现为各自“分裂”的、专有的、独占的、排他的、不可替代的文化识别性。所以，就某个具体的沿海国家及其（海洋）文化而言，其具体内涵及走向并不是固化不变的。

这里，我们依据对中国海洋文化的定义，对中国海洋文化内涵结构的4个层面表述如下：

中国海洋文化的物质文化层面，是指中华民族作为“经济文化体”面向海洋、发展海洋的物质生产、技术制造、流通消费方式，体现为中国面向海洋、发展海洋的物质生活风貌。

中国海洋文化的精神文化层面，是指中华民族这一“民族文化体”面向海洋、发展海洋的思想意识、价值观念与精神导向，体现为中国面向海洋、发展海洋的民族精神和国家意志。

中国海洋文化的制度文化层面，是指中华民族的历代国家和地方政权作为“政治文化体”面向海洋、发展海洋的行政制度、法规政策与组织管理，体现为中国面向海洋、发展海洋的制度设计与运行安排。

中国海洋文化的社会文化层面，是指中华民族这一“社会文化体”面向海洋、发展海洋的社会形态与民俗传承，体现为中国面向海洋、发展海洋的社会运营模式。这当中，其文化主体的基本构成，是中国幅员辽阔的沿海、岛屿地区直接与海洋打交道，并与内陆地区和海外地区关联互动的涉海民间社会。

如上4个层面，就是中国海洋文化内涵的主要构成。它们都是中华民族缘于海洋资源环境所创造和传承的。由此，我们也可以这样说：中国海洋文化，就是中华民族缘于海洋所创造和传承的物质文化、精神文化、制度文化和社会文化的总和。

需要指出的是，其中的每一个层面，依其“缘于海洋”的直接和密切程度，都有广义和狭义之分。狭义的中国海洋文化，即直接缘于海洋、关于海洋、与海洋密切相关的文化元素，这是中国海洋文化的基本内涵；广义的中国海洋文化，即与其基本内涵具有相互关联性、互为条件和因果，从而构成中国海洋文化整体系统的全部内涵。

四、中国海洋文化发展的历史基础

如何总结和看待中国海洋文化的发展历史，如何认识和评价中国海洋文化的历史内涵与历史成就，不仅仅是学术问题，更重要的是观念问题，因而是直接关乎中华民族对自己的民族、历史、文化能否自我认同，能否在当今世界激烈的海洋竞争中不丢失自我，能否在当代海洋文化建设发展中树立民族自豪感、自信心，从而创造中国海洋文化新的时代辉煌的关键性基本问题。

无疑，判断和评价中国海洋文化历史及其内涵，采用什么标准，就会得出什么结论。对同一种事物，判断和评价的标准不同，结论就必然不同。说到底，这是个世界观问题、立场问题。判断和评价中国海洋文化历史及其内涵，是站在近代西方侵略时期的西方人的立场上，站在中国近代主张“全盘西化”立场上，以西方人的世界观及其价值尺度为标准，还是站在堂堂正正中国人的立场上，站在对中华民族、中国文化认同的立场上，站在世界文化多样性自有其合理性的立场上，以人类文明而不是野蛮、和谐而不是纷争、和平而不是侵夺、正义而不是邪恶为是非判断标准，得出的结论大不一样。

中国海洋文化源远流长。中华民族在幅员辽阔的大区域内，缘于海洋资源环境，海陆互为腹地，在悠久的历史上，创造发展了中国海洋文化的辉煌成就。纵观中国海洋文化自古至今的历史进程，我们可以大略分为这样5个阶段：远古史前时期为中国海洋文化在沿海地区普遍发育和作为国家海洋文化的滥觞时期，夏商周时期为中国海洋文化进入国家海洋文化层面并在沿海诸国大区域崛起的时期，秦汉至隋唐时期为中国海洋文化全面发展兴盛的时期，宋元明清时期为中国海洋文化全面发展繁荣的时期，近现代为中国海洋文化转型发展与现代复兴的时期。

通过对中国海洋文化悠久历史、丰富内涵和辉煌成就的梳理，我们可以看到，中国海洋文化之广博精深，其在精神文化、政治文化、制度文化、经济文化、社会文化、审美文化等各个领域取得的辉煌成就，其对中华民族的整体发展、中国文化的整体成就所作出的贡献，其在世界历史包括海洋文明发展史上的地位，都值得倍加珍视。中国海洋文化的近代转型，是西方野蛮血腥的入侵和晚清洋务派崇洋媚外、内外勾结从中渔利造成的恶果，丝毫不能妨碍我们对中国海洋文化悠久历史、丰富内涵和辉煌成就的认知和评价。

（一）史前海洋文化的滥觞

1. 中国海洋文化石器时代的发育

在人类的发展史上，沧海桑田的变迁，为人类社会的出现与海洋文化的产生提供了先天的环境与舞台。

当我们把目光投向中国以蜿蜒漫长的海岸线为轴线既向海洋伸展又向内陆辐射的广阔空间区域，同时沿着更为蜿蜒漫长的时光隧道追溯历史的源头时，呈现在我们面前的是，自石器时期以来，中国沿海区域早已有了海洋社会的存在，有了海洋族群的流动，有了早期的海洋科学认知，有了海疆海防意识、海洋经济开发现象、海洋交通行为以及海洋信仰和海洋文化艺术。这一切，都使我们有充分的理由相信，中国不仅有着丰富的海洋文化，而且海洋文化的历史源远流长，自石器时代就有了十分广泛的发展。

由于史前石器时代的历史跨度太大，气候变化和海陆变迁、人类的不断迁徙、小区域文明的诞生与毁灭等，都难以精确地被我们认知：无文献记录，考古发现再多，在数以万年计的历史长河中也是沧海一粟，也是历史链条中被偶然发现的个案，远古传说再多也难以证实，因此远古海洋文化的历史，被浓缩在我们今人的视野里，只能是“略知一二”。

按照我们对人类海洋生活能力的历史发展进程的一般理解和认知，原始居民在石器时代，其对海洋的利用和适应的空间范围主要在沿海和岛屿地区，与内陆腹地和海外世界的沟通、交流和联结能力一般而言不会很强，所以远古时代的中国海洋文化，其主要特征是地域化和小区域化。从目前我们已知的证据来看，这样的理解和认知结论还不能轻易推翻，尽管不断发现一些难解之谜，但我们对远古时代的了解还很有限。

在中国大陆和沿海，第四纪尤其是全新世以来的沧海桑田变迁所孕育的人类早期海洋文明，可以说是后世人类社会发展的基础，也是中国海洋文化产生与发展的前提。今天是沿海甚至是浩渺的海洋的地方，在人类文明的早期有可能曾是陆地，甚至有可能曾是高原；今天是陆地甚至是高原的区域，在人类历史的早期又有可能曾是沿海，甚至曾是一片汪洋。对这一人类早期历史上的沧桑海陆变迁的认识，对于我们全面了解人类早期海洋文化的全貌，具有不可忽视的意义。

我们以对黄渤海晚更新世至全新世前期的海陆变迁过程的基本轮廓为例：距今 2.3 万年前后海水是退出黄渤海的；到距今 1.2 万年时海水再次侵入北黄海至现代水深 50 米线附近，到距今 1 万年前后开始进入渤海海峡，至 8000 年前后尚未抵达现代海岸位置而处于现今至少 10 米水深线附近。但此后海面受间冰期暖期的暖湿气候影响迅速抬升，到距今 6000 年前后深入内陆达到最高海面。[①]

从中国海陆变迁的历史来看，在新石器时期以前，中国的渤海、黄海、东海的大部分地区有过不断变迁的“三海—平原”海—陆地貌，这里也是华夏祖先的重要活动中心。8000 多年来这一幅员辽阔的区域的社会文化发展，一直伴随着海侵的速度而向周边的大陆不断延伸，形成现在的格局。这就是说，环渤海、黄海区域，不但在现代人类文明的早期是海洋文明的中心，而且在其后长期的发展历史上，一直与海洋结下不解之缘。

在旧石器时期，中国的沿海地区和岛屿地区的先民们，在与海洋的亲密接触中，留下了大量至今尚存的贝丘遗址等广泛分布的海洋文化遗迹，为我们诉说着当年人类与海洋亲密接触、以海为生的历史。在中国广阔的沿海区域，从南到北，散布着大量的涉海生活遗址遗迹，其文化内涵十分丰富。这些遗址、遗迹，向我们展示了滨海的先民对滨海生活环境、滨海食用资源、滨海渔捞生业的初步认识，其与滨海活动有关的生产工具，对居住选址、海潮与台风以及海洋气候的认识，对近海区域的渡海交通技术的初步开拓等，都显示出海洋文化历史曙光的来临。

新石器时期以来，有关的海洋文化信息不断增多，珍珠串一般的海洋文化遗迹散落在中国滨海自南而北的海岸线上。广西东兴贝丘遗址，海南三亚落笔洞、东方、乐东贝丘遗址，广东珠江三角洲地区贝丘遗址，台湾八仙洞长宾文化、大坌坑文化、芝山岩文化、圆山文化、营埔文化和凤鼻头文化

① 安芷生等：《最近 2 万年来中国古环境变迁的初步研究》，载刘东生主编：《黄土·第四纪地质·全球变化》（二），科学出版社 1990 年版。

遗址，福建富国墩贝冢遗址、壳丘头遗址、昙石山遗址，浙江余姚河姆渡遗址及舟山群岛新石器时代遗址，山东龙口贝丘遗址，即墨贝丘遗址，蓬莱、烟台、威海、荣成贝丘遗址，以及辽东半岛沿海的小珠山遗址等，都是极为典型的贝丘遗址。在这些遗址中，海洋文化内容十分丰富，有海洋贝类牡蛎、鱼鳞、海鱼骨、绣凹螺、荔枝螺、红螺、耳螺、蝾螺、蜑螺、风螺、毛蚶、泥蚶、文蛤、魁蛤、青蛤、紫房蛤、江户布目蛤、砂海螂、海蚬等大量的海洋生物遗骸，又有出土的网坠、骨鱼卡、蚌器、海参形罐器、陶器、打制石器、磨制石器等生产工具及航海的木桨等器物。这些遗迹或遗物，向我们展示了滨海的贝丘先民对滨海生存环境、滨海食用资源、滨海渔捞生业的初步认识和掌握，对居住选址、海潮与台风以及海洋气候的原始认识，对近海区域交通的初步开拓等。这些发现和认识、掌握和开拓都充分证明，中国沿海区域在原始时代海洋文化内涵已经相当丰富。

20 世纪 40 年代出版的由美国海思、穆恩等合著的《世界通史》曾断言："中国人自古不习于航海。"[①] 事实恰恰相反。勤劳、勇敢和智慧的中国人民自古就习于航海，并由沿海航行逐步发展为远洋航行，这正如英国中国科技史学家李约瑟所说："中国人被称为不喜航海的民族，那是大错而特错了。"[②]

对于史前时代沿海地区海洋文化遗迹的认识，我们主要得益于考古学的发展。我们相信，随着这些地区考古事业的发展，今后我们对我国沿海地区史前海洋文化遗迹会有更深入的认识。

真正史学意义上的中国海洋文化的历史，还是从具有信史意义的夏商周三代的夏代开始的。在此之前，中国上古时期的帝王时代，相传主要有炎帝、黄帝、太昊、少昊、颛顼、帝喾、尧、舜等，关于其历史发展的具体脉络，目前的史学和考古学所给出的还不够十分清晰，还有待更多的发现和研究梳理。不过，我们现在的考古学已经发现了不少现今位处沿海地区的七八千年之前的滨海城市和政治宗教集团祭祀遗址、利用海洋的船只工具、使用和食用海洋产品的遗物，展示着上古文明的海洋文明性质。

司马迁的《史记》，明确列有《五帝本纪》《夏本纪》《殷本纪》《周本纪》，亦即在夏朝时代、商朝时代、周朝时代之前，有五帝时代。由于五帝时代无当时的文字记录，许多历史链条至今尚不能连接，所以史学界只承认

① ［美］海思、穆恩、威兰：《世界通史》上册，刘启戈译，大孚出版公司 1948 年版，第 59 页。
② 胡菊人：《李约瑟与中国科学》，时报文化出版公司 1997 年版，第 122 页。

夏商周三代是信史，而认为五帝时代是传说时代。但大量的考古材料证实，中国文明史远在夏朝之前早已形成，不能因为我们研究不够、不能理解，便把它称为“传说时代”。我们要尊重《五帝本纪》，应该把它称为“五帝时代”。《五帝本纪》中的五帝，是黄帝、颛顼、帝喾、尧、舜，并认定他们是上下承袭的发展关系。但不少史书上记载的五帝，也有不同的说法，还有太昊、炎帝、黄帝、尧、舜为五帝一说；少昊、高阳、高辛、尧、舜为五帝一说；太昊、炎帝、黄帝、少昊、颛顼为五帝一说。也有不少史书记载太昊与伏羲为一人，炎帝和神农为一人，并归为“三皇”。尽管这些说法现在还没有统一，但中国在夏朝之前，就已经有一个相当长的由多个较大统一政权前后相继构成的统一历史时期，是不容置疑的。我们可统称为“五帝时代”，也可概称为“炎黄时代”。中华民族被称为炎黄子孙，中华民族的文化被称为“炎黄文化”，其历史和文化依据在此。据不少学者考证，五帝时代或曰炎黄时代的历史积年大约2000年之久。

这一时期的主要区域在今天的中原地区。但在当时，如前所述，在距今6000~5000年，气温比目前高2~3℃，海水上升，海域扩大到全新世的最大范围，现代的一些沿岸地区，当时均被海水淹没。因此，现在的“中原地区”，当时则都是沿海，也即我们今天所说的“沿海地区”，当然包括大大小小的岛屿和群岛地区。为什么自先秦以降历代帝王都要封泰山？说法很多，但我们认为，在五帝时代，泰山山脉是当时沿海、海岛地区人们的社会生活圈、祭祀圈中的最高山脉，随着后来的海退，也是后来成为“中原地区”中的最高山脉，成为人们心目中可与“天”通的最高点。其后的历代帝王，基于传统，都视泰山封禅为一代政权合法继承性、代表“天意”和取得“天授神权”的最高标志。

在距今3000~2000年，整个渤海的自然面貌才又接近现代，基本成为现代的样子，形成了现代人的所谓“中原地区”和“沿海地区”的概念。而在五帝时代，今天的“中原地区”，当时则都是“沿海地区”；由于当时的农业文明并不像后来发达，人们更容易在沿海地带依靠海洋资源生活，因此当时的文化的基本内涵，在很大程度上是海洋文化。①

下面，我们把远古至五帝时代前后的主要考古学文化有关海洋文化分布区的标志性文化遗迹及其内涵在这里作一梳理，以便有一个较为清晰把

---

① 以上内容参见曲金良主编、陈智勇本卷主编：《中国海洋文化史长编（先秦秦汉卷）》，中国海洋大学出版社2008年版。

握。这是全新世以来中国大陆和沿海的沧桑之变所孕育的我国先民早期的海洋文明之光，是其后中国社会发展的基础，也是其后中国海洋文化产生与发展的前提。①

2. 贝丘文明的海洋生活内涵

早自旧石器时期以降，中国的沿海地区和岛屿地区居住的先民，就开始掌握渡海技术，开发和利用海洋蛋白资源。至今尚存的大量贝丘遗址，为我们诉说着当年人类与海洋亲密接触、以海为生的历史。

人类在部分地进入农耕文化之前，最早的文化是渔猎文化。而作为中华文明祖先的沿海地区"贝丘人"，在考古中已有了越来越多的发现。尤其是新石器时期以来，有关的海洋文化信息不断增多，珍珠串一般的海洋文化遗迹散落在中国滨海自南而北的海岸线上。

所谓贝丘遗址，就是在史前文化人类居住过的地方，出土了大量人类食用后所抛弃的贝壳和各种蚌类的堆积。有的贝丘遗址的贝壳堆积厚度达1米多，可见当时贝丘遗址生活的人群获取肉食生活的主要来源是依靠捕捞这些贝类。贝丘遗址的年代大都属于新石器时期、青铜时期或延续的更晚。这种遗址一般都分布在靠近沿海、湖泊以及河流的河口沿岸。靠近海洋的贝丘遗址多以海洋中的贝壳类为主，而靠近湖泊、河流的贝丘遗址多以湖泊及河流中的贝壳类为主。在新石器时期的贝丘中，往往还同时出土有渔猎工具。所以贝丘遗迹亦是新石器时期海洋渔猎的历史见证，更确切地代表着中国海洋文明的滥觞。

在这些遗址中，海洋文化内容十分丰富。这些贝丘遗迹或遗物中存在大量有关当时人地关系的内容，向我们展示了滨海的贝丘先民对滨海生存环境、滨海食用资源、滨海渔捞生业的初步认识和掌握，对居住选址、海潮与台风以及海洋气候的原始认识，对近海区域交通的初步开拓等。这些发现和认识、掌握和开拓都充分证明，中国沿海区域在原始时代海洋文化内涵已经相当丰富。

比如说，贝丘中有蚶、牡蛎、蛤蛎等各类海洋软体动物，可说明海产品对于原始人饮食生活的重要，这是就其物质生活的文化层面而言；就其精神生活的文化层面而言，"贝丘人"的审美文化，也"就地取材"于海——在大多为新石器时期遗址的这些贝丘中，有很多被打磨和穿钻得

① 参见曲金良：《中国海洋文化的早期历史与地理格局》，《浙江海洋学院学报》2007年第3期。

十分细致讲究的贝饰，足以说明海洋产品对于原始人服饰生活和审美生活以及信仰生活的重要。正因为这样重要，贝才具有了重要的"价值"，以至于在后来人们有了物质交换的需求进而发展到货币交换的历史时代之后，贝竟然成了"币"。在中国古史中，至少从殷商时期产生货币交换制度起，贝就一直用为"硬通货币"，直到秦代才废止，后王莽新朝时还曾得以复用，至今有些少数民族仍然使用贝币。即使在今天的汉语言中，我们依然说贵重值钱、喜欢疼爱的东西为"宝贝"；在中国的汉字里，大凡与"贝"字相关的，大都和货币、财宝、买卖贸易等相关。

主要以采捞贝类和近海岸鱼类为生业的"贝丘人"，也有临时性或季节性的居留与迁移；他们能够制造和使用航行在海上的交通工具；他们到处游走，通过海上交通建立起大陆沿海之间、沿海与岛屿之间和岛屿与岛屿之间的联系网络，成为活动力强的文化传播者。[①]《物原》曰："燧人以匏济水，伏羲始乘桴，轩辕作舟，颛顼作篙桨，帝喾作柁橹，尧作维牵，夏禹作舵，加以篷碇帆樯，伍员作楼船。"[②] 诸如此类的传说自未必信，但反映出后人对海洋文明源头的追溯的自觉。

3. 河姆渡文明的海上活动特性

中国沿海地区的考古发现表明，早在新石器时期，先民的海上活动就已经相当频繁了。1973 年浙江省余姚地区河姆渡遗址的发现，就是最好的证明。

河姆渡遗址是一处距今约 7000 年的新石器早期文化遗址。遗址濒临姚江，距离东海沿岸只有数十公里，而在新石器时期，这一带近海平原当时尚未成陆，所以遗址所在就是当时的海岸。

河姆渡遗址出土文物有 6000 多件，生产工具有石斧、石凿，其"干栏"式建筑遗迹，梁柱间用榫卯结合，地板用企口板密拼，具有相当成熟的木构技术。尤其是在遗址中发现了船桨，还有舟形陶器，大量鱼骨，说明原始居民以捕捞为业，已掌握了远海操作的能力，可捕到深水中的海洋

---

① 关于中国沿海贝丘文化遗址考古，可参见袁靖：《关于中国大陆沿海地区贝丘遗址研究的几个问题》，《考古》1995 年第 12 期；辽宁省博物馆等：《长海县广鹿岛大长山岛贝丘遗址》，《考古学报》1981 年第 1 期；烟台市文物管理委员会、中国社会科学院考古研究所胶东半岛贝丘遗址研究课题组：《山东省蓬莱、烟台、威海、荣成市贝丘遗址调查报告》，《考古》1997 年第 5 期；袁靖等：《胶东半岛的贝丘遗址和环境考古学》，《中国文物报》1995 年 3 月 25 日；广东省文物管理委员会：《广东潮安的贝丘遗址》，《考古》1961 年第 11 期；等等。近年来更有不少新的发现。

② 〔明〕罗颀辑：《物原》，商务印书馆丛书集成本 1937 年版。

生物鲸鱼、鲨鱼以及喜在滨海口岸附近生活的鲻鱼和裸顶鲷等，同时为远程航行创造了条件。

河姆渡遗址 1973 年发掘和以后的历次发掘，共发现了八只木桨和两件舟形陶器。木桨都是用整块硬木为材料加工而成的。其中有一只木桨，残长 0.6 米，宽 0.12 米，叶长 0.5 米，木质坚硬，出土时呈赫红色，桨柄上部略残，但在柄与叶的连接处，还刻画直线和斜线构成的几何图案花纹，做工精细，既美观又实用。另一只木桨残长 0.92 米，整体细长扁平，像柳叶一样。说明先民们已会剖制木板，具备了向制造木板船发展的条件。木桨柄部粗细适中，可容手握，大多数加工成圆形，也有少数方形，桨叶多呈扁平的柳叶状，且自上而下逐渐减薄，制作技术成熟。它们是迄今为止中国乃至世界上最古老的木桨。而且显而易见，有桨必有船。遗址中虽然没有发现船只，但发现的两件舟形陶器很能说明问题。两件舟形陶器均为夹炭黑陶，一件外形如长方槽形，一侧稍残，长 8.7 厘米、高 3 厘米、宽 3 厘米，是一种方头的长方形独木舟；另一件长 7.7 厘米、高 3 厘米、宽 2.8 厘米，舟体侧视如半月形，俯视略呈梭形，中间挖空，两头稍尖而微上翘，头部之下还附一穿孔的扁平小耳，用以穿系缆绳之用，是一种两头削尖的梭形独木舟。由此可以想象河姆渡文化独木舟的形态。①

与河姆渡遗址一海之隔，舟山定海发现有马岙文化遗址。这一新石器时期海滨村落遗址，距今约 6000 年。出土器物有鱼鳍形鼎足、截面呈“T”形鼎足等。这里的最早先民应是从大陆浮海而来，这也说明当时的先民们已经掌握了航海技术，拓展了他们的活动与生存空间，并为更广阔的文化交流提供了可能。②

4. 东夷文明的跨海陆区域发展

作为中国上古时期的东方古老部族，东夷和东夷文化一直以来吸引着很多学者的目光。学者们大都认同，东夷主要分布在今山东东部、江苏北部和河北南部，因其族系众多，又泛称“九夷”，他们所创造的东夷文化是华夏文明起源中重要的一元，在考古上表现为北辛文化、大汶口文化、

① 有关河姆渡遗址发掘的主要收获，分别见《文物》1976 年第 8 期、1980 年第 5 期；《考古学报》1978 年第 1 期；《史前研究》1983 年第 1 期；《光明日报》1981 年 1 月 21 日等。有关研究可参见陈旭钦、黄勉免：《中国河姆渡文化国际学术讨论会综述》，《文物》1994 年版第 10 辑；专著有林华东《河姆渡文化初探》，浙江人民出版社 1992 年版等。

② 关于舟山定海马家岙文化遗址及其保护，参见柴骥程：《浙江：“海上河姆渡”遗址受到妥善保护》，《浙江日报》2000 年 9 月 5 日。

龙山文化和岳石文化等。

东夷文化又被称为"海岱文化"，并不仅是就其地理位置沿海靠岱而言，更是指这一文化由于深受海洋的影响，散发着浓重的海味。就东夷文化整体而言，是大范围、跨区域的海洋文化。

语汇是社会生活的忠实载体。东夷与海洋的关系，在先秦时期一些重要的古籍中往往提到。《越绝书·吴内传》释文说：越人"习之于夷。夷，海也"。《史记·齐太公世家》说："太公望吕尚者，东海之人"，而集解注即"东夷之人"。《山海经·大荒东经》云："东海之外大豁，少昊之国。"而少昊族是东夷族落的重要族系。由上可见，东夷人就是习于海上活动的东海人（古代的东海所指不一，这里的东海相当于今黄渤海及东海北部）。

中国古代传说中，伏羲除了创造出文字符号和八卦外，还教民结网打猎捕鱼，烧烤食物，而伏羲就是东夷部族的。这说明在农业还没发展起来以前，渔猎是东夷人生活的最重要的手段，丰富的海产品是他们的食物来源。当年他们吃剩的贝壳大量堆积起来，形成贝丘。迄今为止，在黄海、渤海沿岸发现了多处贝丘遗址。例如，小长山岛大庆山北麓贝丘，南北长500米，东西宽约300米，贝壳堆积厚度0.3~1.5米，贝壳种类是鲍鱼、海螺、海蛤等。大长山岛上马石贝丘，长约300米，宽约150米，贝壳堆积厚度0.6~3米。贝丘中还出土有网坠、石斧等。北辛文化、大汶口文化和龙山文化遗址中的出土物说明了当时渔猎的状况。

距今约7400~6400年的北辛文化（典型遗址在今山东省滕州市北帝、夏家店、兖州五因、江苏省的邳州市大墩子、连云港二涧村），农业水平较低，东夷族还主要依靠渔猎，渔猎工具有镞和鱼镖，已出土50多件，渔猎对象是鱼、青鱼、中国圆田螺等。大汶口文化（典型遗址分布在山东省泰安市大汶口和山东中南及江苏淮北一带）距今约6600~4600年，农业有一定的发展，但渔猎经济仍占重要比重，出土有骨制箭镞和鱼镖，中晚期还出现了牙制鱼钩。山东胶县三里河的大汶口文化遗址中，出土了约5000年前的海产鱼骨和成堆的鱼鳞，主要是鳓鱼、黑鲷、梭鱼和蓝点马鲛四种。龙山文化（典型遗址在山东省章丘市龙山镇城子崖及周围广大地区）距今约4500~4000年，这时渔猎经济的比重有所下降，但仍是东夷人生活中重要的一部分，捕鱼工具随着文化进步趋向多样化，箭镞不仅有石制的，骨制的，还有蚌制和陶制的，骨鱼镖和陶网坠也有发现。

1959年，泰安大汶口墓地第10号墓中发现有鳄鱼鳞片84张，专家推断原来应该是大片鳄鱼皮。这说明当时东夷人已能捕获大型的鱼。到了夏商时，东夷人的渔猎技术和捕鱼能力都有了进一步发展。《竹书纪年》里说，夏代时，禹的八世孙帝芒“命九夷，东狩于海，获大鱼”。从殷墟出土有鲸鱼胛骨这一点来看，东夷人已经能捕获特大型的鱼类。这些都可以说明，夏商时期的东夷文化区，以“九夷”相称，族群甚众，空间很广，而且航海交通的能力很强。

在日常生活中，东夷人广泛地使用贝壳。美丽的贝壳被大量地当作装饰品，在发掘的许多墓葬里都发现有贝壳随葬品。为人所喜爱和珍爱的贝壳由于体轻易携易计量等优点，还逐渐发展成了最原始的货币，即贝币。这一做法逐渐向中原地区传播，到夏代时，中原已使用贝币了。在河南偃师夏代二里头文化遗址中，除发现了人们作为货币使用的天然贝外，还用经过加工制作的骨贝和石贝，说明在当时这个地区贝的数量是很紧张的。从出土文物和史籍记载来看，贝币的使用在商代已经很普遍了。山东益都苏埠屯一号大墓出土贝 3700 枚，而河南安阳殷墟武丁配偶“妇好”墓，出土海贝有 7000 枚之多。东夷人还利用贝壳制作铲、锄开垦土地。

大汶口文化和龙山文化中，各种制作精良、外形优美的陶器格外引人注目，但这里更引起我们兴趣的是许多陶器中夹了蛤蜊壳或云母片，这样可以增加陶器的硬度。由此可见，东夷人对海产品的认识已到了很高的程度。

关于东夷海洋文化在政治层面的跨海联结，《诗经》载：“相土烈烈，海外有截。”据考古发现，从大汶口文化、龙山文化在沿海和岛屿传播的态势，足可以证明东夷人的航海交通与文化整合能力。山东长岛大黑山岛发现的原始社会遗址，其文化特征与大汶口文化相同，表明早在六七千年前，东夷人就使海岛与大陆有了海上的联系。随着时代的发展和技术的进步，东夷人航海的区域逐步扩大，东夷文化进一步通过海上向外传播。

在山东半岛、长山列岛、辽东半岛的新石器文化遗址中发现的文物，如烟台白石村遗址、蓬莱紫荆山遗址，大黑山、砣矶岛遗址，旅顺北海镇王家村东岗遗址、郭家村一期文化遗址等所发现的陶器等遗物，都表明山东半岛的大汶口和龙山文化已交流渗透到了辽东半岛的沿海地区。值得注意的是，这种交流渗透仅见于辽南，不见于渤海北部其他地区。这表明辽东、山东两半岛的先民不是绕道渤海西岸，而是越过老铁山海峡直接往来的。这一切均表明，早在 5000 年前后，中国北方的先民已掌握了跨海交流的航海技术。在朝鲜西海岸西浦项遗址，也发现了与山东半岛的蓬莱紫荆山遗址彩陶图案相似的陶片，[①] 说明那时的海上交流有可能已经延伸到了朝鲜半岛。

随着海上活动范围的扩大，东夷文化传播到朝鲜、日本的最早的证据，可见于新石器时期的"石棚文化"。在今天山东半岛的荣成、淄川、青州一带，发现有许多大石棚分布。石棚用一块大石头平放作顶，下面用三四根短而细的石柱支撑。有学者认为这是原始社会人们祭祀之物，也有学者认为这是早期人们的墓葬，并称为"支石墓"。这种石棚遗存在朝鲜西海岸多有发现。日本也发现了绳纹时代后期（公元前1000年左右）的支石墓，据推测是从朝鲜传过去的。有孔石斧、有孔石刀这种龙山文化的石器，在朝鲜、日本及太平洋东岸也曾见到。从出土文物的分布情况来看，东夷人当是沿辽东半岛海岸向朝鲜半岛西岸航行，并沿着西岸向南，然后借助于日本海的左旋回流再到达日本。可见，早在秦人徐福带领三千童男童女东渡日本前的若干世纪前，东夷人已开辟并利用了这条东北亚海上交往的传统航线。[②]

（二）三代海洋文化的崛起

在中国历史上，夏商周通常被称为"三代时期"，这是中国文明社会从区域发展到大国崛起的重要时期。如果说五帝时代是中国海洋文化作为"国家"意义上的海洋文化的初步发展时期，那么到了三代时期，则是作为世界东方大国的海洋文化的崛起时期。

中国社会在三代时期属于什么样的社会性质，人们仁智互见，至今并无定论。我们姑且按照三代时期的基本国家政治体制，用汉语词汇的历史涵义，将其称为"封建时代"，即"分封建制时代"：国家最高政府首脑为"王"，地方最高一级政府长官都是"王"所分封的"公""侯"，"公""侯"共拥"王"为"天下共主"，定时朝拜，并交纳贡赋；"王"与"公""侯"

① 许玉林：《后洼遗址考古新发现与研究》，载《中国考古学会第六次年会论文集》，文物出版社1990年版。

② 关于东夷海岱文化考古及其成果，参见栾丰实：《东夷考古》，山东大学出版社1996年版，第1~370页。关于石棚、支石墓在中国大陆与朝鲜半岛的分布，参见毛昭晰的《浙江支石墓的形制与朝鲜支石墓的比较》，杭州大学韩国研究所编：《中国江南社会与中韩文化交流》，杭州出版社1997年版；金贞培的《韩国和辽东半岛的支石墓》，北京大学韩国学研究中心编：《韩国学论文集》第四辑，社会科学文献出版社1995年版等。

都是世袭制；“王”所统辖的政府为“朝廷”，直辖区域为“京畿”；京畿之外为“公”“侯”受封的“领地”，多称为方国、邦国，较为偏远的方国因部族特性突出，也多被史家称“部族”。这样一种国家政治体制，至秦朝开始的帝制时代改变[①]——秦至清历经2000多年（公元前221~1911年），国家政治体制基本上是帝国中央集权与分封藩属王国相并行的时代。

基于上述认识，我们可以把三代时期的海洋文化，主要看成是沿海各方国开发利用海洋、适应海洋环境而创造和发展的大区域文化。

1. 三代时期大区域海洋文化的主要成就

这一时期的海洋文化，是中国海洋文化进入“国家”文化层面但主要在各沿海诸侯大国发展崛起的时期，在很多方面都取得了辉煌成就。尽管我们所知还远远不够，荦荦大端者至少有：在沿海各诸方国，人们开始关注近海海洋资源的开发与管理，部分海洋物产传播到内陆地区，正逐步朝着向适应中央王朝贡赋制度需要的方向发展；当时已经有了相当水平的航海能力，出现了较强的海洋意识、朴素的海神崇拜、初步的海洋旅游行为。周王朝后期尤其是春秋战国时期，沿海的诸侯国对于海洋的认识达到了前所未有的高度。海洋资源的开发在其国家中地位突出，航海能力大大增强，海战开始出现，海洋观念更加突出，涉海生活更加丰富。具体表现在：

第一，对海十分重视，已经有了隆重的海洋崇拜意识和祭祀仪式。相关历史文献尽管今存较少，但也有点点滴滴。如《礼记·学记》有“三王之祭川也，皆先河而后海”。可知三代对海进行祭祀，是“国家级”祭祀。论者或谓此未必全然可信，但问题的实质并不在此，而在于当时的人们认为三代历史“皆”如此。《山海经·海外北经》有“北方禺彊，人面鸟身，珥两青蛇，践两青蛇”。《山海经·大荒东经》有“东海之渚中，有神，人面鸟身，珥两黄蛇，践两黄蛇，名曰禺虢。黄帝生禺虢，禺虢生禺京，禺京处北海，禺虢处东海，是为海神”。可知商周时代，已经有了具体的海

---

① 相关研究很多，如侯外庐《中国古代社会史》，新知书局1948年版和《中国古代社会史论》，人民出版社1955年版；宫崎市定《宫崎市定中国史》，浙江人民出版社2015年版；西嶋定生《中国古代帝国的形成与结构》，中华书局2004年版；田昌五《中国历史体系新论》，山东大学出版社1995年版；田昌五《中国历史体系新论续编》，山东大学出版社2002年版；苏秉琦《中国文明起源新探》，生活·读书·新知三联书店1999年版；谢维扬《中国早期国家》，浙江人民出版社1995年版；晁福林《先秦社会形态研究》，北京师范大学出版社2003年版；王震中《中国文明起源的比较研究》，陕西人民出版社1994年版等。专题性论说，可参见王震中《文明与国家》，《中国史研究》1990年第3期；《邦国、王国与帝国：先秦国家形态的演进》，《河南大学学报》2003年第4期等。

洋区域神祇的信仰观念。

第二，在物质层面上，近海的海洋资源得到了一定程度的开发，并且还部分地传播到内陆地区。对海洋及其资源的管理，当时已经有了一定的制度。

随着生产力的提高，海洋交通工具和捕捞工具的不断进步，海洋渔业得到了较快的发展。这些变化在夏商时期日益凸显。从记载来看，夏代沿海地区特有的海产品开始以进贡的方式向中原王朝输送。据《尚书·禹贡》记载，兖、青、徐、扬四州临海地区有丰富的海洋资源。兖州有“岛夷皮服”，曾运乾曰：“蔡沈云：海岛之夷以皮服来贡也。”青州，“海岱惟青州。嵎夷既略，潍、淄既道”，曾运乾曰：“孔疏云，东莱东境之县，浮海入海之间，青州之境，非止海畔而已……尧时青州当越海而有辽东也。”越过海峡，其范围及于渤海。“厥土白坟、海滨广斥。厥贡盐絺，海物惟错。”曾运乾曰：“海物，海鱼也。鱼种类尤杂。”徐州，“海岱及淮惟徐州”，《孔传》记载：“东至海，北至岱，南及淮”，是说徐州的疆域东至海，并且淮夷的贡物是“蠙蛛暨鱼。”扬州，“淮海惟扬州……沿于江海、达于淮泗”，孔传认为其贡品“沿江入海，自海入淮，自淮入泗”。曾运乾则推测，“所谓沿于海者，即岭外各地附海诸岛之贡道也。其程沿海入江，溯江入淮，由淮达泗，转由菏济而达于河也。”另据《路史·后记》记载，禹还对沿海各地贡品的名称作了规定，“东海鱼须鱼目，南海鱼革玑珠大贝”，“北海鱼石鱼剑”。从这些记载及注释来看，沿海地区的鱼类资源、盐业资源以及蠙蛛等珍品，已经开始成为中原王朝资源来源的一部分。

到了商代，中原王朝对沿海海洋资源的需求有增无减。甲骨文中有“渔”“舟”字，表明了“渔”“舟”生活的普遍性和在一直掌握着造字权力的上层社会中的重要性；殷墟中有鲸鱼骨的残骸；《竹书纪年》记载“帝芒十二年，东狩于海，获大鱼”，大鱼即鲸鱼；还有人认为，从商代开始，历代朝廷都规定东南沿海地区要进贡鲨鱼皮；等等。可见，夏商时期的人们对海洋资源的需求和开发利用，是基于对海洋的认识基础之上的，这就从一个侧面说明，在夏商的文化中内陆文化与海洋文化的互动和多元交融性。

第三，夏商时期人们的航海能力就已经很强。航海技术的状况直接体现着海洋交通的能力，也反映出时人对海洋的认识程度。从航海交通工具来看，舟、船的发展是一件具有决定意义的事情。

第四，在夏商时期规定沿海地区向中原王朝贡献海产品的基础上，到西周春秋时期，就形成了较为系统的海洋资源（鱼、盐、海珍品）征收法令（见《周礼》《逸周书》等），均体现出这样一个特征：人们对海洋资源的需求不断扩大，并正在逐步纳入国家管理的范畴，这在某种程度上推动了人们对海洋认识的不断深入，反映着人们海洋意识的不断加强。

第五，夏商周时期海神信仰和崇拜十分普遍。例如，《山海经》中所记载的四海海神，还有一些重要人物死后被奉为海神。作为中国海洋文化的重要精神现象，在很大程度上影响了后世。据王嘉《拾遗记》："羽渊（神话中鲧死后入羽渊而化为龙）与河海通源也。海民于羽山之中，修立鲧庙，四时以致祭祀。"又据《史记·秦始皇本纪》，秦始皇于三十七年出游时"上会稽，祭大禹，望于南海"。人们修鲧庙、祭大禹，均含有祭祀海神之意。而对于包括大禹在内的海神、水仙信仰，在台湾和福建都有一定的影响，据《台湾县志·外编》，"水仙庙祀大禹王，配祀以伍员、屈平、王勃、李白"，"今海船或危于狂飙遭不保之时，有划水仙之法，其灵感不可思议"。由于鲧与大禹在治洪水方面有功，于是人们就把他们和有关神灵合在一起进行祭祀，这一点符合中国古人"法施于民则祀之""以死勤事则祀之"（《礼记·祭统》）的传统心理，修鲧庙、祭大禹就表现出了祭祀海神的特征。再后来，吴国人要为伍子胥立祠堂（《史记·伍子胥传》），屈原感叹说自己要"浮江淮而入海兮，从子胥而自适"，东汉时"会稽丹徒大江、钱塘浙江，皆立子胥之庙，盖欲慰其恨心，止其猛涛也"（王充《论衡·书虚篇》）风气的流行，以及后来在东南沿海地区祭祀妈祖的盛行，都在一定程度上说明了祭祀海神（由人而为神）的特征。[①] 后世历代帝王都祭祀四海海神，体现了这种海洋信仰在国家信仰体系中的重要性和继承性。

海洋信仰的出现，是远古海洋社会最突出的文化现象。夏商周时期，对海洋的祭祀已经形成了程序化的祭祀礼仪。四海海神名称及其功能的确立，为大海立祠的出现，海盐神、潮汐神以及军事海神等专门海神和行业海神的出现，都体现了东部沿海人在长期海洋实践基础上对海洋的认识和渴望开发、利用海洋，征服海洋使之为人服务的愿望。

东方及东南方沿海地区，自远古历史上就出现、积淀了丰厚的鸟图腾崇拜文化。鸟图腾崇拜可以一直追溯到遥远的石器时期。无论是在新石器时期我国东方沿海及黄淮下游地区的大汶口文化和龙山文化中，还是在长江下游三角洲地区滨海的河姆渡、马家滨、崧泽和良渚文化中，鸟类图像

---

① 引见陈智勇：《试论夏商时期的海洋文化》，《殷都学刊》2002 年第 4 期。

遗存、鸟类器物和鸟形装饰及鸟形纹饰一直相沿不断。古文献中有渤海湾地区氏族部落的鸟崇拜和鸟生传说，有“居在海曲”或“食海中鱼”的鸟图腾部族，有半人半鸟的海神形象。西南地区的铜鼓上，就有鸟形纹饰和寓意同族出海的羽人划船图。“大越海滨”即东南沿海的百越部族有“雒越鸟田”即雒鸟助耕的神话。在我国的台湾岛，在北美西北海岸，在与我国东南沿海毗邻的环太平洋地区及其附近的滨海岛屿上，都流行着众多的鸟图腾崇拜和鸟生传说。

作为海洋文化的原始和远古造型艺术展示，以器物为载体，成为先秦及至秦汉海洋文化的一大特色。考古发现的海参形陶罐、舟形陶器、舟形陶屋、陶制海船模型、船形祭坛以及船形棺等器物造型，表达着特定的海洋艺术魅力。以鱼骨、贝壳为饰品，以渔具、鱼俗等形态出现的鱼文化，也显示出大量的海洋文化信息，成为海滨先民们捕鱼、食鱼、信鱼、拜鱼的鱼文化载体。甲骨与青铜器上特定的海洋物象、帛画与铜镜上暗含的海洋因素，古老岩画上传达的悠远的海洋古文化信息，都使得原始与远古海洋艺术呈现出丰富多彩的局面。

在我国早期沿海岛屿以及我国百越后裔的毛南族、水族、布依族以及印度、东南亚、澳大利亚、大洋洲诸岛等的文化传说中，原始冰川神话和高温神话渗透着特定的孤岛情结。百越冰川神话和高温神话展示的海侵浩劫现象，是先民们在“大地成为无边的海洋”的生态变迁中，经历“冰川—高温—海侵—洪水”的历史的集体记忆。

第六，随着人们物产的丰富和统一政权区域的扩大，以物易物互通有无的数量、种类大量增加、地域日益广泛，交易制度越来越规范，因此产生了交易用的媒介物，随之定形货币应运而生，海贝作为货币广泛流通起来，是为“贝币”。现在考古发现的最集中的时期是殷商时期，最集中的地区是当时商殷的王畿之地邯郸地区。至今已有3000多年的历史。贝币又称货贝、海贝，产于南海，以朋为计量单位，十贝为一朋。甲骨卜辞中已有不少记录。在商周至战国早期，贝币流通较广。现在，在先秦遗址或墓葬经常有贝币出土。这都说明海洋在先秦时期中国文化整体发展中的重要地位。

总之，夏商周时期，人们对海洋的认识得到了进一步拓展和深化，呈现出多方位的特征，既有对海洋物质层面的认识，也有海洋精神层面的开拓。

中国滨海早期海洋族群的流动是多方位的。有中国内陆与沿海之间的人群迁徙，也有中国海外移民的出现。中国内陆与沿海之间的人群迁徙，包括内陆向滨海地区的迁徙以及内陆向海岛地区的迁徙两个部分。如先秦时期从内陆向东南沿海海滨的人群迁移，向山东长岛群岛等岛屿的迁徙，向台湾岛以及海南岛的迁徙等。

就中国海外移民的出现而论，也是多方面的。有越人向太平洋岛屿的拓展，古越族群向南洋的迁徙（考古发现、民俗调查、人体测量对比、有段石锛、独木舟加工工具等的发现与研究均证实了这一点），有早期中国人东渡日本的现象（中国杭州湾地区的原始文化曾经经过海路输入日本），此外，还有上古时期美洲出现亚洲移民的现象，等等。这些，都为中国后世的海外交通和文化影响与交流，开创了历史的先河。

2. 春秋战国时期沿海诸侯大国海洋文化的崛起

周武王灭商纣王，标志着西周历史的开始，直至春秋战国时期，两周的海洋文化，和以前的比较起来，有了更大的发展，尤其是春秋战国时期沿海诸多诸侯大国的海洋文化，内涵得到了大幅度的拓展和丰富。

周王朝及春秋战国时期，海洋文化的发展主要表现在：

第一，海洋作为疆域或疆界的概念的确立。在夏商与西周时期，海洋疆域意识是随着人们对于海洋作为天然屏障作用认识的深入而逐渐明晰的；海洋作为疆域或疆界的概念的确立，是在春秋战国时期沿海国家主体地位得以巩固和加强的时期。春秋战国时期，新型国家制度逐步建立，以地域管理方式替代了分封的管理方式，在其转变中赋予了国家疆界实质性的内容，国家通过官吏直接管理地方，实施直接的统辖权，因此出现了真正意义上的国家疆界。在这样的背景下，那些齐、燕、吴、越及楚等沿海国家，开始了它们不仅以陆域划界、且以海为界、与海为邻的新的国家疆界管理模式。“四海”已常常被用来指称沿海地区。

第二，沿海的诸侯国对于海洋的认识和开发达到了前所未有的高度，以渔业和盐业为主体的海洋资源开发，成了国家经济基础的重要构成部分。

先秦时期的海洋经济，源于早期滨海居民的海洋贝丘生活。在我国沿海地区，自旧石器时期以来，分布着大量的贝丘遗址。这些贝丘遗址的内涵是很丰富的，当时人们可利用的生活资源均是近海资源，这充分说明了石器时期人们的海洋生业对海洋原生资源的依赖性；同时，各种原始的捕捞类生产工具的出现，反映了原始先民们已经开始对海洋资源进行原始的开发，表征着原始海洋经济的萌芽。到了夏商周三代，随着社会生产力的发展，人们对海洋资源的认识不断深入，对海洋渔业资源的开发力度大大增强，一方面，海洋捕捞技术有了初步发展；另一方面，海产品已经成为重要的贡品和商品，远离海洋的中原地区能够见到和吃到海鱼、海贝、海龟和海产蛤蜊等海产品，沿海与内地之间已经有了以海产品为商品进行交换的商业经济行为。此外，海洋渔业在沿海诸侯国的经济发展中已开始占有重要地位，这更突出地反映了当时海洋经济发展的程度。这种情况在春秋和战国时期尤为突出。海洋渔业、盐业和海上运输贸易，即所谓“鱼盐之利，舟楫之便”，成为春秋战国时期沿海诸侯国的主要经济生活的主要成分和国家富强的主要源泉之一。

从海洋经济的结构上来说，先秦时期的海洋盐业也占据了相当的比重。先秦时期人们对于盐的类别、生产和流通均有了一定的认识，盐作为文字符号，也很早就进入了人们的生活之中。“散盐”，即产于山东滨海的海盐，系人工煮炼而成。在滨海的齐国，已经出现了大盐业主，齐国统治者曾创造性地提出对海盐搞“转手贸易”，为国家积聚了不少财富。在盐政上，官府直接介入食盐的生产和运销环节，形成了食盐官营制度，滨海的齐国首创了这一制度。

第三，这一时期有了更高水平的航海能力，无论是近海区域，还是远海区域，都出现了航海能力较强的海运船只，出现了征伐敌国的海战船只，从而为海洋疆域的开拓、守护和跨海文化交流的产生和发展，奠定了广袤的地理空间和丰厚的历史基础。

远在夏商周时期之前，海洋交通已经出现。石器时期，先民们已经开辟了对台湾及其他许多沿海岛屿的海上交通，发展了山东半岛和辽东半岛之间的海上交通。至夏商周三代，已经形成了较为固定的海上航线，从而标志着我国早期海洋交通的正式形成。从殷商时期开始，人们已经在渤海以东发展了海上交通。到了西周时期，沿海地区的夷人、吴人和百越人，已经和东方的日本及南方的越裳等有了海上交通。

春秋战国时期，随着沿海诸侯大国的出现，海洋交通获得了较快的发展。齐国、吴国和越国是当时海上交通的强国。在北方，齐国、燕国航海事业发达；在南方，由山东半岛以南至今浙江东岸的海上交通线，则控制在越国所统治的百越人和吴人手中。这一时期，对日的海洋交通已经开辟出了两条航线。

第四，这一时期的海洋科学认知，也是相当广泛和深刻的。

其一，人们对海洋气象和海洋水文已经有了较为广泛的认识。人们对台风和龙卷风等海洋风暴的认识，春秋战国时期即已产生，海洋占候即已出现。而且，从春秋战国时期开始，人们即已经开始把季风应用于航海，人们已经能够用生动的语言对海市蜃楼予以描绘和近乎科学的解释；人们对于海洋潮汐和海水盐度已不再陌生；人们在领教海洋肆虐无常的同时，也对发生的海啸、出现的海潮灾害、形成的海侵现象等海洋自然异常现象，有了一定的认识，并在抗击某些海洋灾害面前显示了积极有为、勇于抗争的精神。

其二，人们自春秋战国时期已经开始了对海洋地貌、海区划分等的认识，海洋型地球观、海陆循环观也已经出现，海上导航的应用已经得以发明。如对海洋地貌的认识，人们已经认识到海洋地貌有海上地貌和海下地貌之别。对海上地貌的认识，表现为我国先民对海中陆地的认识及一般性命名；对海下地貌的认识，则一般局限于大陆架地貌即浅海地貌上，而对深海地貌的认识则更多地含有猜测与想象的成分。在对海区的早期划分方面，春秋战国时期的人们已经对渤海、黄海、东海和南海这些海区的不同有所认识，而且开始给予了不同的名称。在海陆观念上，战国时期的邹衍所提出的"大九州说"，就是典型的早期海洋型地球观，表现了海上交通初步发达对人们思想的影响，是非常可贵的早期世界地理猜想。在海陆观念上。时人的海陆循环观也同样不可忽视。春秋战国时期的人们，已经能够明确提出水分的海陆循环概念，能够用水分循环机制，来解释自然界存在的宏观现象。另外，春秋战国时期的人们在长期的渔猎生活与原始航海的实践活动中，已经具备了应用天文航海经验与知识的初步能力。同时，由于当时的海上航路的开辟，尤其是部分远洋航路的开辟，已经为海中占星术以及航海图的应用提供了极大的可能性。

其三，春秋战国时期人们对海洋生物的认识，也是当时人们取得的重要成就。首先，人们已经能够从资源开发的多维角度对海洋生物作出一定的认识和评价。从海洋生物资源的开发利用，到对海洋生物产品和贡品的作用的认定，到贝饰、珠饰品艺术价值的鉴赏，到海洋生物资源在区域经济生活中的地位的提升，再到早期海洋生物资源用于观赏、药用的实践等，都是先秦、秦汉时期人们对海洋生物进行资源性认识与利用的重要体现。其次，先秦、秦汉时期人们对海洋哺乳动物、海洋鸟类、海洋爬行动物、海洋鱼类、海洋棘皮动物和节肢动物、海洋软体动物和腔肠动物、海洋藻类等海洋生物，都已有了不同程度的认知，在这些海洋动物、生物的物种类别、生长发育、生态习性、区域分布、演化规律、性质归属以及应用途径等方面，都有了较为细致的观察和深入的思考，有了一定的科学认识水平。

第五，海洋已被人们赋之于逍遥娱乐、自由自在的精神内涵。如齐景公“游于海上而乐之，六月不归”，孔子曾说过“道不行，乘桴浮于海”，《韩非子・外储说右上》云“海上有贤者狂矞”等，都体现了这一思想意识和观念。

春秋战国时期海洋文化崛起发展的意义，主要有以下几个方面。

其一，春秋战国时期海洋文化，对沿海地区各国的经济基础、经济政策均有一定的影响，促进了沿海地区的发展。如齐国建国初期的经济导向是“通工商之业，便鱼盐之利”，“齐带山海，膏壤千里，宜桑麻，人民多文采布帛鱼盐”。齐桓公时期，齐国“重鱼盐之利，以赡贫穷，禄贤能”，“（齐）历心于山海而国家富”，充分考虑到了海洋资源的利用。可见，齐国的经济构成包含着农耕、渔业、制盐业、运输业、工商业等在内的复合经济类型，尤其是其中的渔业和海盐业更是其他内陆国家所无，由此充实了齐国的经济基础。

其二，春秋战国时期沿海国家（地区）的海洋文化，给整个中国文化的发展带来了丰富内涵。如在民情风俗上，齐国“民阔达多匿智”，“逐渔盐商贾之利”，在工商业刺激下的消费习尚是以“奢侈”著称。“齐与鲁接壤，蔚为大国，临海富庶，气象发皇，海国人民，思想异常活泼”[①]，活泼的思想深受海洋的熏陶。由于其活泼，也就具有很强的兼容性。齐文化中先后容纳有儒家、道家、法家、墨家、阴阳家、纵横家、农家、兵家、术士、方士等百家之学，成为春秋战国时期百家争鸣和百家融合的主要基地。“天下谈客，坐聚于齐。临淄、稷下之徒，车雷鸣，袂云摩，学者翕然以谈相宗。”齐文化又有很强的变通性，“不慕古，不留今，与时变，与俗化”。齐文化中还具有一定的民主与科学精神。七国之中只有齐国未曾实现郡县制，地方制度偏向于分权，采取五都之制，并且政治开明，言论自由，其原因即在于沿海国家具有“水滨以旷而气舒，鱼鸟风云，清吹远目，自与知者之气相应”的气质[②]。齐国的科学技术由此也比较发达，天文学家甘德、邹衍，医学家扁鹊，军事家孙武、孙膑，逻辑学家公孙龙，方仙道者流徐福，等等，或是齐国人，或长期在齐国居住过。沿海国家齐国的环境颇有似于地中海沿岸国家希腊，因而具有崇尚科学的精神。此外，在宗教信仰方面，齐国是以众神平等和神祠分散为特点，并且齐人的

① 梁启超:《儒家哲学》，载《饮冰室诸子论集》，江苏广陵古籍刻印社 1990 年版。
②〔清〕王夫之:《读四书大全说》，中华书局 1975 年版。

八神之中就有五神（阴、阳、日、月与四时）在渤海和东海之滨，显然海洋文化和农业文化所铸造的民族心理是不同的。

其三，春秋战国时期海洋文化，在沿海和内陆民族或国家中产生了相互的影响，并实现了与海外不同区域文化之间的交流。尤其是海洋文化，容易像大海一样敞开胸怀，吸纳外来因素。齐国就曾吸纳过不少内陆的人才，出现了“稷下学宫”的盛象。沿海的吴国、越国也是如此。春秋时期，吴国与中原诸侯接触频繁，吴人对中原先进的文化展现出强烈的吸纳、包容和开放的胸襟，如春秋后期出现了精通中原礼乐文化的季札，产生了名列孔门七十二贤的言偃①。吴越沿海地区还与海外的文化有所交流。早在四五千年前，吴越人就已驾船航行到太平洋各岛屿；春秋战国时期，在吴国出现了来自西方国家的器皿②。可见，当时沿海文化的开放、吸纳或者交流程度。

春秋战国时期海洋文化，不仅在当时是一种重要的文化现象，而且表现出强劲的生命力，对其后的中国文化产生了较为深远的影响。肇始于春秋战国时期沿海国家的海洋开发和工商业发展，深深地影响了以后的中国。

（三）秦汉隋唐海洋文化的兴盛

1. 秦汉时期海洋文化的划时代发展

秦始皇统一了春秋战国时期的诸侯国政权，改先秦的分封制为主体上的中央集权制，自此中国社会走上了高速发展繁荣的帝制时代。自秦帝国开始，一个直辖所有陆海疆域、辖有诸多海外自治属国海陆疆域的大国和强国，在世界的东方横空出世。秦朝的历史虽然短暂，但在中国历史和海洋文化发展史上却具有划时代意义。而后汉承秦制，进一步丰富发展，在海洋文化上取得了多方面十分辉煌的成就。

第一，中国历史上第一次形成了统一于一个中央政府的海疆。秦朝在继承春秋战国时期沿海国家对于海洋疆域初步划分和管理的基础上，采取

① 徐茂明:《论吴文化的特征及其成因》,《学术月刊》1997 年第 8 期。
② 丁家钟、贺云翱:《长江文化体系中的吴越文化》,《文化研究》1999 年第 1 期。

新的管理模式，在中国历史上第一次形成了统一中央帝国政府的海疆。秦始皇数次东巡至海，在一定程度上促进了当时中国沿海疆域管理和认识的加强。与以往不同的是，秦代的海洋疆域主要表现为傍海郡县的设立，这是一种新的海洋疆域管理模式。汉承秦制，在海洋疆域的划分和管理方式上，汉代继承了秦朝的成果，同时作了某些适度的变革，如在部或州下设郡、设国。

第二，舟师的形成，标志着中国古代海军的诞生。春秋战国时期，海洋疆域意识已经产生，海上防卫已经出现，这些都在秦汉时期获得了发展。海洋疆域管理的加强，离不开海洋防卫作为保证。

先秦和春秋时期，沿海的诸侯国家都形成了自己的海洋防卫力量。这样的海洋防卫力量，当时称为“舟师”。舟师的形成，标志着中国古代海军的诞生。从海洋防卫的物质基础来看，如春秋战国时期沿海的吴、越等国，不仅海船已开始适用于海战，造船和航运技术与能力已较为发达，而且已经有了防卫性较强的海战兵器。

秦汉时期的海洋防卫技术与能力进一步发展。一方面，秦汉时期已开始具备良好的海防条件，如在造船、航运技术与能力上有了明显的发展进步，战船配备等方面已经较为精良。秦王朝时期，秦始皇屡次巡海、徐福东渡、开凿灵渠、大规模的水上漕运4件大事，使我们不仅看到秦代航运的发达，而且可以推断造船业的兴旺。汉代的造船业和航运业，在秦代的基础上又得到了进一步发展。汉代所造船舶种类之多，质量之好，海上航运之发达，达到了令我们今人难以想象的程度。另一方面，秦汉时期用于海洋防卫的军事力量得到了进一步加强。如汉代水军称楼船军，多为郡国兵，建置精备，管理严格，并设立有自己的楼船军基地。此外，秦汉时期海战频率和规模进一步扩大，也是海洋防卫发展的表现。

第三，海洋经济得到了大的发展。到了秦汉时期，一方面，海洋渔业和海洋盐业在原有的基础上继续向前发展；另一方面，从海洋交通和海外贸易层面上出现的海外丝绸贸易及其他有关贸易获得了长足的发展。

就秦汉时期的海洋渔业而言，渔业技术获得了显著的进步。秦汉时期，人们重视渔业生产的地位，渔业区域得到了扩大，海鱼产品加工技术多样化。汉武帝曾设立征收海洋渔业生产税的“海租”。东汉时设有管理渔业税收事务的海丞、水官等官吏。这些均可视为当时渔业繁荣的表现。就当时的渔业生产区域来说，以东部沿海地区的诸多海洋渔业生产区域为主，普遍重视海上生产，其特点是以近海捕捞为主，其中尤以齐地的近海渔业最为发达。上述地区的海产品，不仅为当地人民提供了重要食品，而且源源不断地输往中原，成为与内地交易的重要商品。在当时，大部分海产品须经过干制、盐制、“鲍”、“鲊”，或制成鱼酱、鱼子酱等多样化加工方法，人们还能够从海鱼中炼取油脂。此外，秦汉渔业生产的经营组织形式也较为丰富多样。

海洋盐业在秦汉时期获得了较大的发展。秦汉海盐的产区开发、海盐生产的技术和工艺水平、海盐生产与销售和税收的管理等方面，都有了长足的进步。秦时的海盐产区主要分布在燕、齐、吴等传统的沿海地区。西汉中期以后，食盐业的生产又有了较为迅速的发展，产盐区已经遍布全国各地，并在沿海设置盐官，管理上采用“官与牢盆”，即官府供给饭食、供给工具。就海盐生产技术和工艺水平而言，当时煮海盐的“牢盆”即铁釜、铜盘、盘铁，已经相当完备。秦代严禁山海之利，官府垄断盐业，但是汉初至武帝元狩四年，山海之禁有所松弛，出现了食盐私营现象，但到了汉武帝时，又重禁山海，严法推行食盐官营。食盐生产者的身份，则主要是所谓的“亡命”、罪人或憧奴，或为佃客式依附民等。

第四，大规模海外贸易得到了开启与发展。秦汉时期海洋经济获得长足发展的另一现象，就是大规模海外贸易的开启与发展。

秦始皇统一中国后，中央王朝的统治触角可以一直延伸到海滨，经济发展的触角也不可避免地从海滨向海外世界伸展开来。秦始皇4次巡海，其中最重要的原因是出于经济方面的考虑，也包括对海外航路的探索。新兴的商人地主们不仅要积极占领中原以外的市场，而且试图通过沿海港口向海外发展。

这样的蓄势到西汉时期得到了释放，其重要标志就是西汉时期“海上丝绸之路”的开辟。这是中国较大规模海外贸易的开始。

西汉时期，中国的航海事业得到了空前的发展，这是与西汉的社会经济发展联系在一起的。汉武帝的7次巡海以及在海滨进行的一系列管理措施，大大推动了海上交通路线的开辟。汉武帝晚年，不仅沟通了汉朝北起朝鲜半岛以东海域，南至南海中南部海域的国家权属海洋航路，还开辟了两条“国际航线”：一条从山东沿岸经黄海、渤海过朝鲜半岛南部海域至日本；另一条从广东番禺、徐闻、合浦，经南海通向印度和斯里兰卡等地，即通过南海与印度洋上的国家建立了海上交通联系，开辟了太平洋和印度洋之间的远程航行。这就是后世所说的通向西方和东方的两条“海上丝绸之路”，为中国后世航海交通和政治、文化与贸易事业的海上交流、联结和互动发展奠定了基础。

东汉时期，“海上丝绸之路”进一步发展。东汉与西方的中亚各国各民族和欧洲的罗马帝国，以及东方的朝鲜、日本及南洋各国和各民族，都通过海上进行交通、贸易，形成了更加紧密的海上往来关系。尤其是这一时期日本（倭国）纳入了汉帝国的册封—朝贡体制，自此“汉文化圈”在东海外缘得到了实质性拓展。

另外，海港作为海洋经济与海洋贸易的中轴和集散地，其形成和发展对海洋经济的形成和发展起到了重要的推动作用。先秦时期的海港尚处于形成和发展的初级阶段。到了秦汉时期的海港获得了长足的发展。先秦和秦汉时期的主要海港，有交趾港、合浦港、徐闻港、番禺港、黄陲港、琅琊港等，有许多是今天的重要港口如广州港、福州港、宁波港、温州港、杭州港、青岛港等的前身。

第五，造船业获得长足发展。发达的海洋交通离不开造船业的支持。先秦时期，人们从葫芦、腰舟、皮囊等原始渡水工具的使用，过渡到筏、独木舟的制作，再过渡到木板船的建造，在此基础上逐渐形成了造船业。木板船的产生，大大提高了船的稳定性和快速性，为后世的船舶大型化和多样化开辟了无限的发展前景。秦汉时期，中国的造船技术获得了重大进步。秦代的船舶已经能够往来于“中日航线”，已经能够利用风帆设置，并且有了适于远海航行的各项设备。汉代的造船业更是超迈前朝。从文献记载和文物实证来看，汉代船舶的规模庞大，结构合理，船舶中的桨、橹、舵与梢、船碇（锚）、船帆等属具已基本齐备。不仅如此，汉代还重视船舶理论知识的总结，无论是关于船舶的概念与分类方面，还是船舶属具、船体结构、稳定性能等理论和知识方面，都出现了可喜的进展。

第六，海洋信仰和海洋文化艺术呈现出丰富的内涵和多样化的表现形式。秦汉之后，关于秦皇汉武的“海上寻仙”故事，借助于滨海方士们的海洋想象，均大大丰富了以蓬莱仙话为代表的东方仙话系统。尤其是关于徐福东渡的信仰与传说，逐渐成了东亚海洋文化联结东亚国家和民族情感与文化的重要载体。另外，作为原始和远古海洋文化的口传载体，中国沿海地区和岛屿广泛流传着大量的传说。

就秦汉的海洋文学而言，先秦文献和诸子作品中的“共工怒触不周山”“归墟”“精卫填海”“百川灌河”“坎井之蛙”等，表现了丰富的海洋文学意象蕴含，都在秦汉时期得到了传播、继承和发展。尤其是《山海经》，揭示了十分丰厚的海洋文化意蕴，是中国海洋自然地理与人文地理文化的开山之作，也是中国海洋文学发展历史上的重要基石。到了秦汉时期，尤其是在两汉的文学创作中，那些谱写海洋的瑰丽的诗赋，尤其是那些游览海洋的赋作，上承《庄子》《山海经》，向人们展示了大海景色的壮观，海中珍奇灵异的瑰丽，表达了对海上仙境的神往和对现实人生的感怀，体现了海洋文学创作特有的艺术魅力。尤其是汉赋，作为汉代文学的一大景观，其中铺陈吟咏海洋的作品成为洋洋大观。①

2. 魏晋南北朝及隋唐时期海洋文化的全面兴盛

魏晋南北朝及隋唐时期，时间跨度长达近 7 个世纪，其中魏晋南北朝和隋唐又分别以中国的大分裂和大统一为特征，构成了不同的历史阶段，历史的容量很大很复杂，不过从总体上看，中国海洋文化在这两个政体性质不同的时段里，尽管展现出不一样的文化亮点，却依然保持着文化内容和精神的延续性，在承续中发展着、丰富着，沿着大致同样的脉络在变化中逐渐走向繁盛。魏晋南北朝及隋唐时期的海洋文化在整个中国海洋文化史中承上启下、承前启后的地位和作用十分突出。

魏晋南北朝时期，中国国家分裂、政权割据，朝代更替频繁、战乱不已。一般而言，分裂征战的大环境不利于社会发展，起着阻碍作用，中国海洋文化在这样一种大环境中自然不能不受到影响，很多曾经在秦汉时繁荣的海港此时在战乱中衰落了下去，海外往来受阻。但这并不排除某些沿海的小朝廷为了发展壮大自身实力而重视涉海生活的某些方面，并不排除沿海民众在涉海生活中进行了许多方面的发明创造，这都会推动海洋文化在某些时候、某些方面的发展突出，比如东吴就曾大力进行航海和海外开拓，孙权也因此被著名史学家范文澜称为“大规模航海的提倡者”，如，水战的需要促使了各式各样的船舶的制造，东晋的水车船、南齐祖冲之的千里船应该是车轮船，可谓现代轮船之始祖；又如，南朝各代普遍看重海外贸易，刘宋时期甚至出现了海路往来如《宋书·蛮夷传》所记“舟舶继路，商使交属”的繁忙情景；比如，沿海地区出现了利用潮水灌溉农田的潮田；再比如，海洋文学作品数量比秦汉时大大增加，海的形象和意象更为清晰。不过，整体上看，海洋文化在汉代具有的那种大创造、大发展的势头在魏晋南北朝这个政治局势动荡的时代不复存在，更多的是沿着前代的文化创造

---

① 以上参见曲金良主编、陈智勇本卷主编：《中国海洋文化史长编》（先秦秦汉卷），中国海洋大学出版社 2008 年版。

和文化积累缓慢前行，例如，汉代开辟的“海上丝绸之路”在北南两端继续存在沿用，有些地方由沿岸航行发展到离岸航行，但唐代以前中国船舶的海外航行大多没有超越印度洋北部斯里兰卡这一界线，海外贸易尽管有各个中央政权的插手，但也仍旧属于地方管理的时代，海港的规模仍比较小，人们对海洋的认识和实践在丰富，但很多方面都是汉代以来数量、范围或程度的扩大或加深，飞跃性的变化不是很多。可见，中国海洋文化在魏晋南北朝时期的发展状况是相当复杂的，有的方面遭受打击衰落了，有的方面有大的甚至创新性的进展，更多的方面则是延续着汉代的成就，在延续中有所发展。

隋朝结束了魏晋南北朝以来国家分裂的局面，这是中国历史上非常重要的一件大事，对于中国海洋文化史来说亦然。国家的统一，大运河的开凿，与海外联系的加强和“四海来朝”泱泱中央大国统辖天下的局面等，都直接为后来海洋文化的大发展奠定了基础。但隋朝立国时间太短，很多方面到唐代才得以展开。

唐朝一向以盛唐而著称，是中国封建社会的鼎盛时期，社会生活中的很多事项都充分发展起来，中国海洋文化也在唐代日趋繁荣，海洋文化诸方面都取得了突破性的进展，择其要者：

第一，海疆大大扩展，北起大东北地区北极圈内及北冰洋海域（唐朝中央政府对这一地区的管辖，有直辖管理——属河北道，和羁縻管理——设多个都护府羁縻其藩属自治等），东至作为直辖地区与藩属地区并存的朝鲜半岛和作为藩属地区的日本列岛[①]及其海域，南至南海及其周边半岛、群岛、列岛的直辖地区和藩属地区。渤海、黄海、东海、南海等海洋区域，大部为唐朝时期的内海区域。

第二，海洋认识日趋全面，尤其是关于潮汐的认识日趋系统、科学，出现了理论潮汐表和实测潮汐表来揭示潮时变化规律，出现了一些潮论专

① 唐朝朝鲜半岛北部和西部设为直辖郡县地区，东南部（后为半岛整个南部）则先为藩属三国新罗、百济、高句丽，后为藩属新罗国地区。对于唐朝大部分时期的日本是不是藩属国，现代学者有不同认识。历史事实是，唐朝皇帝与当时的日本国王是君臣关系，日本国王作为臣子向唐朝中央朝贡缴赋，对此中日历史文献都有记载。但现代学者尤其是日本学者多有避讳，对日本向唐朝派遣的朝贡使，多称为“遣唐使”，有意回避当时的“朝贡使”之名、之实。如日本圆仁和尚随日本朝贡使船入唐多年，其《入唐求法巡礼行记》记载使用的都是“朝贡”“朝贡使”“朝贡船”等，如记“本国朝贡使”“朝贡船发”“朝贡使船今日过海”“日本国朝贡使船泊山东候风”“本国朝贡船九只”“日本国朝贡使判官”云云。圆仁《入唐求法巡礼行记》有顾承甫、何泉达点校本，上海古籍出版社 1986 年版；白话文等据日本小野胜年译注本翻译、简化整理的校注本《入唐求法巡礼行记校注》，花山文艺出版社 1992 年版等。

家，形成了解释潮汐变化的元气自然论潮论和天地结构论潮论两大理论体系。

第三，沙船和福船两大船型都已得到应用，性能优良的中国海船沿着大大拓展了的海上丝绸之路远达波斯湾和东非沿岸，官方和民间海外贸易频繁，除了丝绸外，瓷器开始成为外销出口的大宗商品，海港普遍繁荣，东南沿海贸易港口和城市勃然兴起，出现了市舶使这一全新的海外贸易管理制度及官员体系，开始了中国古代对外航海贸易管理的市舶制度时代。

第四，唐朝对外开放的态度和政策还促进了中外文化的海路双向大交流，进入唐朝的外来文明因素和外来文化事项大大增多，与此同时东亚“汉文化圈”开始出现，对南亚和西亚的物质文化影响大大扩展。综合新旧《唐书》记载，入唐朝贡的国家50有余；据《唐六典》《唐会要》等统计，与唐朝通聘交通的国家多达70有余。

第五，海洋民俗信仰和海洋文学艺术伴随着涉海生活的增加而内蕴大大丰富，海神不仅享受着制度化的祭祀，四海海神还受封为王，游仙思想深入人心，海洋文学作品形式多样，特别是大量写海或涉海唐诗，构造出了若干形象鲜明意蕴丰满的海洋意象。

如此等等，气象万千。这种种创新性的变化对后世影响深远，虽然有些方面仍处于滥觞阶段，但直接开启了宋元时期海洋文化兴盛发展的局面。

值得注意的是，唐代海洋文化的繁荣并非同唐朝国力的强盛完全同步，“安史之乱”后，唐朝国力由盛转衰，但海上丝绸之路和海外贸易却更加繁荣发展。其原因，一是在于“陆上丝绸之路”和“海上丝绸之路”的兴衰交替，唐代初期陆上丝绸之路兴盛，“安史之乱”后，唐朝势力退出了西域地区，陆上丝绸之路即陷入阻塞，中外联系转而倚重海上丝绸之路；二是经过“安史之乱”这次变故，唐朝元气大伤，开始关注从海外贸易中获取更多经济财政收入，以弥补国用，因而促发了海外贸易和中外海洋文化互动局面的形成。

自魏晋南北朝时期的海洋文化之所以在乱世之秋仍能够有所发展并在唐代走向繁荣，是因为伴随着这一时期全国经济重心的南移，海洋文化发展的重心由北方转移到了南方沿海地区，形成了中国海洋文化发展的支柱。南方海洋文化的发展提升着全国海洋文化发展的水平，这也是本时期海洋文化发展的一大特征。无论是魏晋南北朝时期还是隋唐时期，战乱主要集中在北方地区，使北方地区的社会经济文化遭到很大程度的破坏，大量居民避祸南迁，移民的涌入带来了南方的大开发，包括东南沿海在内的大片原本荒蛮之地的经济逐渐发展起来，成为航海船舶和丝绸、瓷器、茶叶等外销产品的主要生产地和集散地，海外贸易港沿海岸线星罗分布，东海和南海成为海洋利用、海洋认知和审美的主要海域。正是在魏晋南北朝隋唐时期，南方在中国经济、文化包括海洋文化中的区位优势开始彰显出来，在国家生活中的地位开始上升，这一趋势一直延续到宋元及以后。

中国陆域面积广大，大部分地区土地肥沃适于农耕，濒临的海洋面积旷阔，在魏晋南北朝及隋唐时期，海洋方向近距离之内没有大国、强国冲击，这种自然人文地理环境决定了这一时期中国的海洋文化主要受国内发展状况的影响。从魏晋南北朝及隋唐时期海洋文化的实际发展状况来看，沿海地区农业的开发与海洋文化的发展更大程度上还存在陆海互相补充、互相推动的关系，这在东南沿海海外贸易和海港发展的过程中体现得特别明显。沿海地区海疆开发先是农业发展，然后是与农业相关的手工业发展。丝绸、瓷器、茶叶等产品优质而大量地制造和生产出来，为海外贸易的展开提供了外销产品，海外贸易的繁荣又带动了海港和港市的繁荣。这种繁荣来自腹地经济的推力作用和海外需求的拉力作用，在海外贸易的基础上，中外文化交流得以频繁展开。反过来，海外贸易的需求的增加又促进了与外销商品有关的农业生产的发展及商品化倾向。另外，沿海农业的开发还使人们设法利用潮水灌溉农田，潮田的出现令海洋利用带有某些农业性的特点，成为中国海洋文化的一个重要方面。

历史是人创造的，历史是鲜活的，海洋文化史也不例外。魏晋南北朝及隋唐时期的海洋文化，充满着颇具特色的人物的鲜活面貌。我们探寻这段历史，众多的海洋人物牵领着今天的我们进入历史记忆的深处。在魏晋南北朝及隋唐时期的海洋文化发展历程中，窦叔蒙、卢肇、沈莹、刘晏、周庆立、李皋、孙权、朱应、法显、贾耽、义净、鉴真、林銮、张支信、冯若芳、张保皋、葛洪、王粲、木华、张融、段成式等名字或其作品，都值得大书特书。

3. 魏晋南北朝隋唐时期的海洋认知与海洋利用

对海洋认知与海洋利用，是海洋文化的基础方面，反映了海洋在人们的思想观念中的状况和在现实生活中的地位和作用。这是魏晋南北朝及隋唐时期海洋文化全面兴盛的一个突出方面。

魏晋南北朝及隋唐时期，人们对海洋的了解比以前更清楚了：有了确切的水体含义的“四海”各个海区的面貌已见诸文献记载；对海洋气象、海洋水文、海洋生物越来越多的描述和解释中不乏科学性的真知灼见。潮论的发展在这一时期尤其突出，不仅出现了现在所知最早的中国历史上第一篇潮论——严峻的《潮水论》，而且出现了以杨泉、葛洪、窦叔蒙、封演、卢肇等为代表的潮论专家，使得东汉王充以来传统的元气自然论潮论大大深化，新潮论——天地结构论潮论迅速兴起，到唐代我国潮汐学已从理论和实践两个方面同时较好地揭示了潮时的变化规律，出现了理论潮汐表和实测潮汐表。尤其是卢肇的《海潮赋》，提出了有关潮汐的 14 个问题，并且作了回答。这些问题是当时潮汐学研究的重要问题，反映了唐代潮汐学发展的水平，对后世潮汐学理论研究具有重要作用。[①]

海洋认知的丰富促进了渔盐之业特别是海洋盐业的发展。虽然自古渔盐并称，但在秦汉以后包括魏晋南北朝及隋唐时期直至明代以前，海洋渔业发展的速度和地位远远低于海洋盐业。魏晋南北朝及隋唐时期，关于海盐生产的记述增多了，淋卤制盐法普遍应用，海盐生产规模日趋扩大，而且随着经济地理的变动，两淮、江南等地成为海盐生产的重心所在。航海贸易与运输业也是海洋经济利用的重要领域，而且在本阶段的海洋发展中占有突出的地位。另外，沿海疆域开发中存在的重农化特征也给海洋利用带来了某些农业性特点，在沿海地区广为分布的仰潮水灌溉的潮田就是典型的例子。就民众的社会观念而言，海洋利用实践的发展反过来又加深了社会民众对海洋的理解，人们在海洋的自然属性方面持海洋圜道观；在海洋的社会价值方面，早已突破了原来的“舟楫之便，鱼盐之利”的简单认识，海洋宝域仙境观和海外异域交通观等，都在这一时期发育了起来。

4. 魏晋南北朝及隋唐时期的海洋政策与管理

海洋政策与管理，在很大程度上影响甚至决定着特定时期海洋文化发展的整体状况和水平。依照历史存在的事实，海洋政策与管理，这里主要指在沿海地域靠海吃海、用海的过程中，朝廷和地方政权对海洋渔业、海洋盐业、航海贸易运输业等海洋经济部门的政策与管理。于此，作为魏晋南北朝及隋唐时期海洋文化全面兴盛的一个重要方面，也是十分突出的。

魏晋南北朝时期中国沿海疆域持续获得开发的另一个显著标志，是由封建官府直接控制下的沿海盐业的发展。早在先秦时期，盐业专卖就已经成为封建官府财赋的主要来源。在北方地区尤为如此。东汉末年的割

① 宋正海、郭永芳、陈瑞平:《中国古代海洋学史》，海洋出版社 1986 年版，第 247~255 页。

据混战，虽然使各个沿海地区盐业的发展受到冲击，但其中有些也成为割据政权主要的财税收入。在曹魏政权以及西晋政权的经营下，经过200余年的时间，到北魏早期北方各沿海地区的盐业生产不仅已经恢复，而且多数还获得了发展。据《魏书》记载，拓跋氏政权“自迁邺后，于沧、瀛、幽、青四州之境，傍海煮盐。沧州置灶一千四百八十四，瀛州置灶四百五十二，幽州置灶一百八十，青州置灶五百四十六，又于邯郸置灶四。计终岁合收盐二十万九千七百二斛四升”。这样大规模的盐业生产，使北魏政权因此而大获收益，“军国所资，得以周赡矣”[①]。北魏之后的各个封建政权，都继续经营开发沿海盐业生产，并都在上述4个沿海州郡中“傍海置盐官以煮盐，每岁收钱”[②]。官府通过控制和发展沿海盐业生产，得到了大量的专卖收益，并因此使北方各个封建政权的财政与军事开支得到补充。

由于历朝历代都重视盐业生产与盐利，关于盐政的记载这一时期相当丰富。魏晋南北朝时期各政权都有盐政，隋代和唐代初期曾实行无税制，“安史之乱”后逐渐改行刘晏确立的榷盐法，对后世影响很大。航海贸易政策与管理内容也相当丰富，而且唐代中期变化重大，市舶使这一新官职的出现标志着航海贸易管理制度已经发展到了市舶制度时代。

5. 魏晋南北朝及隋唐时期的造船、航海与海上丝绸之路

造船与航海业的发展状况从技术的角度规定着海路交通拓展的可能性。

魏晋南北朝时期由于北方战乱较多，造船和航海业大受影响，但一些王朝政权特别是南方的六朝政权出于增强国力以及军事征战的考虑，积极造船并发展海外交通。

经过魏晋南北朝和隋代的承续、拓展，到唐代又产生了中国造船和航海技术、航海能力继汉代之后的第二次大发展。适航性强的新船型大量出现，水密舱等新的造船技术普遍应用，塑造了唐代海船容积广、体势高大、构造坚固、抗沉性强的特征，成为中外海上往来的首选船舶，车轮战舰的制造出现，对车船的发展起了承前启后的作用。航海技术也有了很大提高，特别是季风在航海中得到越来越普遍的应用。这些都给远洋航行的

---

① 《魏书》卷一一〇《食货志》。

②《隋书》卷二四《食货志》。

拓展提供了技术保证，多条远洋航路被开辟并频繁使用起来，贾耽所记述的“广州通海夷道”，已远达波斯湾和东非沿岸国家和地区。

需要特别指出的是，在这些航路上，中外往来的传统物质产品是丝绸，所以近期以来，中外一些学者比照“陆上丝绸之路”的提法，提出了“海上丝绸之路”的概念，即丝绸沿海上航路向外传播的路线。这在国际范围内获得了广泛的认同。大致上，海上航路拓展到哪里，海上丝绸之路就延伸到哪里，二者名称不同但所指基本相同。沿着海上丝绸之路所作的航海活动和中外往来并非只和丝绸有关，既包括经济贸易，还包括政治往来和文化交流。

海外贸易是海路交通和中外往来的一个重要内容，并在魏晋南北朝及隋唐时期发展得越来越兴盛。由于海上丝绸之路在唐代中期逐渐取代陆上丝绸之路成为中外贸易的主要通道，海外贸易展现出生机勃勃、方兴未艾的态势，官方贸易和民间贸易两种方式都有很大发展，官方贸易由原来的朝贡贸易发展为市舶贸易，海外贸易商品的种类和规模也大大扩大，除了传统的丝绸，瓷器也开始成为大宗外销产品。

隋朝之前，中国沿海从北到南，从辽东半岛至福建、广东沿海，各大港口之间，早已都有近岸、近海的固定航线，既用于航运贸易，也用于军事需要。至隋朝更有许多新的开辟和发展。隋开皇八年至九年（588~589年），大军平定南朝陈国，海路就是从山东半岛南下直趋苏州的；开皇十年（590年）平定浙江、福建东南沿海，也是由海军完成的；大业八年（612年）进攻高句丽，隋朝海军是先由江、淮海港出发至东莱（今山东莱州），再北上直航辽东半岛，然后驶向朝鲜半岛的。与此同时，从大陆沿海到台湾之间的航线，隋时也已经开辟。隋炀帝在大业三年（607年）、大业四年、大业六年3次派人航海前往流求（今台湾，一说今琉球群岛）“慰谕”。[1] 另外，隋朝通往南洋的航线，也有所发展，尤其是由广州经越南沿海直航马来半岛沿岸的航线的开辟，扩展了中国与南洋地区间的海上交通网络。

唐代社会经济文化繁荣，国力强盛，无论是出于海内外运输贸易的需要，还是出于对外关系的需要，都极大地刺激了航海业的发展，进一步拓展了海上航路。

在国内沿海航行方面，南北海运以调运南北民用或军用物资，是促进

① 《隋书》卷八一《流求传》;《隋书》卷六四《陈稜传》。

航海业发展繁荣的重要内容。如“太宗贞观十七年（643年），时征辽东，先遣太常卿韦挺于河北诸州征军粮，贮于营州。又令太仆少卿萧锐于河南道诸州转粮入海。至十八年八月，锐奏称：‘海中古大人城，西去黄县二十三里，北至高丽四百七十里，地多甜水，山岛接连，贮纳军粮，此为尤便。’诏从之。于是自河南道运转米粮，水陆相继，渡海军粮皆贮此。”唐代杜甫《后出塞》诗中“云帆转辽海，粳稻来东吴”，是对近海航运盛况的写照。据敦煌写卷伯字2507号所记唐代“水部式”，仅登、莱、沧等十州就有常用水手5400人，其中海运3400人，河运2000人。就唐朝交通四邻的远洋航路而言，《新唐书·地理志》记有唐代著名地理学家贾耽（730~805年）所述7条主要路线，其中有“广州通海夷道”“登州海行入高丽、渤海道”一南一北两条海上航行主线，表明唐代的海上交通已进入一个新的发达阶段。

南方的“广州通海夷道”，由中国航海前往阿拉伯乃至非洲沿岸国家，已经可以由过去的分段航行变成了直航全程，不需要经印度沿岸国家和斯里兰卡换船中转：从广州出海，经珠江口万山群岛、海南岛东北角、越南东海岸、新加坡海峡、马六甲海峡，向南经苏门答腊至爪哇，向西则出马六甲海峡，经尼科巴群岛到斯里兰卡，然后沿印度半岛西海岸至卡拉奇，再西行，经霍尔木兹海峡可达波斯湾，沿波斯湾东岸到达幼发拉底河口的阿巴丹和巴士拉；若沿波斯湾西岸出霍尔木兹海峡，可经阿曼湾北岸的苏哈尔和席赫尔到达亚丁，沿东非海岸，最南可航至坦桑尼亚的达累斯萨拉姆。这是当时贯通亚非两洲的世界上最长的一条远洋航线。[①]

在北方，“登州海行入高丽、渤海道”，即连通中国与朝鲜半岛、日本列岛海上通道的传统“北线”，根据贾耽所述，即从山东登州出海，渡渤海，沿辽东半岛东侧航抵鸭绿江口，然后分南北两路。北路沿鸭绿江溯流北上，到吉林临江登陆，陆行达渤海王城上京龙泉府（今黑龙江宁安）。渤海国（698~926年）受唐朝册封，领州都督，“每岁遣使朝贡”[②]，大历年间渤海国来登州贩卖马匹的船舶，岁岁不绝[③]，在登州港口经常停泊着渤海国的交关船。这一航线，成为中原与东北地区往来的重要通道。而从鸭绿江口再转向南的航线，则是航向朝鲜半岛、日本列岛的传统航线，由

---

① 郑一均：《中国古代的海上航路》，见章巽主编：《中国航海科技史》，海洋出版社1991年版，第117~119页。

② 《旧唐书·北狄传》。

③ 《旧唐书·李正己传》。

鸭绿江口航经唐恩浦，再沿朝鲜半岛西岸南航、沿南岸东航，到达各个港口，可直抵釜山；去日本，则再航过对马岛、壹岐岛，抵达日本北九州各港。这条“登州海行入高丽、渤海道”为傍岸近海或逐岛航行，虽然航期较长，但较为安全，因而无论唐船，还是高丽和新罗船、日本船，通常航行的主要是这一航线。

另外，从山东半岛文登莫玡口出海，也有通达朝鲜半岛并转通日本难波的航线。隋代裴世清出使日本，就是从文登启航，东南行横渡黄海，直达朝鲜半岛西南端的百济，又经济州岛，然后过对马岛、壹岐岛、值嘉岛，抵达筑紫（北九州）的大津浦（福冈），再东行至秦王国（周防，今山口县），复经十余国后抵达难波（今大坂）的。[①]唐朝时期，日本朝贡使藤原常嗣、求法僧圆仁等回国时，也都是在文登莫玡口乘船，沿着这条航线东渡的。在唐天宝年间（742~756年），新罗、日本之间的关系恶化之前，这条航线还是从中国江南各港口到新罗再从新罗航抵日本的航线。华北沿海船舶去新罗、日本，往往从文登出海，航行这条路线。

唐天宝年间，日本于752年和759年两次准备大举攻打新罗，[②]新罗、日本之间关系恶化，日本因“新罗梗海道，更由明（今宁波）、越（今绍兴）州朝贡”[③]。中日之间通过新罗近海的海上航线既然被阻断，不得不开辟中日横跨东海的“南岛航线”。“南岛航线”从扬州、明州（今宁波）或楚州的盐城等港口出发，横渡东海，直航日本南部诸岛，沿萨摩海岸北达博多和难波等地。

唐朝高僧鉴真于天宝十二年（753年）十一月东渡日本，就是从这条新航线航行的。这虽是一条看似横渡东海的捷径，但由于海面风多浪大，受到导航条件、航海技术等的制约，往往发生海难事故，因此只用了二三十年，就不得不在唐大历年间开辟了另外一条南路航线——从长江口诸港出发横渡东海，直航日本值嘉岛，即今之五岛列岛，到达其中任一岛后，再航经松浦、博多，到达筑紫（北九州）。唐大历十二年（777年），日本朝贡使就是从南路航线抵达扬州登岸的。[④]此后一直沿用，唐会昌二年（842年）海商李处人的船从日本回国，走的就是这条航线。唐咸通五

① 《隋书·东夷传》。

② 《续日本纪》，引自［日］木宫泰彦：《日中文化交流史》，胡锡年译，商务印书馆1980年版，第82~83页。

③ 《新唐书·日本传》：“新罗梗海道，更繇明、越州朝贡。”

④ ［日］木宫泰彦：《日中文化交流史》，胡锡年译，商务印书馆1980年版，第772页。

年（864 年），日本真如法亲王入唐，走的也是这条航线。[①] 日本的值嘉岛"地居海中，境邻异俗，大唐、新罗人来者，本朝入唐使等，莫不经（历）此岛"。[②]

唐代的渤海国，则开辟有一条从毛口崴（今俄罗斯哈桑斯基）通向日本能登和筑紫的航线。毛口崴在渤海国东京龙原府（今吉林珲春县八连城）东南百里，因此这条通往日本的海上航线又称"龙原日本道"（《新唐书·渤海传》）。渤海国在其立国的 200 余年中，共通过这条海上航线出使日本 35 次，日本回访 13 次。[③]

另外，唐太宗贞观年间（627~649 年），在东北地区的羁縻都督府和羁縻州，还开辟有一条从库页岛经由鄂霍次克海到堪察加半岛的航线。[④]

海外贸易的发展是大批中外海商的互动，林銮、张支信、张保皋等是活跃的唐代中外海商中的知名人物。

海港是航海活动的始发地和终到地，与航海活动之间存在着相互依存、相互促进的关系，是中外物质贸易和文化交流的集散地。魏晋南北朝及隋唐时期，总体看来是增多的航海活动与增多增大的海港交相呼应，但在魏晋南北朝国家分裂战乱之时，在一些时间、一些地区航海活动减少，特别是北方的一些原本活跃的海港变得默默无闻。秦汉时，北方港口的地位和开发利用比南方港口更为重要，而到了魏晋南北朝隋唐时期，由于政治格局的变动、经济重心的南移和航海技术的发展等因素的影响，南方海港发展加快，特别是唐代，中国东南沿海若干海外贸易港兴起，如扬州、福州、泉州、明州等，它们同南端的广州、交州等海港一起，勾画出了唐代南方贸易大港点、线的图景。虽然唐代海港普遍繁荣，北方以登州为代表的海港也有很大发展。北方海港重军事，南方海港重贸易。基于海港的普遍繁荣，城市围绕海港发展起来，海港与城市合二为一的港市勃然兴起，这是唐代海港发展另一值得重视的现象。

① 见日本文献《入唐五家传·头陀亲王入唐略记》，日本佛书刊行会编：《大日本佛教全书·游方传业书》第 1 卷，佛书刊行会 1915 年版，第 164 页。《旧唐书·宣宗本纪》载："大中二年三月己酉，日本国王子入朝，贡方物，王子善棋，帝令待诏顾师言与之对手。"或记载不同日本王子，或即头陀王子，但记载时间不同。

② ［日］木宫泰彦：《日中文化交流史》，胡锡年译，商务印书馆 1980 年版，第 84 页。

③ 金毓黻：《渤海国志长编》下编，社会科学战线杂志社 1982 年版，第 492 页。

④ 郑一均：《中国古代的海上航路》，章巽主编：《中国航海科技史》，海洋出版社 1991 年版，第 119~121 页。

6. 魏晋南北朝及隋唐时期的册封——朝贡政治制度的发展

三国时期，吴国特别注重通过南海对南亚的经略和海上国际关系，曾多次派使臣泛海四出，朱应、康泰远至林邑（今越南中部）、扶南（今柬埔寨境内）诸国，大秦（罗马帝国）商人和林邑使臣也曾到达建业。黄龙二年（230年）孙权曾派大将卫温、诸葛直率万人出海赴夷州（今中国台湾）；在北方，魏国与朝鲜半岛国家和邪马台国（今日本）有外交往来，魏明帝就曾授予邪马台女王“亲魏倭王”金印。南朝的刘宋王朝在东吴原有基础上进一步发展了对海外的关系。如此，即使是分裂时期的各代政权，也使自汉代以来建立的东亚世界的朝贡体系得到了维持和强化，经南海往来的名僧已有很多记载。至隋朝，中国重新统一，整个隋唐时期，尤其是唐代，自汉代以来的海上丝绸之路到唐代得到空前发展，经广州、泉州等港口通向越南、印度尼西亚、斯里兰卡、伊朗和阿拉伯的海上航路更为通达，与这些国家和地区建立的中外关系更为密切，对东亚朝鲜半岛、日本列岛诸国的经略和建构的辖属政治关系更为普遍，高句丽、百济、新罗、渤海以及日本各政权等更为频繁地派使臣赴中国朝贡，与东亚以及东南亚国家和地区形成的华夷秩序和朝贡体系的范围更为扩大。

海上丝绸之路所承载的是经济、贸易、人员，也是思想、制度、文化。魏晋南北朝和隋唐时期通过海上丝绸之路和海洋交通所进行的文化交流空前繁盛，特别是唐代的中外海路文化交流，达到了历史高峰。在这一时期，尤其是隋唐时期，中外海路文化交流的特点是：中国封建制度的完备、宗教思想的博大、器物工艺的先进，使得文化的交流和传播更多地呈现为一种单向的，即由中国向周边国家和域外流动和辐射为主的局面；由于当时政治和文化的重心偏于中国北方，所以在相当长的一个时期内，中国北部和东部的沿海地区和港口同外部的交通往来相对来说更为频繁，渤海、黄海、东海成为东亚世界相互联系和文化交流的平台；同时，南部沿海尤其是广州、泉州等地则成为中国与东南亚、西亚和西方世界建构的海外贸易和文化交流及其互动的纽带。这一时期，包括大陆移民、各国的使节、僧侣、留学生、商人，以及外国的侨民等，构成了海洋上不断扬帆航行着的中国文化对外传播、中外文化海上交流互动的浩荡人流，以中国为中心的海洋文化自身的世界性和流动性全面体现出来。正是通过这个时期的以海路为主的文化交流，日本和朝鲜半岛全面接受了中国的文化和典章制度，中国文化圈在东亚得到了全面发展。

7. 魏晋南北朝及隋唐时期的海洋社会发展

魏晋南北朝及隋唐时期的海洋社会的主要构成有三：一是从事海上贸易的海商社会，二是沿海水上居民“蛋民”社会，三是海盗社会。后两类是从事海上生活的两大特殊社会群体。所谓特殊群体，是指他们不像大多数涉海社会人群那样生活——依靠海洋为生，但安家定居于陆地，出没打拼于海洋上，主要从事渔业生产、航海贸易、制盐采珠等行业，而是——就“蛋民”社会而言，他们以船为家，居于海上，在海上过着居无定所的日子，这是整合了秦汉以来各朝各代流散入江海里的人群而形成的一个庞大松散的群体；就“海盗”社会而言，他们也主要居于海上或海岛，专事海上或沿海抢劫与造反起义、反抗官府和豪强，在海洋社会中充当着被传统社会视为“另类”的角色。这是海洋文化的一个不可忽视的特殊现象。

关于沿海水上居民的记载，在魏晋南北朝时期开始出现，被称为“鲛人”“游艇子”“白水郎”等，他们往往以捕鱼采捞为业，生活贫困，为陆地人所轻视，有些水上居民则成为海盗。海盗在当时常被称为“海贼”，他们除了进行海盗式的抢劫活动外，还进行造反起义、反抗官府与地主豪绅的武装活动，带有农民起义的特点。孙恩、卢循领导的东晋末年海上大起义具有典型代表性，既是中国历史上一次重要的农民战争，也是中国海盗史上一次大规模的海盗活动，为后世海盗提供了活动范本，孙、卢因此被称为海盗“祖师”，“孙恩”一度成为海盗的代名词。唐末时期，海盗还与黄巢领导的农民起义军互相支援，协助黄巢的海上进军。

海洋信仰与风俗，是涉海人群的心灵和精神护佑。魏晋南北朝及隋唐时期，现实的涉海生活增加了，海神信仰需求也随之大增。一方面，前代所创造的海洋神灵被继承并被发展了，如四海海神得到立祠祭祀并在唐代受封为王，其中由于南海丝绸之路和海外贸易带来的利润丰厚，南海海神在唐朝国家经济生活中地位非同一般，所以被封为广利王，备受尊崇。潮神信仰也在扩展，与潮涌相关的广陵观涛和钱塘观潮习俗在东南沿海盛极一时。另一方面，新的海洋神灵信仰也不断出现，如海伯、船神、海龙王和观音等，其中海龙王和观音信仰是佛教传入中国并经历了中国化过程之后出现的新的海洋神灵，对后世影响很大。另外，东海仙境信仰在这一时期得到了进一步营造发展。战国秦汉之际营造出来的东海仙境，在这一时期被人们叙述描绘得更加充实、生动、形象，更加成熟，不仅继续充当着精神乐园的角色，而且还被人们视作灵魂飞升的目的地，求仙观念普遍流传，游仙思想大为盛行。

这一时期的海洋科学技术思想，也是这一时期海洋文化的重要内容。由于这一时期道家思想和道教已经盛行，许多缘于沿海地区的神仙和方士文化在海洋上的探索追求传统，在这一时期的科学技术思想与实践中得到了反映。如晋代王嘉《拾遗记》记载："始皇好神仙之事，有宛渠之民，乘螺舟而至。舟形似螺，浮沉海底，而水不能入，一名沦波舟。"这无疑如同现代的潜水艇或海底潜水器。此事真伪无从考证，但至少反映了当时人们对海洋利用的畅想与追求。它不但反映了中国人浪漫的思维空间和高度的想象力，而且是中国道家天上飞行和海底潜行思想及其探索的重要佐证，对于认知中国古代的海洋科学技术思想发展，具有重要价值意义。①

在海洋文学艺术方面，魏晋时期，观览鉴赏大海的赋作在数量和特色上比汉代又有了新的发展；曹操的《观沧海》被认为是中国第一首歌咏海洋的诗篇；唐代更是涌现出了大量涉海诗文。在整个魏晋南北朝隋唐时期，"海"这一要素和主题更多地出现在文学作品中，极大地丰富了人们的海洋审美文化生活，海洋越来越成为文人墨客重要的创作题材与反映对象。②

（四）宋元明清海洋文化的繁荣

从960年宋王朝建立，至1911年清朝被推翻、中华民国建立，经历了中国历史上的宋、元、明、清四大朝代。其中从1840年鸦片战争开始，中国遭遇西方侵略后被洋人、投降派和洋务派沦为半殖民地半封建社会，改变了中国历史的正常轨迹。晚清王朝在外受洋人侵略、内受洋务派左右、同时又不断受到大规模人民起义的打击中苟延残喘了70年，是为晚清70年，今多将其作为"近代"，有别于作为"古代"历史时期的清朝。因此，我们这里的"宋元明清"，指的是自960年至1840年的880年，近9个世纪。

在长达880年的宋、元、明、清四大朝代，中国的海洋文化是整体上呈现繁荣发展的时期。这一时期，中国的海疆进一步拓展，沿海地区特

① 参见姜生、汤伟侠主编：《中国道教科学技术史——汉魏两晋卷》第三十五章"原始道教的飞行设想"及其附录一《潜行水下的"沦波舟"》，科学出版社2002年版。

② 以上内容参见曲金良主编，朱建君、修斌本卷主编：《中国海洋文化史长编（魏晋南北朝隋唐卷）》，中国海洋大学出版社2010年版。

别是东南沿海地区的经济发展迅速，大大超过了隋唐时期，在海上交通、造船、海外贸易、沿海港口地区的发展、对海外国家和地区的政治经营等各个方面的发展尤为突出。由于这一时期接近千年，其间变奏也多，这里我们分作两大阶段加以论述。

1. 宋元时期海洋文化的全面繁荣

从10世纪末的960年开始，到13世纪70年代，约3个世纪，是中国的北宋和南宋时期；自此接下来再至14世纪中期的1368年约百年，是中国历史的元代。

北宋时期统一了从今天津大沽至广西的辽阔海疆，并进一步强化了对沿海地区的行政管辖，一方面在沿海设置并完善了州、郡建制，一方面在少数民族聚居区设置州、县并辅之以土官制度。北宋时期，由于国家尚未面临严重的海上入侵威胁，王朝维持一定数量的水军主要是为了防备辽国从海上的袭扰，以及镇压沿海地区农民起义和防御海盗。

与北宋相比，南宋时期由于政治中心南移以及为保卫半壁江山而加强了水军力量的建设，给南宋沿海一带带来不小的变化：沿海经济更加繁荣，海外贸易进一步发展；海防方面，南宋政权主要凭依淮河、长江抵御金兵及蒙古军队，同时严防敌人来自海上的进攻，所以其水军发展最快，对海防的重视和加强也远远超过了北宋。

元朝统一中国后，中国的海疆空前扩大。较之前代，主要是北部、东部疆域暨海疆的拓展：北部最北端西起今为亚欧两洲分界线的乌拉尔山脉至喀拉海，最北和最东是整个亚洲大陆北部和东部北极圈内地区及北冰洋区域，其最东直抵白令海峡，均设置为中央直辖地区，其周围今称东西伯利亚海、白令海、鄂霍次克海等的辽阔海域，均为元朝内海。

从宋元两代的海防特点来看，比较突出的是海上方向成为国防的重要方向，海上防御、海上进攻、海上战场的重要性凸显出来。元朝发动的征伐日本、爪哇等地的渡海战争，尽管没有最终达到目的，但这些军事行动标志着这一时期的远海军事能力已有大幅度的提高。

和唐朝相比，宋元时期海外贸易有了长足的发展。其不可或缺的支撑条件有四：一是社会经济的繁荣；二是航海技术的巨大发展；三是当时世界范围内经济的普遍增长，为宋代贸易的发展提供了更为良好的市场；四是宋元时期的对外政策和海外贸易政策与制度对海外贸易的发展有力的促进作用。宋元时期的海外贸易范围及其数量都有了很大的扩张。与元朝有海外贸易关系的国家和地区遍及欧、亚、非三大洲，达到 140 多个。如欧洲的威尼斯，非洲的利比亚，亚洲的伊朗、阿曼、也门、印度、占城（今越南）、爪哇、吕宋（今菲律宾）、日本、朝鲜等国家和地区，都与元朝的海上贸易十分频繁。

宋代在唐代的基础上，不但进一步促进了与朝鲜半岛和日本列岛之间的传统航线的频繁，促进了与东南亚各国的海上交往的密切，而且促进了中国通往南洋和印度洋海上航线的延伸和拓展。根据宋周去非淳熙五年（1178 年）成书的《岭外代答》和赵汝适宝庆元年（1225 年）成书的《诸蕃志》的记载，当时航海交通所及的地区，广泛分布于中南半岛、马来半岛、苏门答腊、爪哇、加里曼丹、菲律宾群岛、印度半岛、波斯湾、阿拉伯半岛、地小海、埃及和东非的沿岸区域。

宋时与中国海上交通最频繁的国家和地区，印度洋沿岸除南亚诸国外，主要是阿拉伯人。据《宋史》所记，大食“先是入贡道由沙州涉夏国，抵秦州。乾兴初（1022 年）赵明德请道其国中，不许。至天圣元年（1023 年），来贡，恐为西人钞略，乃诏自今取海道，由广州至京”[①]。历史文献还记载：“天圣元午十一月，内侍省副都知周文质言……缘大食国比采皆泛海，由广州入朝，天圣元年禁由甘州出入。”[②] 可知，中国与大食间交往主要靠海上交通。

从广州或泉州到达波斯湾的一条航线，往返一次需历时 18 个月。一般是在每年 12 月乘东北季风出航，航行 40 天到达苏门答腊北部的兰里（亚齐），次年到达南印度的故临，与来自阿拉伯的海舶贸易，或者在西南季风起后北航，抵达沿岸各港，交易来自波斯湾和阿曼的货物，在马拉巴尔过冬后，在西南季风期间返航。

从广州或泉州出航至东非沿岸，是另一条航线，往返一次只需八九个月。每年 11 月或 12 月启航，经 40 天到苏门答腊的亚齐，在亚齐过年后乘东北季风航行，海上经 60 天，横越印度洋，到达佐法尔，或继续航行至亚丁，直至抵达东非沿岸，贸易亚丁湾、红海和东非的货物，然后乘当年西南季风返航。

宋元时期的海外贸易，有几个显著的特点。

一是宋元时期的贸易港不仅数量增加很多，而且扩张迅速；进出口

① 《宋史》卷四九〇《大食传》。

② 〔清〕徐松辑录：《宋会要辑稿》蕃夷四，中华书局影印本 1957 年版。

的规模扩大，贸易范围拓展，海上贸易取代西北陆路贸易成为对外贸易的重心。

二是国家采取了相对开放、宽松的海外贸易政策。宋元两朝都实行了海外贸易管理的市舶制度，除了在特殊时期或对一些特殊物资实行海禁，一般情况下，特别是南宋和元朝，是鼓励民间商人出海贸易的，对重点海商给予减税、授官等奖励，对管理海外贸易的官员也制定了相应的奖惩措施。这些政策和措施为海外贸易的发展创造了有利条件。

三是民间海商成为海外贸易的主导力量。由于宋元政府实行鼓励政策，中国从事海外贸易的海商的数量急剧增多，在贸易中的作用远远超过外国商人，成为中外贸易的主角。元朝更是停止了对舶货的“禁榷”和“舶买”，只限于对舶商抽取货物税和舶税两项税款，政府不再经营统购和专卖舶货的业务，使市舶司摆脱了商业经营，成为专一掌管海关和航政的机构，所以元代的航海贸易是以民间航商活动占据主体优势为特色的。

四是海外贸易的社会影响显著增强。这突出体现在海外贸易对东南沿海地区社会经济发展的显著影响上，海外贸易对东南沿海地区的交通、市场、农业、手工业、产业结构等方面的发展变化起到了十分显著的促进作用。海外贸易还与宋元时期的政治生活发生了比较深刻的关系，不仅海外贸易的管理机构被纳入正式的官僚体制，而且政治斗争、政治局势的变动都直接影响到贸易的发展。

宋元时期与海外贸易的发展相辅相成的，是沿海地区港口的增加和迅速扩张。宋朝政权建立之后，北方仍然战乱频繁，外患甚为严重，故两宋300多年中，对西亚的陆路交通几乎陷于停顿，中西交通和对外贸易主要依赖海上交通，因而船舶业获得了极大发展，进而极大推动了海上航运的发展。宋朝对海外贸易实施的官方市舶司管理制度，也极大地促进了沿海多个重要港口的发展，广州港等大港也就成了全国对外交通的主要门户和对外贸易中心。

元朝时期福建的对外贸易进入一个新的阶段，泉州港超过了广州，一跃成为世界最大的贸易港之一，泉州港内商船云集，外商众多，举世闻名，对外贸易的国家与地区、进出口商品的数量等远远超过前代，达到了新的海外交通贸易高峰。

明州港也是宋元时期重要的海外贸易港口。尤其是在南宋时期，由于全国经济中心的南移，更由于紧靠首都临安，明州港的重要性超过了其他港口。明州港发展速度的加快，主要表现在造船技术的发展、船舶数量的增加、航海业的发达、内外贸易的规模日益扩大等方面。

登州港是宋元时期北方的重要港口。北宋历朝继承了唐代以来注重港航贸易的传统，继续鼓励发展海上交通。国家的统一，经济的发展，以及对港航贸易的重视，均使登州港在宋代北方港口中占有着最为重要的地位。同时，宋代的登州港也面临诸多不利因素。北宋与辽、西夏和女真的对峙甚至战争不断的局势，使登州港也经常处在发展的危机之中。在这样的历史环境下，宋代的登州港难以发挥应有的作用。元朝统一中国后一方面注重海外贸易，一方面大兴南北海运，使登州港的地理优势得到了充分的体现。尤其是登州港作为南北海漕的必经之地，处在中枢地位，“终元之世，海运不废”，注定了登州港因海运而复兴的前景。因此，元代的登州始终呈现一派内外贸易、交通以及文化交流的繁荣局面。

宋元航海业的发展与航海技术的巨大进步密不可分，最突出的莫过于指南针被应用于航海。这是航海史上划时代的进步，对世界的贡献最大，以致马克思认为它被欧洲人借用“打开了世界市场并建立了殖民地”。① 其他相关的航海技术和航海知识在这一时期也有了很大进步。如宋朝徐兢的《宣和奉使高丽图经》、赵汝适的《诸蕃志》等，记载了很多海下地貌的内容。元初开展黄海、渤海大规模的漕运，带动了我国海洋地貌认识的丰富和提高。宋元时代的天文航海技术出现了重大进步，其主要的标志是与远洋横渡航行至关密切的天文定位导航技术的问世和逐渐得到的广泛应用。

在中国古代造船史上，宋元时期达到了一个新的高度。包括船形、船体构造、船舶属具和造船工艺等造船技术，宋代更臻成熟。宋代造船业的成就表现在诸多方面。指南针在宋代实际应用于航海，宋代出现了以载客为主的客船，出使海外有了专门建造的神舟和客舟。北宋时期航行南北的漕运船（也称纲船）种类众多，技术先进。到了南宋，因海防的任务变得突出起来，战船的产量逐渐增多。宋代的造船工厂遍布内陆各州和沿海各主要港埠地区。

元朝的国祚虽然不长，但却是当时世界上最强大最富庶的国家，它的声威遍及亚洲并远震欧非。由于中外交通的频繁，中国人发明的罗盘、火药、印刷术经过阿拉伯传入欧洲，中国所造的巨大海船由马可波罗的传播已闻名于世。经过元代较短的一段时间的承前启后，我国古代造船技术到明代初年即达到了鼎盛阶段。元代在海上交通方面，无论在航行的规

① 《马克思恩格斯全集》第47卷，人民出版社2004年版，第427页。

模、所达的地域范围、航海的技术上，还是在沿海和远洋航路上，都超过了宋代。元代后期曾两次附商舶游历东西洋的汪大渊，根据亲身经历写成的《岛夷志略》一书，记载海外诸国96条，海外国名、地名达220余个，其地理范围，东自澎湖、琉球，西至阿拉伯半岛和非洲东岸之层拔罗（桑给巴尔）等地，包括南洋诸岛及印度洋沿岸各国，都有航路可通，为汪大渊亲历之地。元代另外一个十分重要的海洋发展方面，是自元初就开创的国家南北大海运。为了南北大海运，还开挖了世界史上第一个凿通100多公里陆地、连通两大海域的大型连海工程，这就是南北横跨山东半岛中腰、连通胶州湾和莱州湾的“胶莱运河”。

宋元时期高度发达的中国文化，吸引了世界各国的目光。宋元时期海上交通和海外贸易发达，频繁的贸易和人员往来，极大地促进了宋元与亚非各国乃至欧洲的经济文化交流。指南针、火药、印刷术三大发明是我国劳动人民勤劳智慧的结晶，其中指南针和火药，就是通过海外交通贸易，经阿拉伯商人西传到欧洲的。世界众多国家的文化使节、民间人士、旅行家等纷至沓来，在中国学习宗教、语言、绘画、医药、生产技术等，或者以其仰慕的眼光与心态，向世界介绍辉煌灿烂的中国文化。从中华文明的对外传播方面看，如果说汉唐以来丝织品的输出和丝绸文化的外流，曾在很长的历史时期占据主要地位，那么宋元以降，这种情况即被陶瓷品的输出以及陶瓷文化的远播所逐渐取代。研究这一历史时期的学者们常常把这一时期的海上丝绸之路称为“丝瓷之路”。

尤其需要指出的是，元朝突出发达的中外交通为东西方之间的文化交流创造了极好的条件。高度发达的航海技术使中外贸易急速增长；许多中国人随元朝远征军移居海外，他们把中国的文化带到了遥远的异域；与此同时，大量海外东亚人、西域人入元为宦、经商、传教、游历，他们中许多人在中国落地生根，定居下来，带来了异域奇物和文明。元帝国区别于中国历朝历代的一个显著特征即它是一个世界性帝国，这一时期的东西方文化交流也带有这个时代的特点。中国印刷术的西传欧洲，对于日后欧洲文艺复兴和资产阶级启蒙等文化活动，具有极大的意义。

宋元时期的涉海群体中，值得我们特别注意的是民间海商。宋朝以后，中国海商势力有了很大发展，并且在贸易中发挥了主导作用。宋元时期的海商贸易以其民间性质为主要特征。就海商队伍成分的构成而言，人数最多的是沿海农户和渔户，宗族、官吏、军将在海商中也占一定比例，不时还有僧道人员被诱出净土加入海商队伍。

宋元政府鼓励外商来华贸易，保护他们在华的商业利益和财产权利，给予外商学习、出仕等机会，因而来华的外商人数众多，贸易规模巨大，据《诸蕃志》等书记载，与宋朝有贸易关系的海外国家有五六十个之多。

宋元时期海外贸易和海上交通运输的发展，是海神信仰产生并迅速传播的重要原因。妈祖信仰产生于宋朝，由莆仙和福建沿海的地方性民间神升格为全国性的航海保护神，被不断敕封神号，进而过海越洋，远播海外，成为闪耀着中华传统文化光辉的世界性海洋信仰现象，反映了宋元封建朝廷对发展航海贸易的关切和重视，也反映了宋代以来航海事业的发展和中国海商以及海外移民在世界上的活动范围、中国文化在世界上的传播与扩散状况。尤其是到了元代，由于舟师远征海外和大规模的海漕运粮，妈祖作为海神天妃屡被国家加封，妈祖信仰越发普遍，凡属于航海平安的祝愿，皆祈祷天妃庇佑，后来逐渐把祈风、祭海的仪式都奉祀于天妃一身。

宋元时代，海盗活动也进入了发展阶段：活动频繁，活动规模和范围扩大，并出现了不同于前代的新动向，不少海盗集团在进行海上抢劫与反抗官府的同时，也大量从事海上及国外经贸活动，或兼营海洋产业，从而使海盗社会也构成了海洋经济社会的一种力量。

宋元时期的海洋文学是中国海洋文学发展繁荣的一个高峰期，这是与其特定的社会历史背景分不开的。尤其是宋元海洋文学中对海洋贸易繁荣景象的展示，对充满开拓冒险精神的海商形象的塑造，对在大海中航行的情景的描绘，对广泛信仰的妈祖女神的盛赞，等等，充分显示了宋元海洋文学最为突出的写实性特征。其中最为直接的原因，是这一时期的海洋文学创作者大都直接接触、融入了与海洋有关的社会生活。①

2. 明清时期海洋文化的全面繁荣

1368年，朱元璋建立明朝，至崇祯十七年（1644年）清军入关，明亡，共277年。是年清朝称主，为清顺治元年（1644年），从此开始了清朝268年的历史。但如前所说，其中晚清阶段自1840年鸦片战争至1911年清亡而中华民国成立，共计70年，为中国的“近代”时期，中国海洋文化自身发展的历史轨迹遭受了西方的侵扰而衰微，出现了不同于传统的面貌。所以这里的“明清时期的海洋文化”，指的是自明朝建立至鸦

① 以上参见曲金良主编、赵成国本卷主编：《中国海洋文化史长编（宋元卷）》，中国海洋大学出版社2013年版。

片战争前大约470年亦即近半个千年的中国海洋文化历史。

明清时代，是中国历史上商品经济尤其是沿海地区发展最为繁盛的时代，也是海洋文化发展最为繁荣的时代。商品经济的发展繁盛，与海洋文化的发展繁荣，是互动互融、相辅相成的。

在明清长达近5个世纪的历史时期，明清政府既要通过海洋发展经济，增加税收，又要通过海洋建立泱泱大国俯视天下的华夷秩序和朝贡体系，海洋之重要程度，没有哪个政府、哪个帝王、哪个大臣、哪个精英甚至哪个稍知“世事”的百姓不懂。我们有那么绵延漫长、美丽富饶的海疆，那么多大则庞然大物、小则轻巧灵便的民船、战舰，那么多自古拥有、谁都知道可获鱼盐之利的渔场、盐田；我们有那么多海外贡臣，献来那么多奇珍异宝，丰富着人们的餐桌胃口，丰富着人们的欣赏把玩；我们可以通过世界性的大航海，创造世界性的奇迹，面对四海梯航称臣朝拜，有哪个帝王不感到做万国之主的荣光，有哪个臣子不感到做大国之民的荣耀？中国本土“万里河山”，泱泱九州，幅员辽阔，物产富饶，无所不有，市场广大，而海外四周都是一些贫弱落后的小国，且大多已是中国的属国藩邦，自然不需要到它们那里去开拓什么殖民地，去占领什么“世界市场”。然而，需要“贸易”，且迫切需要、一心要前来“贸易”实即到中国这个“世界最富的天堂”来“大揩油水”的，是那些对中国馋涎欲滴的贫瘠落后小国。它们纷纷前来，一而再、再而三地前来，不管以“平等交易”名义也好，以“朝贡贸易”名义也好，只知道赚钱，只知道把中国货拉走。遭到中国拒绝后就偷，就抢，就杀人掠货，就武力侵占地盘。于是，明清政府对其打击、抵御，固守海门，一座座海防设施、一座座卫所城池、一座座烽火炮台建成，一次次驱倭抗敌的战役打响，一个个民族英雄出现，一个个报国忠魂血流染海；然而，沿海的商人看见的是商机商利，看见的是把国货卖给倭寇、红毛可赚大钱，于是就引诱、勾结、接济倭寇、红毛上岸，甚至加入倭寇、红毛团伙，成为“曲线救国”的汉奸，壮大着倭寇、红毛的阵容，增加了政府打击、抵御的难度。因此，明清政府不得不“坚壁清野”，实行海禁政策，以使倭寇、红毛得不到接济，以便于把他们困死，把他们消灭。这样的决策与大力发展海军，造大船、大炮，造巡洋舰，把这些倭寇、红毛消灭在海上，甚至把海军开到日本、开到“佛朗机”，彻底端掉倭寇、红毛的“老窝”，是不同的选择。明清朝廷作出的这样的选择，断不是某个人的心血来潮，或一时之计，这符合中国文化的历史传统，包括海洋文化发展的历史逻辑。

当时的明清政府，一如汉、唐、宋、元，选择的都是“有限贸易”的贸易保护主义，并不主张无限度地让外国商人们把大量中国商品物资一船船低价运走——因为外商们没有多少货物运来“进口”。中外海商长期大量走私、偷渡，把中国“商品”运走，主要换回来的先是香料、苏木等用量有限因而动辄滞销的物品，而后便多为白银，白银之多，最终导致中国经济的“银本位”——“银子”虽多了，东西却少了，因而“银子”贬值，通货膨胀。晚清中英鸦片战争事实上就是这种远失平衡的“贸易”为起因的——英商无中国有用的商品拿来交换中国的货物，就利用印度等殖民地种植鸦片替代贬值的白银，从而导致大量鸦片长期地、大面积地“普及”中国，使中国广受鸦片之毒而濒临亡国灭种境地，中国不得不禁烟，而丧心病狂的英国，居然不惜为此而发动了丧心病狂的鸦片战争。这就是中国成为“世界工厂”，中国人几乎白白为“外商”打工的结局。

细观明清时期中国海洋文化的发展，可分为四个时期：明中期以前，明中后期，清初和中期，清后期即晚清时期。明中期以前，国家对外交通的需求增多，政府海洋力量强大，通过郑和下西洋和朝贡贸易体制，官方经营的海洋文化事业达至鼎盛状态。明中后期，随着倭寇、海盗对沿海地方的侵扰、对政府海洋力量的破坏力度、频率越来越大，还有走私贸易失控，外国（西方、日本）白银长期、大量流入，导致国家物质财富长期大量流出，世风靡衰，政府腐败，社会动荡，外患迭起，直至王朝不支而亡。清初，新王朝海防形势严峻，不得不采取海禁乃至迁界政策，沿海社会文化一度萎缩，但清王朝励精图治，管控海疆，收复台湾，然后既开海又设关，“康乾盛世”载誉中外。清后期，对于西方东来海上势力驱除、管控失力，养虎为患，至晚清“洋务”势力与西方势力内外勾结，裹挟朝廷，左右朝政，先是海疆残破，主权沦丧，终至革命四起，王朝倒闭。

明清时期的江南沿海地区，既是封建、资本工商业最发达的地带，也是全国最重要的农粮生产基地；闽粤沿海地区，也是全国商品性经济作物栽培和海外贸易最繁盛的区域。这些地区拥有足够供出口海外的茶叶、丝绸、瓷器、甘蔗等生产品和加工品，而且这些商品在海外市场具有高利润与强适应性。明中期以后，西方早期资本主义殖民势力东来，江南和东南沿海地区不仅成为中西政治、经济冲突的必经地带和主要交汇点，而且也成为西方宗教和外来文化渗透、传播的重心区域。清初以后，福建复因台湾岛的收复而有了新的开发空间，到清中叶，台湾已成为闽粤尤其是闽南移民的重要去向、东南地区的重要粮仓。东南沿海居民善于经营海上，从而促成了民间海洋社会文化全方位的向内、向外发展。

在海洋贸易管理上，从大时段来看：明代市舶司的主要职责从原来管理互市舶的机构变为管理贡舶的机构，而督饷馆的设置及其饷税征收办法的制定，则标志着我国历史上征收海外贸易税已从实物抽分制转向货币税饷制；清代的海洋贸易管理主要体现在以粤海关关税制度和十三行公行及保商制度为最重要内容的“广州制度”上。明清时代还是中国海洋渔政朝着全面、系统及法制化管理方向发展的时代。但无论明清，这些制度都是在其中晚期遭到腐蚀、破坏，最终走向“万劫不复”的。

明清时期沿海方向出现了前所未有的国防危机，即海防危机。为此，明清两朝在治理和巩固海疆方面均付出了巨大努力，形成了较为完整的海疆管理和防御体系，包括将海疆管理与区域卫、所军事管理相结合，军事管理、土官管理与州、县民政管理相结合，重点海口重点屯驻海防兵力等管理模式与建制体系。

海防思想是明清海洋思想的主要内容。明代强化了其守土防御的“防海”意识，使海防思想在战略取向上以防守为基点。但是，一味地防守而不进攻就是战略上的保守，而战略上的保守必败无疑——如同足球比赛，只知守门而不知进攻，对方的球门万无一失，而自己的球门却保不准有一天会被攻破。明代最有价值的海防思想是抗倭名将来自抗倭实践和教训而得出的一些海防主张。至清代前期，由于海防建设的需要，不少学者和军事家总结、继承了明代抗倭海防的经验教训，认真剖析了海岸、海岛以及海区的地理形势，讨论了海口、海港、海道的军事、经济利用价值，并初步探讨了海洋气候、海洋水文对海洋作战的影响，其研究内容已经涉及当代海防地理学的各个方面，为当时的海防军队的部署与调整提供了宝贵的理论依据。

郑和下西洋是明清航海事业最杰出的成就，是世界航海史上的旷世之举。为建构和落实以明朝为天下共主的国际秩序目标和理想，明永乐帝派遣郑和率领世界一流的远洋船队大规模七下西洋。可以说，郑和下西洋是中国造船和航海技术发展、沿海社会经济发展和国家政治价值取向的综合产物。

明清时期海港城市的发展有两点引人注意。一是区域特征十分突出。广州、澳门、福建诸港等东南沿海港市的城市功能，主要体现在港口通商贸易上，港市建设充满活力，城市面貌呈现出商业都会与文化交汇的特征；而北方天津、登州等港的港口城市功能，则以军事防御和运输为主，港市建设也多围绕海防需要进行。二是大批走私贸易港的崛起。走私贸易兴盛，使双屿、安平、月港、南澳等港汊被辟为海港，并一度发育成繁荣的国际贸易港，成为民间海洋社会经济生长的温床。

中国古代海洋学知识发展到明清时期更趋丰富和完备。在航海事业的推动下，地文导航系统逐步完善，从更路簿到针经再到海图，导航手册不断成熟，出现了如《郑和航海图》等各种类型；海洋气象学取得的成就主要集中在海洋占候和对海洋风暴的认识上，当时海洋占候已十分发达，形成了一个独立部门，对风暴的认识和预报，已成为古代海洋气象学的重要组成部分。海洋水文方面，人们已将对潮流、潮汐及其规律的认识熟练地应用于航海、海战、海岸工程等各种海洋领域，同时，各种实测潮汐表在不同海区全面迅速地发展了起来，而且已采用多种方法进行盐度测量，并将海水盐度动态规律应用在潮灌和纳潮中。明清人们对于我国海洋生物资源的特点和变化，也有了更全面的记述与评价，人工海水养殖业发展迅速，在养殖规模、养殖技术和产品的商品化程度上，均取得了空前的发展。

明清时期的中外海路文化交流按空间分布可分为两大部分，一方面是以传教士和西方商人为媒介的中西海路文化交流，另一方面是以中国海外移民为中介的海路文化交流。第一部分又包括西方文化的输入与中国文化对欧洲国家的传播和影响两类内容：随着东西方海上交通的发展，欧洲耶稣会士远涉重洋而来，将一股异质文化导入中国文化系统，从而揭开了近代中西文化交融与冲突的序幕，具体内容涉及科学技术、艺术、音乐以及哲学与宗教思想等方面；与此同时，中国的儒家哲学思想、古典经籍、语言文字、医学、工艺美术、绘画和建筑艺术等传统文化，又通过来华海商和耶稣会士的吸收和翻译、介绍、携带，在欧洲各国广为传播，对西方世界和西方文化产生了深远的影响。第二部分也包括两类内容：一类是海外移民对中国文化的传播，通过农业手工业移民，农作物种植及加工技术、手工制造技艺、航海与造船技术、建筑技术等生产技术的海外流播成为沿海地区与海外移居地社会经济交流的重要内容；另一类是海外移民与本土沿海社会文化的变迁，在海外生根、经过中外文化调适而成的海外华侨社会文化，随着海外移民的回归或往返联系，注入中国本土沿海社会，使沿海社会文化在思想、语言、文学、民俗等领域都不同程度地受到了海外影响，发生了传统回归意识深化和向外开拓意识强化两个方向的变化。

海洋社会是海洋文化的创造和传承主体。渔民是最传统的海洋社会群体之一，到明清时期，其开发海洋的角色已从单纯的捕捞朝着多元化方向发展，除作为渔民外，还分别充当着商人、海盗、海外移民和水师等角色；在海洋贸易的带动下，明清海商发展，并出现了海上商帮、商会、商人家族集团、兼武兼商的海上集团、兼盗兼商的海上集团以及特权官商、买办牙行等新群体；在这其中，明清两代是中国海盗活动经历鼎盛和衰落的阶段，众多海盗海商集团的涌现，掀起了亦商亦盗活动的高潮；作为海洋特殊群体的“蛋民”，在明清沿海多元经济发展的过程中，开始与海洋其他社会群体融合，角色也呈现出多元化特征；海外移民与华侨社会是伴随着海洋社会经济发展而出现的一种特殊社会群体，它对于中国沿海社会的变迁以及近现代海外华人社会的发展具有深远的意义和影响。

明清时期的海洋社会信仰益发丰富多彩，海神族类众多，陆岸与海岛、海上的祭祀活动丰富而庞杂，已形成了由海洋水体本位神与水族神，海上航行的保护神与海洋渔业、商业的行业神，镇海神与引航神 3 个系统构成的海洋神灵结构体系，它是古代海客舟子在心中构筑生命安全与获取海洋经济利益的保障系统，它增强了海洋社会内部的凝聚力，强化了海上活动的群体精神，使人们在追逐海洋经济利益时能够鼓足信心与勇气，从而直接地维系了海洋社会海内外网络的形成及其凝聚力和向心力的发展，间接地促进了海洋经济的发展与繁荣。

明清时期海洋文学艺术的突出成就主要体现在海洋诗歌、小说与杂记中，其中沿海方志中记载、收录了丰富的涉海诗、通俗海洋小说故事以及涉海杂记等，构成了这一时期海洋文学艺术的主体内容。此外，海洋生物志、海洋山水画、海洋歌、谚语、成语及故事等均从不同视角丰富了这一时期的海洋文化。[①]

明清时代的中国海洋文化得到了全面的丰富和繁荣，并全面地影响了世界，同时也为今天的中国海洋发展，留下了令人自豪的宝贵的灿烂遗产，其中也不乏深刻的教训。

（五）近代海洋文化的危机和转型

1840 年的鸦片战争及其结局和产生的后果，标志着中国具有悠久历

① 以上参见曲金良主编、马树华本卷主编：《中国海洋文化史长编（明清卷）》，中国海洋大学出版社 2013 年版。

史的传统海洋文化开始了伴随着耻辱与阵痛、孕育着新机与新生的走向近现代性质的海洋文化转型。转型的主要的标志，是经历了西方列强接踵而来的大规模海上入侵与中国的投降派、洋务派的退却、战败和“议和”即割地、让利、赔款，以沿海地区为突破口和集散地，以通商口岸殖民地化和港口城市的崛起为起点，以洋务派及其影响下的西化主张为潮流，以近海与远洋海运贸易的国际化为媒介，以国人文化理念的批判现实、批判传统、学习西方、崇尚西化为时尚，西方文明从思想文化、制度文化乃至思维方式、价值观念和生活方式各个层面在中国产生全面影响和渗透，中国自此在近现代意义上进入了以西方为主导的世界性国际化发展轨道。

就在那个中国人永远都不能忘记的1840年前后，自视为天下第一的中华泱泱大国，竟受到一个个来自遥远的小小的西方“蛮夷”的欺辱和入侵。一个拥有4亿多人口和1000多万平方公里土地、辽阔海疆海域的文明古国，却在只有一二十条船总共几千人的英国人的进攻面前败下阵来。英军占香港、攻广州、夺舟山、下镇江，直逼北京门户，控制长江中下游地区，长驱直入，如入无人之境。1858年，英国与法国军队联手再度发动侵略，直入北京；1860年，火烧圆明园，并把清朝皇帝赶出了京城。

随后，俄国、日本、德国、美国等十几个资本主义国家相继用不同的方式侵略中国，其间大规模的侵略战争在近代共有5次。于是，在外国侵略者的胁迫下，在投降派和洋务派主导下，一系列丧权辱国的不平等条约连连产生。于是，中国周边几乎所有的属国地区都一个个“脱离”了中国，一个个变成了西方或日本的殖民地。于是，大片大片领土被割让；成百上千亿两白银作了“赔款”，广州、厦门、福州、上海、宁波、镇江、南京、九江、汉口等沿海口岸被迫向各国“开放”；外国人被允许在拥有各自的租界地、驻军和享有治外法权；外国人被“规定”为“必须”总理中国的海关税务。外国人成了中国人的“太上皇”，他们大肆掠夺中国的资源和财富，胡作非为，镇压中国人民的反抗，中国一度进入了民族灾难深重的黑暗时期。

随着帝国主义的侵略，西方工业、商业、财政、技术、宗教、思想和文化的进入，对几千年来形成的中国社会的政治制度、经济方式、传统文化乃至社会生活造成了全面的冲击。

造成这种局面，是中国作为泱泱大国的奇耻大辱。但问题的严重性恰恰在于，当时的洋务派却认为理所应当，势所使然。他们认为不但洋人不好惹，不应惹，而且应该拜洋人为师，美其名曰“师夷以制夷”。洋务派以其大办工业、发展经济、加强国防的“主张”的“务实”性，在与“务虚”的国粹派的竞争中占了上风，并开始裹挟、把持朝政。于是他们依靠洋人，学习洋人，大办洋务，热火朝天。于是，专办洋务的总理各国事务衙门设立起来了；中国最早的外语学校京师同文馆、上海同文馆以及广州同文馆创办了；各种兵器及机器制造厂，如安庆军械所、上海江南制造局、南京金陵制造局、福州马尾船政局、天津机器局等都相继开办了；还聘请了西方国家的军事顾问和教官，购买德国的舰船，建立了完全采用西方技术和按西方海上作战方式操作的大规模的北洋舰队、福建水师。清廷以为，这帮洋务派大臣们有本事，只要拥有了一支船坚炮利的海军，就可以与西方列强抗衡，达到“以夷制夷”的目的了。然而，在1884年的中法马尾海战和1894年的中日甲午海战中，法、日军队一举消灭了洋务派们苦心经营了多年的福建水师和北洋舰队，割占了包括台湾和辽东半岛在内的大片领土。洋务派使清朝廷的“富国强兵”之梦由此破灭。洋务派亦即投降派主导中国政治和话语权，将一个泱泱大国拖入半殖民地半封建社会苦难的深渊。尽管历史不能假设，但事实清楚明白，如果不是中国出了投降派，鸦片战争的最后失败者就不会是中国（一次几次战斗甚至几场战役谁胜谁败是兵家常识）；如果不是洋务派暨投降派对法、日“交涉”“和谈”，马尾海战、甲午海战的最后失败既割地又赔款者，也不会是中国（且不说当时的北洋水师是亚洲最强大的海军，是洋务派“苦心经营”、大肆倾销西方军火的“辉煌成就”）；如果不是其后一直是洋务派操纵时局，中国就不会动辄就败、不战自败、有求必应地割地赔款、挥笔签署卖国条约，导致中华民族长达百年被“三座大山”压在头上。

自那以后，不管如何学习西方，不管如何大办洋务，中国人自古以来的传统自豪感、荣誉感、自信心一直受挫，中国的国家形象、民族形象普遍受损。自那以后，不断的外侮、不断地使“中华民族到了最危险的时候”，因而不断地爆发起义、革命，不断地浴血奋战，民族的独立、国家的富强成为中国的“时代主题”；而引领、主导社会的话语权的一些人，总是把中国摆在世界排行的后边，总是强调中国必须向西方学习，总是自视不如人，因而中国的近代时期，就一直再也没有真正敢于在世界上宣称自己曾经强大过、自己还可以复兴强大起来。

近代之后，由于西方科学技术和其他社会事物的逐步传入，在通商口岸、沿海地区，社会风气也开始发生了变化，“西学”在士大夫的心目中，已不再是“夷狄”之物，声光化电开始用于军事和军事工业，也用于民用工业和城市社会生活，从而在城市生活的衣、食、住、行等方面，传统的风俗习惯也随之发生了较大的变化。

第二次鸦片战争后，通商口岸对外开放，外国公使驻京，洋务运动大兴，中外交往越来越成为一种经常性的事务。清廷被迫于1861年正式批准成立总理各国事务衙门，简称“总理衙门”。初任总理事务大臣奕䜣、文祥等人在主持对外事务中感觉到中国对西方的观念、制度、“法理”了解不多，需要“以洋为法”，遂于1864年支持和赞助美国传教士丁韪良将美国法学家惠顿（Henry Wheaton，或译作惠敦）所著 *Elements of International Law* 译为《万国公法》，刻印出版，以作“遵循”。书中对西方包括公海与领海、海上贸易、海上战争以及战时中立及物资禁运等内容的“国际间交往”的“基本原则”“基本规则”等都有详细介绍，于是，在洋务派即投降派的裹挟下，晚清中国“国际法观念不断增强”，很快把自己的传统法系丢在一边，“跟国际接轨”了。

海关是依据国家法令对进出国境的物品和运输工具进行监督检查、征收关税并查禁走私的国家行政管理机关。它是国家主权的象征。19世纪50年代末以后，晚清海关被迫雇佣外员管理运营，一定程度上成了帝国主义国家侵略和掠夺中国的工具，也在一定程度上限制了外国奸商肆无忌惮的违法行为，客观上对保障中外贸易中的中国税收以“偿还”清政府的对外“赔款”起了“积极作用”。

鸦片战争之后，中国被迫开放了一批通商口岸。这些通商城市在中外贸易的带动下，伴随着商业的发展，刺激了城市的繁荣，同时也成为西方物质文化和精神文化引进与传播的桥头堡、近代社会文化因素滋生和成长的温床。中国涉海的社会生活和文化生活由传统向近代的转变，首先就是从这些通商口岸城市开始的。

近代东南沿海五城市——上海、宁波、福州、厦门、广州的经济变迁起于开埠后的国内外贸易的畸形发展。五口通商使东南沿海地区的商品市场最先受到了列强们“自由贸易”思想和制度的刺激与驱动。五城市的外贸各有特色和行进轨迹。上海脱颖而出，成为东南沿海乃至全国外贸的“龙头”，具有很大的制导作用。不仅如此，在外贸的推动作用下，商品流动和市场关系也同时向内地城乡开始了渗透。

香港被“割让”后的“崛起”，是19世纪中叶英国殖民后中国沿海边地上出现的一个“奇迹”。香港作为国际性港口城市的发展，大致上可以分为前后两个时期。从1841年至1860年为第一个时期。由于英国政府一开始即宣布香港为自由港，以及不遗余力地鼓励鸦片走私和苦力贸易，本时期的香港成了世界上最大的鸦片走私中心和贩运苦力的贸易中心，轮运业、金融业及一般贸易开始发展。第二个时期从 1861 年至 1900 年。在此期间，先前初步兴起的航运、银行各业得到发展，港口及其他基础设施获得发展。到 19 世纪末，香港已经成为中国沿海、内陆水路贸易的终端和国际航运的主要联结点，成为世界贸易的主要港口之一。香港作为中转贸易港的地位在此 40 年中完全确立下来，与此同时，香港的临港工业和城市商业也随之逐渐走向了繁荣。

1897 年德国对胶奥的租占和对青岛的经营，是德国人的远东“香港”之梦。德国曾宣布在青岛实行比英国人在香港还要开放、更为“自由”的“自由港”政策，因而很快使青岛呈现出大型港口城市的雏形。第一次世界大战末期，德国在青岛的经营被日本所替代，尽管日本人在德国人规划的基础上也一再规划了青岛的“大都市计划”，但由于日本经营海外殖民地的模式与德国模式不同，也由于后来的世界局势和中国国内局势的变化，青岛的“发展”还是被放慢了速度，即使如此，当 1922 年中国政府收回青岛时，就已把青岛确定为直辖于中央的商埠城市了。南方的香港，北方的青岛，可以视为外国列强在中国建立的一个殖民地和一个租借地的代表性“奇迹”。

从 19 世纪 40 年代到 20 世纪初年，中国沿海被迫对外开放的港口有 29 个。港口成了人们了解、接触和“欢迎”西方的窗口。就连原本同样不起眼的烟台、牛庄等沿海港口小城，也吸引了西方许多个国家领事馆的纷纷进驻。这些大大小小的中国沿海港口，一时间变得洋船济济，洋人接踵。如此的港口开放，显示了中国海权的丧失，而国外的生产技术和科学文化通过海路和这些港口的引进和输入，又推动了沿海港口与城市的近代化转型。

正是从近代起，中国的传统文化包括传统海洋文化，从思想观念到制度器物，开始渐失价值，甚至在一些人那里变得一钱不值、一无是处。奇耻大辱下的国人，上至朝廷下到平民，大多被洋务派及其追随者导入认识误区，深感自不如人。尽管无论如何也不甘心于自己国家的失败和自己文化的失败，但面对西方的科技、工业、经济、军事等这些硬碰硬的东西，似乎深深地悟出了“落后就要挨打”的道理，似乎不得不开始“洋务派”起来，于是，中国传统文化包括作为这种传统文化的构成部分的海洋文化，在西方的海洋文化强势霸权下，“不得不”开始了否定自我、丧失传统，学习西方、追赶西方，以西方为标准衡量世界、评价一切的历程。

当然，中外文化的影响不是单向的。近代以降，在西风欧雨影响下西方文明从中国沿海港口逐渐扩散到了内地的同时，以对外贸易、走私偷渡、对外劳工输出渠道走向海外的华侨为主要文化载体，中国文化包括传统海洋文化在海外的传播也十分广泛和深入。尤其是在民间的海洋信仰方面，它作为海洋社会乃至沿海社会民俗文化的重要组成部分，渗透着中国人传统的根深蒂固的观念和价值认同，尤其在非知识分子的普通民间，不但在国内依然得到广泛传承，而且随着海外华人移民社会的形成和扩大，也广泛地“走向世界”，在海外世界得到了广泛传播和传承。尤其是妈祖信仰，以海运商帮为媒介，以天后宫庙为载体，以近代沿海兴起的更多的大大小小的港口为链条，更为普遍地传播到了沿海地区的南南北北，并且随着近代海外移民的大潮，更为普遍地传播到了世界各地。①

1911 年中华民国成立，清政府被推翻，但辛亥革命的不彻底性、不可能彻底性致使其后复辟闹剧、军阀混战、南北政府、官僚资本主义当权等相继出现，中国劳苦大众依然处在战乱和贫困的苦难之中。“十月革命一声炮响，给我们送来了马克思主义。”五四运动揭开了中国新民主主义革命的开端。中国共产党于 1921 年成立，自此从小到大、由弱到强，领导中国人民进行了长达 28 年艰苦卓绝的斗争，终于迎来了 1949 年新中国的诞生，“一唱雄鸡天下白”，“中国人民从此站起来了”。

（六）新中国海洋文化的发展与面临的挑战

新中国诞生之后，国家一穷二白，十分需要对外开放，但一直处在国际帝国主义阵营的包围、孤立、制裁和意图扼杀之中，没有条件开放。我们从毛泽东在新中国成立前后的一系列讲话、谈话、著作中，都能够看到他时时处处要对外开放，努力创造条件多领域对外开放的思想与实践。他主张资本主义国家“发展的经验，还是值得我们研究的”②，既反对盲目排外，又反对盲目照搬，说“排外主义的方针是错误的”，“盲目照搬的方针也是错误的”。要“尽量吸收外国的进步文化，以为发展中国文化的借

① 以上参见曲金良主编、闵锐武本卷主编：《中国海洋文化史长编（近代卷）》，中国海洋大学出版社 2013 年版。

② 《毛泽东著作选读》下册，人民出版社 1986 年版，第 730 页。

鉴”，明确指出，“生意是要做的，我们只反对妨碍我们做生意的内外反动派”，目的在于“同世界各国人民实行友好合作，恢复和发展国际间的通商事业，以利于发展生产和繁荣经济”。[①]1954年9月毛泽东会见以艾德礼为团长的英国工党代表团时，提出了“一要和平，二要通商”[②]。当时的国际环境下能够开放的主要对象只能是社会主义阵营国家和资本主义国家的友好人士，但新中国提出建立“海上铁路”以连通世界；毛泽东创建了“三个世界”划分的理论，并影响了全世界、指导了第三世界的人民革命、民族解放和对中国的友好，成功恢复了我国在联合国的常任理事国地位；积极进行“乒乓外交”，努力促成与美国、日本建交，以结束世界两大阵营的冷战局面，赢得了我国具有世界重要影响力的世界大国地位。

毛泽东以伟大政治家、战略家的视野和气魄，高度重视海洋对国家的重要性，娴熟经略海洋之道，指点中国的海洋战略：提出必须彻底改变近代中国“有海无防”的历史，建立“海上长城”，指示“为了反对帝国主义的侵略，我们一定要建立强大的海军”，以维护国家主权完整和海洋权益不受侵犯；提出“一定要解放台湾”，以实现中国的完全统一和海上安全；中国政府确立12海里领海制，坚定维护国家主权；取得西沙之战胜利，保证中国“海洋国土”主权和国家尊严；提出必须建立“海上铁路”，包括开辟通往南美洲的远洋航线，以连通世界，与各国人民共享丰硕的海洋资源。新中国要在海洋上创建辉煌，改变中华民族近代以来“望洋兴叹”的历史。[③]

1978年后，我国采取了进一步扩大对外开放的政策，实行社会主义市场经济体制，对外开放、对外贸易开始兴盛，沿海地区、沿海港口开始大规模发展。之后沿海各地纷纷提出发展海洋，建设“海洋大省”“海洋大市”，海洋经济大潮大规模涌起，对全国经济发展的拉动也越来越大。

与此同时，随着国际海洋竞争的加剧和国际“游戏规则”对我国影响的日渐突出，我国的国家海洋权益问题日趋严重；随着内陆地区城镇化、工业化的大规模快速地推进，我国的海洋环境问题日渐严重；随着海洋环境问题日渐严重，我国的“三渔”问题也日渐突出；等等。人们不禁要问：现代世界的全球竞争模式、海洋竞争模式是西方导演的，世界海洋如此竞争下去、我国海洋如此发展下去，可以吗？这样的发展模式对吗？这

---

① 《毛泽东选集》第4卷，人民出版社1972年版，第1466页。
② 《毛泽东选集》第4卷，人民出版社1972年版，第1435页。
③ 参见陆儒德：《江海客：毛泽东》，海洋出版社2009年版。

样的发展道路走得通吗？人们迫切需要得到回答。时代呼唤着新的海洋可持续发展意识和观念的确立、可持续海洋发展模式和道路的抉择、可持续海洋和谐社会和海洋和平国际秩序的建构。说到底，这是确立、选择、建构一个什么样的海洋文化发展模式的问题。显然，我们在西方的海洋文化模式中看不到出路，看不到希望，这已经被西方近代以来主导世界所造成世界创伤的历史所证明，西方海洋文化不能、不应长期主导世界海洋发展并影响我国的海洋发展。占世界人口总量 1/5 的中国作为一个海洋大国，今后的海洋发展道路如何走，应该认同的海洋文化模式应该是什么，只有在中国文化本体中找到答案，只有在中国海洋文化的传统和创新中找到答案。这不仅关乎中国的海洋发展、中国的未来，而且关乎世界的海洋发展、世界的未来。中国作为世界上的海洋大国，应该有影响世界、进而引领世界海洋发展模式与走向的能力和责任。

五、当代海洋竞争发展模式的不可持续性

（一）20世纪80年代以来"向海洋进军"的"蓝色浪潮"

20世纪70年代末，中国提出沿海对外开放政策，首先确定14个沿海城市的"进一步对外开放"，进而全面铺开。进入80年代，中国实施"一个中心、两个基本点"，即以经济建设为中心、坚持"四项基本原则"和坚持对外开放基本国策。于是，全国沿海地区，大多在省市层面上，相继都提出了快速发展海洋经济的"海上"战略规划，全面掀起了"向海洋进军"的"蓝色浪潮"。今天来看，这实际上是"第一次浪潮"。这次"浪潮"过后，至21世纪初，沿海各省市又掀起了"第二次浪潮"。

这里仅以辽宁省、山东省和江苏省"向海洋进军"的"蓝色浪潮"为例作一回顾，可见一斑。

1. "海上辽宁"与"辽宁沿海经济带"

1986年，辽宁省委、省政府提出了建设"海上辽宁"的战略设想，旨在通过充分利用本省海洋资源优势，培育海洋支柱产业，开辟新的经济增长领域，逐步建立与辽宁陆域经济体系相适应的技术先进、结构合理的开放型海洋经济体系。为此，辽宁省委、省政府先后组织大批科技人员对省8个海岛乡、51个海岛村、260个海岛及近岸海域进行了多学科的海岛资源综合调查，获得了数百万个基础数据和一批高水平的科研成果；设立了全省海洋综合管理机构，制定并下发了《"海上辽宁"建设规划》；组织开展了《全省海洋功能区划》和《全省海洋开发规划》的编制工作。"海上辽宁"的规划是，以大连为龙头，丹东和营口为两翼，以沿海区港

口为补充的港口群，在“海上辽宁”建设的整体推进中，全省海洋产业得到长足的发展，海洋经济步入高速发展期。主要港口建设：建设大连大窑湾三期工程、北良散粮泊位、长兴岛港区开发临港经济产业集群，包括石化产业、现代装备制造业、船舶制造业、精品钢材工业。其中，“海上大连”相关规划是：“加快建设国际航运中心”，成为大连发展的重要任务。为此加大对港口基础设施建设的投入力度，基本形成了以“一岛三湾”港口群为核心、以长兴岛港和庄河港为两翼、以沿海区县港口为补充的港口群，使大连港成为我国沿海重要的主枢纽港和集装箱干线、中转港及邮轮港，成为辽东半岛沿海经济区。“海上丹东”相关规划是：丹东的港口建设将以“建设现代化大型国际区域性商港”为目标。主要港口建设包括丹东集装箱码头。临港产业集群：出口加工业、现代物流业、钢铁业、石化工业、高新技术产业。积极开辟国际、国内航线，完善集疏运体系，全面提升港口功能，同时搞好岸线资源开发利用，积极推进大鹿岛、大孤岛辅助性港口建设，完善港口布局。这是辽宁省的第一次“蓝色浪潮”。

2003年，中共中央、国务院下发《关于实施东北地区等老工业基地振兴战略的若干意见》，拉开了东北振兴的序幕。2005年年初，辽宁省提出“辽西沿海地区”的概念，进而提出建设营口沿海工业基地、开发大连长兴岛和辽西锦州湾的环渤海湾“三点一线”的区域发展战略。2005年年底，辽宁省政府提出打造“五点一线”的构想，当时“五点一线”中的“五点”指的是锦州湾沿海经济区、营口沿海产业基地、大连长兴岛临港工业区、大连花园口经济区和丹东产业园区；“一线”是指西起葫芦岛绥中县，东至丹东港市。2006年，辽宁省政府将“五线”扩展到省内所有沿海城市。2008年，辽宁省委要求以“五点一线”沿海经济带建设为重点，加大“海上辽宁”建设推进力度，强化海洋经济发展规划的实施，大力发展海洋新兴产业和高新技术产业，加强海洋资源综合开发和管理，强化近海污染治理，促进区域协调互动发展，增强海洋经济可持续发展能力。这为2009年出台《辽宁沿海经济带发展规划》并上升为国家战略创造了条件。2009年，国务院通过了《辽宁沿海经济带发展规划》。至此，辽宁沿海作为整体开发区域被纳入国家战略。就这样，辽宁又一度进入了建设“辽宁沿海经济带”的时代。这是第二次“蓝色浪潮”。

根据《辽宁沿海经济带发展规划》，“辽宁沿海经济带”发展的要求是：一要发挥东北地区出海通道和对外开放门户的作用，全面参与东北亚及其他国际区域经济合作，提升东北地区对外开放水平。二要整合沿海港口资源，全面提高航运、物流等服务能力和水平。三要推进产业结构优化升级，淘汰落后产能，形成以先进制造业为主的现代产业体系。四要统筹城乡发展，大力发展现代业，繁荣农村经济。五要统筹规划和完善交通、能源、水利和信息基础设施建设，加强资源节约、环境保护和生态建设，增强区域支撑能力和可持续发展能力。六要加快发展社会事业，解决好关系群众切身利益的现实问题。七要深化重点领域改革，创新体制机制。

辽宁沿海经济带包括大连、丹东、锦州、营口、盘锦和葫芦岛6个沿海城市及下辖的全部行政区域，其各项内容如地域面积、海岸线等指标均超出了最初“五点一线”的范围。组成城市有：副省级城市与计划单列市大连市；地级市营口市、锦州市、丹东市、盘锦市、葫芦岛市；县级行政区（不含市辖区），隶属大连市：庄河市、瓦房店区、普兰店市、长海县；隶属营口市：大石桥市、盖州市；隶属锦州市：凌海市、北镇市、黑山县、义县；隶属丹东市：东港市、凤城市、宽甸满族自治县；隶属盘锦市：盘山县、大洼区；隶属葫芦岛市：兴城市、绥中县、建昌县。2008年辽宁省新增了17个政策支持区，进一步扩大了沿海经济带重点支持发展的区域范围。2010年，辽宁省通过《辽宁沿海经济带发展促进条例》，明确提出，辽宁沿海经济带的区域定位是立足辽宁，依托环渤海，服务东北，面向东北亚，健全与省内其他区域和东北腹地以及国内其他地区的互动合作机制，积极开展与东北亚及其他国家和地区的经济合作与交流，将沿海经济带建设成为东北地区对外开放的重要平台、东北亚重要的国际航运中心、具有国际竞争力的临港产业带、生态环境优美和人民生活富足的宜居区，形成我国沿海地区新的经济增长极。

2. “海上山东”与“山东半岛蓝色经济区”

1991年，在山东省委、省政府召开的海洋工作会议上，作出了“开发保护海洋，建设海上山东”的决定，提出“在建设一个陆上山东的同时，建设一个海上山东”的战略任务，与黄河三角洲开发一起作为振兴山东经济的两大跨世纪工程，正式拉开大规模开发海洋资源的序幕。这是“海上山东”概念与战略首次提出。当时提出的“海上山东”建设的战略任务，是以海洋渔业开发为突破口，开发海岛、浅海、滩涂，大力发展海洋经济。

1998年，山东省委、省政府召开“海上山东”建设工作会议，成立了“海上山东”建设领导小组，制定了《“海上山东”建设规划》，明确提出了海洋农牧化、临海工业、海上大通道、滨海旅游四大建设工程。根据全省海洋经济发展总体战略要求，沿黄海地区青岛的海洋科技产业城、威海“海洋经济现代化”、烟台“以海兴市”、日照“亚欧大陆桥头堡”等综合开发工程相继实施。这是山东省的第一次“蓝色浪潮”。

从20世纪90年代初期提出的建设“海上山东”和黄河三角洲开发两大跨世纪工程，到进入21世纪后相继提出发挥青岛龙头作用，建设胶东半岛制造业基地、山东半岛城市群、黄河三角洲高效生态经济区，山东省海洋经济战略逐步形成了区域发展格局。在这些战略构思中，始终没有一个以统筹海洋与陆地资源、产业与区域经济，以整合陆地与海洋两大发展空间，以海洋生态文明和可持续发展为本质的海陆统筹，经济、社会、文化、生态协调全面发展的战略。2009年，中央提出打造“山东半岛蓝色经济区”，进而国务院批复了“山东半岛蓝色经济区发展规划”，山东省印发了《关于打造山东半岛蓝色经济区的指导意见》，对打造山东半岛蓝色经济区的总要求和基本思路、发展重点、海洋优势产业、支持系统等方面做出相关要求，确定了建设总目标。2010年，国务院批准把山东省定为全国海洋经济发展试点地区。自此刻起，打造山东半岛蓝色经济区就成为我国海洋强国战略的试点之一。这是山东省的第二次“蓝色浪潮”。

山东半岛蓝色经济区，核心范围包含山东整体海域15.95平方公里，青岛、威海、烟台、日照、潍坊、东营6市及滨州无棣、沾化两沿海县，其他地区作为规划联动区域。沿海岸线的37个县市区，陆域面积可达6.4万平方公里，占据整个山东省总面积的40.8%，人口3315.4万，占据整个山东省的34.6%。海岸线长度可达3345公里，大约占据我国的总海岸线1/6，港口资源丰饶，拥有50多处可建万吨级以上港址的选择点。在空间布局上，山东省提出了加强海洋产业布局，规划了“一核、两极、三带、三组团”的主要开发架构。

3. “海上苏东”与“江苏沿海经济区”

20世纪90年代，江苏提出建设“海上苏东”。“海上苏东”，指江苏东部沿海地区，包括连云港、盐城、南通三个地市。之后，江苏又提出并规划了“四沿”（沿江、沿沪宁线、沿东陇海线、沿海）发展布局，突破传统投入模式，向外资、民资以及工商资本全面敞开。例如赣榆县，大力吸引海内外投资者以合作、股份、合资、独资等多种方式投资海水养殖、育苗、海洋化工、水产品加工领域，包括拍卖国有企业，与外来客商合资组建股份制私营企业等。这是江苏省的第一次“蓝色浪潮”。

2007年4月，江苏省委、省政府召开沿海开发工作会议，再次提出沿海开发，全面启动新一轮沿海开发。进一步确立了促进江苏东部经济带崛起的战略。与第一轮实施沿海开发不同的是，这次沿海地区发展的最大亮点是“升格”，将江苏一省的发展规划上升为国家战略、国家规划。2008年，国家发改委会同19个部委联合赴江苏沿海地区调研，与江苏省政府共同完成了《江苏沿海地区发展规划》的编制。2009年，国务院通过了《江苏沿海地区发展规划》，确定建设作为国家战略规划区的“江苏沿海经济带”。这是江苏沿海开发正式上升为“国家战略”的标志，是江苏省的第二次“蓝色浪潮”。

4. 沿海其他省市的海洋经济开发“国家战略规划区”

以上三例是较早的，随后全国几乎所有沿海省市都规划打造出了“国家战略规划区”，或前或后，从北到南有：天津滨海新区；青岛西海岸新区；上海浦东新区；浙江海洋经济发展示范区；浙江舟山群岛新区；福建海峡西岸经济区；福建横琴岛新区；港珠澳新区；海南国际旅游岛；广西北部湾经济区；等等。各地大都把规划做得气势恢宏，声势造得热火朝天，招商引资四处开花，大小项目四处落地，工程开发四处剪彩，GDP捷报四处频传。

其中，浙江同时获批两个国家战略规划区，是一个“前无古人”的先例：2011年2月，国务院正式批复《浙江海洋经济发展示范区规划》；6月，国务院又批复设立浙江舟山群岛新区，舟山成为继上海浦东新区、天津滨海新区和重庆两江新区后的又一个国家级新区。在此之前，浙江“看全国”，国家支持东部地区率先发展，已经将辽宁沿海经济带、山东半岛蓝色经济区、江苏沿海地区、海峡西岸经济区、广西北部湾经济区等上升为国家战略，唯独缺少浙江，因此提出“浙江必须抢抓机遇，在全国沿海发展战略格局中找定位，找到着力点”，要“建设浙江海洋经济发展示范区”。[①] 根据《浙江海洋经济发展示范区规划》，“浙江海洋经济发展示范区”的空间布局是“一核两翼三圈九区多岛”，将杭州、宁波、温州、嘉兴、绍兴、舟山、台州7市47个县（市、区）纳入海洋经济版图，产业群、城市群、港口群联动发展：“一核”，即宁波—舟山港海域、海岛及其依托城市；“两翼”，即以环杭州湾产业带及其近岸海域为北翼，以温台沿海产

① 《再造“海上浙江”不是梦》，《福建日报》2011年9月17日。

业带及其近带海域为南翼，分别对接上海和海峡西岸经济区；"三圈"，即杭州、宁波、温州三大沿海都市圈，发展海洋高技术产业和现代服务业，推进海洋开发由浅海向深海、由低端向高端发展，通过都市服务功能，提升对周边地区的辐射带动能力；"九区"，即重点建设杭州大江东、杭州城西科技创新、宁波杭州湾、宁波梅山物流、舟山海洋、温州瓯江口、台州湾循环经济、嘉兴现代服务业、绍兴滨海九大产业集聚区；"多岛"，即重点推进一系列重要海岛的开发利用与保护。

国务院批复同意设立浙江舟山群岛新区，功能定位是，浙江海洋经济发展的先导区、海洋综合开发试验区和长江三角洲地区经济发展的重要增长极。舟山群岛建设的目标是"三基地一城市"，即大宗商品国际物流基地、现代海洋产业基地、海洋科教基地、群岛型花园城市。为此，舟山市对岛屿情况做过重新调查梳理，对266个具备开发功能和保护价值的岛屿进行了目标定位，确定了物流岛、旅游岛、能源岛、科教岛、生态岛等"新的身份"。

沿海地区在"海洋世纪""海洋时代"的形势下还会不断发展，新的机遇、新的挑战还会不断出现，各地还会因新的局势、新的机遇、新的挑战、国家出台的新的战略而催生出或大或小不同的新的想法、新的提法，新的构架，新的方案、新的战略，"向海洋进军"的第三次、第四次乃至更多次"蓝色浪潮"，还会不断涌起，新的类似"一二三四五六"的现代"区域规划"的新版、升级版还会不断出现，各地又会在这样新的版本的"规划"中不断奔跑，不断迎来新的捷报，不断把新的"浪潮"推向新的高潮。

（二）21世纪以来的海洋资源开发

中国的海洋跨越温带、亚热带、热带3种气候带，各海域差异显著的自然条件孕育了丰富的海洋资源，按照学界公认的现代划分方式可分为5种，即海洋生物资源，包括海洋植物、海洋动物和海洋微生物；海洋矿产资源，包括海底石油、天然气、煤炭、滨海砂矿、多金属结核、可燃冰等；海洋化学资源，包括海水、海水化学元素、地下卤水；海洋空间资源，包括海岸带、海岛、海洋水体空间、海底空间和海洋旅游资源；海洋能源，包括海流能、潮汐能、海风能、波浪能、温差能、盐差能等。

1. 海洋生物资源开发

在海洋生物资源方面，作为开发最早、利用水平最高的海洋资源，中国近海海域生物资源的种类与数量十分丰富。21 世纪初已记录藻类植物有 790 种、鱼类 3032 种、虾蟹类 1280 种、贝螺类 1923 种，很多为中国特有，已发现有经济价值的海洋物种 200 余种，[①] 且在环中国海众多渔场中蕴藏规模较大，据估算，海洋头足类和鱼类资源占全球数量 14% 左右，海洋昆虫类和蔓足类占全球 20% 左右，红树林资源占全球 43% 左右。但是，可捕捞的海洋渔业资源却不到全球总量的 2%，[②] 甚至近年还在下降。这主要归因于近几十年来的过度捕捞和环境污染。迫于资源紧缺压力，中国政府自 1995 年实施伏季休渔制度。随着捕捞业的不断衰退，沿海地区普遍将海洋渔业转移到人工养殖领域，海水养殖产量持续高涨，逐渐占据了海洋渔业产量的半壁江山；其后每年海水养殖业递增发展，而“海洋捕捞产量持续减少”（《2018 年中国海洋经济统计公报》显示）。由于人工养殖技术水平不高，给海洋生态造成的面源污染严重，进一步加剧了天然海洋生物资源的生存危机。[③]

2. 海洋矿产资源开发

在海洋矿产资源方面，中国开发以海洋石油、海洋天然气和滨海砂矿为主，可燃冰等新兴资源开发尚处在论证阶段。在 21 世纪初已探明储量的 36 个海洋沉积盆地中，蕴藏有约 275 亿吨海洋石油、10 万亿立方米海洋天然气。[④] 海洋油气业的快速发展也引起船舶溢油、平台泄漏、输油管道破裂等海洋生态事故的频发，带来了较大的生态风险。同时，中国大陆海岸线 50% 以上为沙砾质海岸，在浅滩、河口、浅水海域蕴藏了丰富的砂矿资源，分布有上百处大型矿床，且以经济价值较大的石英砂、钛铁矿、锆石等居多。由于选矿技术较差且机械化水平不高，造成矿区资源利用率低下，产生浪费较多且同样给近岸海洋生态系统带来了严重威胁，一些海岸线已出现严重海水入侵问题。

---

① 傅秀梅、王长云、王亚楠等：《海洋生物资源与可持续利用对策研究》，《中国海洋生物工程》2006 年第 7 期。

② 王芳：《中国海洋资源态势与问题分析》，《国土资源》2003 年第 8 期。

③ 江泽慧、王宏主编：《中国海洋生态文化》，人民出版社 2017 年版，第 437~495 页。

④ 沈文周：《中国近海空间地理》，海洋出版社 2006 年版，第 488 页。

3. 海洋化学和海盐资源开发

在海洋化学资源方面，作为地球最大体积的资源蕴藏体——海域供给着源源不断的海水、化学元素和地下卤水。随着海水淡化技术水平不断提高，中国海水淡化规模显著扩大，超过5000吨的海水淡化工厂已达数十家，主要分布在广东、浙江、山东、天津、河北、辽宁等地区。近年来，由于围填海侵占及产业转型需要，各省市盐田面积不断萎缩，海盐产量有所下降，即使一些产盐大省，海盐产品的地位也被其他海洋化工产品取代。海化工产业的迅速崛起、快速度增长的代价，同样也加剧了海洋污染程度，并承受着较高海洋化学品污染事故发生的风险。由于过度开采、资源利用率低等原因，更给当地带来了近岸生态环境退化、污染扩大、海水入侵以及地面塌陷的生态问题。

4. 海洋空间资源开发

在海洋空间资源方面，在近岸围海盐田、养殖池等基础上，随着港口、旅游等近现代海洋产业的崛起带来了更多不同于传统海洋空间的利用方式。滩涂、海岛、浅海、近海、海湾、海面、海底等海洋空间资源利用程度也不断上升。与中国近几十年来越来越快的港口发展速度成正比，港口资源开发更是如火如荼，四处铺展。但其带来的问题则是，不仅在建设期会有大量疏浚物、船舶油污水、抛泥等流入海中，给海洋生物带来不同程度的生存威胁，使原有滩涂湿地硬化，潮间带生态系统丧失殆尽，而且在运营期也会有大量生活生产污水、垃圾等排入海中，导致海域初级生产力下降、底栖生物量减少、食物链改变，围堤以内近岸生物几乎绝迹。

作为海洋空间资源的重要一类，海洋景观资源近几十年来被高度商业化、市场化，使作为沿海地区经济新增长点的滨海旅游产业，成为支柱产业，近些年来一直占据我国海洋经济全部产业GDP数据的50%以上。[①]然而，如今沿海地区虽然节庆活动、度假休闲、历史访古等更深层次旅游产品逐渐增多，但滨海旅游核心吸引物仍以近岸自然静态景观为依托，滨海景区拔地而起，道路、停车场、宾馆、酒店等接待设施随之而来，进一步增多了入海污染物排放规模，人工建设尤其海上休闲活动也对海洋生态系统形成了干扰，严重危害着海岸线脆弱的环境。此外，伴随海底设施建

---

① 可参见近20年来的国家海洋局、自然资源部发布的《中国海洋经济统计公报》。

设与围填海工程逐渐增多，跨海大桥的开通、海上城市的修建、输油管道的铺设、近岸公路的修筑虽然不断增多着海洋空间资源的利用方式、挖掘着供给潜能，但也带来了严重的生态问题，使得湿地、浅海、河口、海湾、岛屿等大面积原生性海洋景观资源被替代，生态价值遭到难以弥补的损害。

5. 海洋能源资源开发

在海洋能源方面，作为中国海洋新兴产业结构的重要构成，伴随科技发展，其资源开发、利用形式不断更新。目前，以海藻制柴油、海藻制氢等为核心的海洋生物能源的开发技术已接近成熟，成为海洋能源产业化的重要方向。据估计，除海上风能蕴藏量达7.5亿千瓦外，中国近岸其他海洋能源可开发理论值超过6亿千瓦当量。开发海洋可再生能源，是解决陆地及海岛能源可持续供应的重要措施，同时在陆地能源告急、化石能源导致温室效应加剧的背景下，积极探索可再生海洋能源的清洁使用也是化解地球能源危机的必然出路。在当前技术支持下，中国有能力开发的海洋可再生能源以生物能源利用和海上风能、潮汐发电为主要方向。但海洋能源开发技术要求严、设备造价高、对海洋生态系统影响尚不确定，绝大多数海洋可再生能源的开发利用仍在进一步探索，如何生态化可持续，仍然是一个大问题。

6. 近年中国海洋经济发展的数据分析

据国家海洋局2018年3月发布的《2017年中国海洋经济统计公报》，2017年，我国海洋产业保持稳步增长。其中，主要海洋产业增加值31735亿元，比上年增长8.5%；海洋科研教育管理服务业增加值16499亿元，比上年增长11.1%。主要海洋产业发展及与上年增减比较的具体数据是：

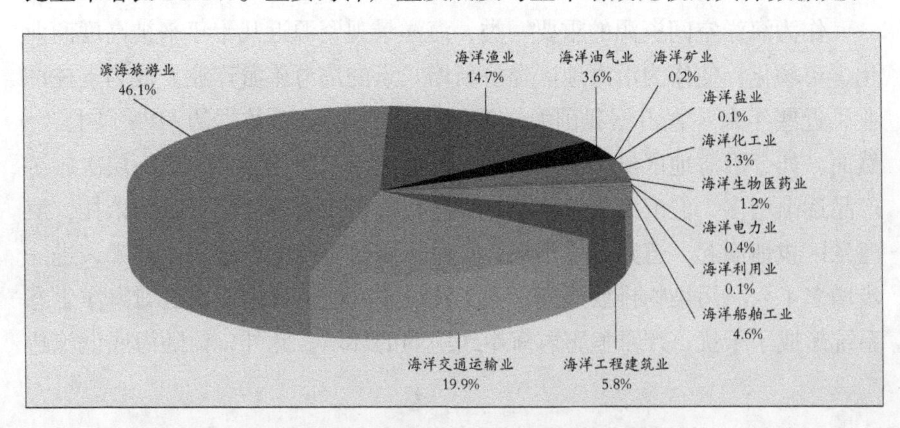

图1　2017年主要海洋产业增加值构成

——海洋渔业：海洋渔业生产结构加快调整，海水养殖产量稳步增长。海洋渔业全年实现增加值4676亿元，比上年下降3.3%。

——海洋油气业：受国内外市场需求和海洋油气业生产结构调整的影响，海洋原油产量4886万吨，比上年下降5.3%，海洋天然气产量140亿立方米，比上年增长8.3%。海洋油气业全年实现增加值1126亿元，比上年下降2.1%。

——海洋矿业：受市场需求和近岸海砂资源管控力度加大的影响，海洋矿业全年实现增加值66亿元，比上年下降5.7%。

——海洋盐业：受市场需求下降影响，海洋盐业全年实现增加值40亿元，比上年下降12.7%。

——海洋化工业：受去库存影响，烧碱、乙烯等海洋化工产品产量增速回落。海洋化工业全年实现增加值1044亿元，比上年下降0.8%。

——海洋生物医药业：海洋生物医药业快速增长，产业集聚逐渐形成。海洋生物医药业全年实现增加值385亿元，比上年增长11.1%。

——海洋电力业：海洋电力业继续保持良好的发展势头，海上风电项目加快推进，新增装机容量近1200兆瓦。海洋电力业全年实现增加值138亿元，比上年增长8.4%。

——海水利用业：海水利用业稳步增长，应用规模逐渐扩大。海水利用业全年实现增加值14亿元，比上年增长3.6%。

——海洋船舶工业：海洋船舶工业受国内外市场需求影响，手持订单下降，船企开工不足。全年实现增加值1455亿元，比上年下降4.4%。

——海洋工程建筑业：受国家宏观经济影响，海洋工程项目投资放缓，固定资产投资增速回落，海洋工程建筑业增长下行压力显现。全年实现增加值1841亿元，比上年增长0.9%。

——海洋交通运输业：国内外航运市场逐步复苏，沿海规模以上港口生产保持良好增长态势，预计货物吞吐量同比增长6.4%，集装箱吞吐量同比增长7.7%。海洋交通运输业全年实现增加值6312亿元，比上年增长9.5%。

——滨海旅游业：滨海旅游发展规模持续扩大，海洋旅游新业态潜能进一步释放。滨海旅游业全年实现增加值14636亿元，比上年增长16.5%。①

① 国家海洋局：《2017年中国海洋经济统计公报》，2018年3月，http://www.nmdis.org.cn/gongbao/nrjingji/nr2017/201803/t20180327_37211.html。

2019 年 4 月，自然资源部海洋战略规划与经济司发布了《2018 年中国海洋经济统计公报》，2018 年全国海洋生产总值 83415 亿元，比上年增长 6.7%，海洋生产总值占国内生产总值的 9.3%。其中，海洋第一产业增加值 3640 亿元，第二产业增加值 30858 亿元，第三产业增加值 48916 亿元，海洋第一、第二、第三产业增加值占海洋生产总值的比重分别为 4.4%、37.0% 和 58.6%。据测算，2018 年全国涉海就业人员 3684 万人。至于对 2018 年全国海洋产业的定性评价，该公报的大意如下：

2018 年，我国海洋产业继续保持稳步增长。其中，海洋电力业发展势头强劲，海上风电装机规模不断扩大；海洋生物医药业快速增长，科技成果不断取得新突破；海水利用业较快发展，产业化步伐逐步加快；海洋渔业生产结构加快调整，海洋捕捞产量减少明显；滨海旅游发展规模持续扩大，海洋旅游新业态潜能进一步释放；海洋交通运输业平稳较快发展，海洋运输服务能力水平不断提高；海洋油气业平稳发展，生产结构持续优化，海洋天然气产量再创新高，海洋原油产量同比继续小幅下降；海洋矿业转型升级取得实效，增加值企稳回升；海洋船舶工业、海洋工程建筑业、海洋盐业转型升级走向深入，增加值同比有所下降。具体到三大海洋经济圈，2018 年，北部海洋经济圈海洋生产总值 26219 亿元，比上年名义增长 7.0%，占全国海洋生产总值的比重为 31.4%；东部海洋经济圈海洋生产总值 24261 亿元，比上年名义增长 8.0%，占全国海洋生产总值的比重为 29.1%；南部海洋经济圈海洋生产总值 32934 亿元，比上年名义增长 10.6%，占全国海洋生产总值的比重为 39.5%。[①]

总之，海洋资源开发、海洋产业发展的数据是巨大的，每年的增长速度是快的，但这样的大干快上，得到的只不过是国家统计和地方统计的 GDP 数据，经济方面到底应该怎么样生态化、可持续发展，民生方面到底应该怎么样满足日常的物质需求和精神需求，并没有得到很好的解决，反而造成了严重的生态问题和社会问题。

（三）20 世纪末 21 世纪初以来的海洋环境恶化

自 20 世纪 80 年代起，随着我国与西方的“国际接轨”，西方模式、

① 自然资源部海洋战略规划与经济司：《2018 年中国海洋经济统计公报》，2019 年 4 月，http://gi.mnr.gov.cn/201904/t20190411_2404774.html。

西方标准的工业化、城市化、现代化速度加快，近三四十年来，生态问题和由此造成的社会问题也越来越突出。

在生态问题上，人们赖以呼吸和生存的大气的污染已经到了“忍无可忍”的程度，而且大气又成为了污染物入海的载体。工业废气，尤其是发电厂、化工厂等大型工厂高大林立的烟囱日日夜夜喷吐出来的滚滚毒烟，日益拥挤不堪的城市交通工具的尾气、核试验的散落灰、农田菜园果林无休无止的农药、激素喷洒等，大多再通过大气和水源毒害人类身体，然后进入海洋毒害海洋环境。即使在中国的距离大海数千里之遥的黄土高原的农业开发，也依然与海洋污染干系大焉。垦荒种地、乱砍滥伐破坏了上游区域的植被，暴雨袭来，滚滚洪流在剥蚀地表土壤的同时，将大量化肥、农药、有机质冲进河流，汇入大海。农田肥力降低了，海洋环境污染了，形成内陆环境与海洋环境的双重破坏。至于滨海城市和乡镇企业产生的工业废水、生活污水和垃圾等陆源污染物，大多未经合格处理，直接排放入海，即使排入河流，也最终被“转嫁”到海洋之中。在人口急骤膨胀、工业迅速发展的城市里，基础设施的建设速度远远滞后于经济的发展速度，许多中小城市根本没有合乎标准的污水处理设施，有的也大多形同虚设。即使国家三令五申，地方政府部门也不断“检查”，但地方政府部门进行的往往是“不得不”进行的“检查”，污染企业进行得也往往是“不得不”应付的“检查”，政府部门往往明知被应付，也“不得不”得过且过，“睁一只眼闭一只眼”，因有地方利益而“不得不”实行地方保护主义。如此大量的污水、废弃物、不易分解的有毒有害物质通过各种途径汇入海洋，有的像氰化钾一样可立即致海洋生物于死地，有的则像慢性毒素，残存在海洋生物的食物链中，长久地严重地危害着海洋生态环境和人们的生命健康。

人们都懂得，海洋宽广博大的胸怀，不仅仅接纳了百川所裹挟的大量的泥沙，同时也“不得不”接纳了伴随而来的大量的有毒有害物质，发出阵阵不堪重负的呻吟。比如黄河，这条孕育了中华民族几千年文明历史的母亲河，是著名的多沙河流，平均年输沙量为16亿吨，占全国入海河流总输沙量的80%，同时伴随着难以具体测算的“海量”的陆上废弃物和污染物。陆上、滨海向海洋倾废，海洋事故污染，围海造田，劈山填海，狂捕滥捞，这些急功近利、盲人骑瞎马式的行为所造成的恶果，形成了伸向海洋的一只只罪恶的黑手，糟蹋、破坏着人类自己赖以生存的海洋环境。

人类给海洋造成危害，自然受到海洋对人们的“报应”。有谁会想到，几千年、上万年来一直那么美丽富饶的海洋，竟会在我们现代人的手里变成“垃圾箱”，如此不堪。仅就渤海湾来说，据国家有关部门公布的数字，早在1995年就有沿岸通向海里的217个排污口排污，海底重金属含量超过国家标准2000倍。污染的严重程度是，落潮后的鱼往往无力随水游走，留在海滩上，人们剖开鼓鼓的鱼肚，里面竟满是污染物；鱼虾都有浓重的柴油、汽油味，令人作呕；渔民的渔网上时常挂满黑乎乎的油污，撒网拉上来的往往不是鱼虾，而是工业垃圾。海洋环境的污染与破坏，使得海洋生物蒙受深重的灾难，并每每威胁着人们的健康与生命。

人们为了经济利益，往往要建设海滨工程、岛屿工程，但大多海滨工程、岛屿工程的建设会影响海洋的水文动力条件和其他物理化学条件，从而会影响海洋、海岸的生态循环系统。同样原因，围海造田工程的结果与建设初衷也往往大相径庭，甚至直接遭到海洋报复。浙江宁海曾经轰轰烈烈围海造田，在增加了土地面积的同时，又因近岸海域泥沙量增多和淡水流入量减少，海洋生物生存环境改变，大量种苗基地被摧毁，本来发达的海岸滩涂及近海养殖业，不断遭到毁灭性打击。

海洋生命世界是一个整体，各种海洋生物通过食物链，通过它们之间的相互激励、制约、补偿，维系着生态的平衡。且不说海洋工程建设，即使在入海河流之上建造大型水库、拦河大坝或者河流人工改道，海洋生态系统的平衡也会面临或大或小的挑战。这些水利工程改变了河流入海的径流量和营养物质的入海量，因而也就改变了作为海洋初级生产力的浮游生物植物的数量，并通过食物链网影响甚至破坏了原有的整个海洋生态系统。河流堤坝甚至会阻断一些洄游生物的洄游通道，从而导致海洋生物群落的组成发生变化。

过度的海洋捕捞，使得海洋生物资源遭到了严重破坏，由此越发加速了人们对海洋环境的破坏进度。在捕捞技术尚不够“发达”的时期，渔民采用的是传统的捕捞方法。近几十年中捕捞技术发展了，捕捞手段实现了机械化，后又实现了电子化、信息化，人们对鱼类的洄游规律和路线了如指掌，捕捞能力空前提高，由于对经济指标的追求和经济利益的驱使，人们开始了竭泽而渔的“历史”。例如，江苏的吕四渔场，是传统的小黄鱼渔场。三四十年之前，每到汛期，市场上总是堆满黄灿灿的鲜鱼，近几十年来人们的“生产能力”强了，“高科技”了，张张大网在海里一遍遍拉来拖去，不少渔船为提高产量，还一再增加网具的密度，不管是前来产卵的小黄鱼，还是尚未长大的鱼崽子，不分大小，尽被网罗其中。于是，吕四渔场小黄鱼资源枯竭乃至灭绝的厄运，也就可想而知了。为使海洋生物有一个休养生息的“再生产”或曰“可持续性生产”的机会和条件，中国渔政部门对捕鱼的网眼大小作出过规定，并实施了休渔制度。但规定也好，立法也好，“有令不行、有禁不止”的情况屡见不鲜。成鱼越捕越少，渔网的网眼越改越小，鱼子鱼孙在劫难逃。

沿海地区快速度发展的城市化和“经济至上”“GDP 至上”观念的盛行，已经使海洋环境不堪重负。在我国，从南端的北仑河口到北端的鸭绿江口，处处都能见到海域环境恶化的现象：海南岛珊瑚礁破坏殆尽，深圳大鹏湾生物绝迹，舟山渔场已难形成渔汛，富饶的渤海成鱼难觅。昔日传统的渔场变为无生物区，原来盛产的带鱼、小黄鱼、鲳鱼、鲈鱼和梭鱼只能见到未成年的幼鱼，大部分甲壳类动物体内重金属严重超标，不少海域的经济鱼贝类几近绝迹，海珍品彻底告别，给海边的人们留下了永久的遗憾。渤海北部的锦州湾，重金属污染特别严重，沿海和内陆大大小小的冶金、石油、化工企业的一条条或明或暗的排污管道，仍像毒龙一样伸向锦州湾。山东半岛南侧的胶州湾采集到的蛤类，多因污染严重、残毒量高而不能食用；由于海洋、海岸开发，海域面积已经比 20 世纪初期面积减少了 1/3。如此局面，早在 20 世纪末 21 世纪初，就已有大量报道。①

本来，海洋渔业资源是海洋提供给人类、伴随着整个人类社会进化和人类文明进程的最重要的海洋资源，却被人类的现代化进程严重破坏了。中国作为一个人口大国和沿海现代化快速度发展、海洋环境超速度恶化的大国，近海渔业资源已被破坏殆尽，近海撒网、鱼虾满舱的渔业景观已成为历史，大半已被养殖渔业所替代，而养殖带来的环境污染问题、养殖渔业产品的质量问题，养殖业本身所带来的种种社会问题，都是沉重的代价。由于人类行为对海洋自然环境所造成的污染破坏，海洋旅游资源环境也受到了严重的影响。本来风景优美、气候宜人的海滨，是人们世代生存、休闲游览、观赏审美、避暑疗养的胜地，海滨浴场更可以使人们饱尝游泳戏水、享受阳光沙滩的乐趣，然而污染物质大量进入海洋后，优美的海滨环境便不同程度地遭到破坏，碧波荡漾、游人如潮的盛况便成了过去，留下的是人们的扼腕叹息。

面对如此严重的情况，虽然国家、各地都在加大治理力度，但难以令

① 如盛红、左军成:《严峻的海洋环境》，黄河出版社 2000 年版；李明春:《我们的渤海》，海洋出版社 2001 年版；等等。

人乐观：海洋污染并没有受到彻底遏制，有的甚至越发加重。这是10多年前国家海洋局《2008年中国海洋环境质量公报》发布的有关具体数据：

——全国主要河流入海污染物总量是，由长江、珠江、黄河和闽江等入海河流排海的COD_{Cr}、油类、氨氮、磷酸盐、砷和重金属等主要污染物总量为1149万吨。

——全国海洋生态监控区，国家海洋局检测了18个，只有3个“健康”，完全缺乏控制，或者说失去控制，而这18个生态监控区主要是海湾、河口、滨海湿地、珊瑚礁、红树林和海草床等典型海洋生态系统。

——全国实施监测的入海排污口525个，其中，渤海沿岸96个、黄海沿岸185个、东海沿岸112个、南海沿岸132个，分别占总数的18.3%、35.2%、21.3%和25.2%，排污口设置不合理的现象仍未改变。入海排污口排污状况是，约88.4%的排污口超标排放污染物。4个海区中，东海沿岸超标排放的排污口比例最高，达92.0%，南海89.4%，黄海88.1%，渤海83.3%。山东、江苏和广西三省（自治区）超标排放的入海排污口数量占各自实施监测的入海排污口数量的比例居全国前三位。尤其是设置在渔业资源利用和养护区的排污口中，有95.3%超标排放；设置在港口航运区的排污口中，有81.1%超标排放；设置在旅游区的排污口中，有87.3%超标排放；设置在海洋保护区的排污口全部超标排放；设置在其他功能区的排污口中，有85.4%超标排放。

——监测的入海排污口污水排海总量（含部分入海排污河径流）约373亿吨。排入渤海、黄海、东海和南海的分别占总量的23.1%、36.6%、19.4%和20.9%。排入渔业资源利用和养护区、港口航运区、旅游区和海洋保护区、其他海洋功能区的分别占47.7%、33.8%、4.7%、13.8%。

——海域生态环境质量评价结果显示，近40%的排污口邻近海域生态环境质量处于差和极差状态。177亿吨污水排入渔业资源利用和养护区，携带了大量营养盐和有毒有害物质，使区内水体富营养化趋势加剧，生物质量降低。部分入海排污口邻近海域生态环境质量等级共检测公布33个，“生态环境质量等级”是18个差，15个极差。

这是10多年前的情况。10多年来我们没有停止而且不断加强海洋资源与环境治理，不知投入了多少资金和人力物力，那么治理效果如何？可以看最近的国家公报，用数字说话：2017年4月，国家海洋局发布《2016年中国海洋环境质量公报》，内容涵盖海洋环境状况、海洋生态状况、主要入海污染源状况、部分海洋功能区环境等内容。紧接着，2017年6月，原中华人民共和国环境保护部发布了《2016中国近岸海域环境质量公报》，这份公报聚焦近岸海域，跟百姓的生产生活更为贴近。

公报显示，2016年，全国近岸海域一、二、三、四类及劣四类水质点位比例分别为32.4%、41.0%、10.3%、3.1%和13.2%，水质超标站点主要集中在渤海湾、长江口、珠江口、辽东湾以及江苏、浙江、广东省部分近岸海域。监测显示，2016年，全国直排海污染源污水排放总量65.7亿吨，同比增加。从四大海区近岸海域水质状况来看，沿海省份中，广西和海南近岸海域水质优，辽宁和山东水质良好，河北、天津、江苏、福建和广东水质一般，上海、浙江水质极差。9个重要海湾中，北部湾水质为优；辽东湾、黄河口和胶州湾水质为一般；渤海湾和珠江口水质为差；长江口、杭州湾和闽江口水质为极差级别。全国61个沿海城市中，茂名、惠州、揭阳、北海等17个城市近岸海域水质优；莆田、珠海、青岛等21个城市近岸海域水质良好；福州、厦门、天津等11个城市近岸海域水质一般；宁德、阳江、温州等6个城市近岸海域水质差；深圳、沧州、上海、宁波、嘉兴和舟山6个城市近岸海域水质极差。全国近岸海域主要超标因子为无机氮和活性磷酸盐，尤其以无机氮超标最多，以上海、杭州湾近岸海域最严重。杭州湾近岸海域无机氮富集，钱塘江流域和杭州湾滨岸输入是重要原因，也不排除畜禽养殖排污的影响。而上海是长江入海口，河口断面污染物集中。

富营养化是我国近岸海域的重要问题。公报显示，2016年富营养化点位比例为31.2%，中度及以上富营养化主要集中在辽东湾、长江口、珠江口及山东、江苏、浙江部分近岸海域。我国原来对污水处理厂的考核指标以化学需氧量为主，虽然近年国家要求污水厂增加脱氮工艺，但进展较慢；同时，由于农业面源控制力度不足，过度使用的氮肥随水土流失进入江河海洋，加之畜禽养殖排放，这些都给无机氮超标治理带来很大困难。

同时，全国渔业生态环境监测网对四大海区的40个重要鱼、虾、贝、藻类的产卵场、索饵场、洄游通道、保护区及重要养殖水域进行了监测，监测水域总面积595.89万公顷。监测结果显示，海洋天然重要渔业水域主要超标因子为无机氮和活性磷酸盐，重金属监测指标均未超标；海水重点增养殖区主要超标因子为无机氮、活性磷酸盐和化学需氧量；国家级海洋水产种质资源保护区主要超标因子为无机氮和化学需氧量。

再看2018年8月中华人民共和国生态环境部发布的《2017中国近岸海域生态环境质量公报》，可与上一年的数据相互印证：2017年，中国近岸海域环境质量状况有喜有忧，总体“一般”。[①] 全国近岸海域一、二、三、四类及劣四类水质点位比例分别为34.5%、33.3%、10.1%、6.5%、15.6%，总体水质保持稳定，水质级别一般。水质超标点位主要集中在辽东湾、渤海湾、黄河口、长江口、珠江口以及江苏、浙江、广东省部分近岸海域，主要超标因子为无机氮和活性磷酸盐。从四大海区近岸海域水质状况来看，黄海近岸海域水质良好，渤海、南海近岸海域水质一般，东海近岸海域水质差。9个重要海湾中，胶州湾和北部湾水质良好；辽东湾水质一般；渤海湾、黄河口和闽江口水质差；长江口、杭州湾和珠江口水质极差。从11个沿海省（区、市）来看，广西和海南近岸海域水质为优；辽宁、山东和福建水质良好；河北水质一般；天津、江苏和广东水质差，上海和浙江水质极差。

全国入海河流水质状况，开展监测的195个入海河流断面中，无Ⅰ类水质断面，Ⅱ类水质断面27个，占13.8%；Ⅲ类水质断面66个，占33.8%；Ⅳ类水质断面48个，占24.6%；Ⅴ类水质断面13个，占6.7%；劣Ⅴ类水质断面41个，占21.0%，主要超标因子为化学需氧量、总磷、高锰酸盐指数。对404个日排污水量大于100立方米的直排海工业污染源、生活污染源、综合排污口进行了监测，全国直排海污染源污水排放总量63.6亿吨，即全国人口每人平均近5吨。由此可见，海洋环境治理之难，可比攀登蜀道之难——“难于上青天”。

这里之所以不厌其烦地引证这些近年数据，意在用国家公布的权威数据说明，尽管国家在海洋环境治理上投入非常之大，而我们对海洋的污染依然非常之严重，尽管不断科学研究、检测、公报，法律法规办法也制定了不少，作用虽有，仍需长远谋划。显然地，如此这般边污染边治理，边治理边污染，其治理、管理的整体思路是有问题的，治标不治本甚至连治标也难动真格的治理办法，是难以实现治理的。

（四）21世纪以来的海洋资源危机

1. 海洋生态资源濒危的表现

海洋环境恶化与海洋资源危机，是一体两面。一方面，中国海域不可

① 《生态环境部公报显示2017中国近岸海域水质一般》，http://www.xinhuanet.com/2018-08/08/c_1123242614.htm。

再生海洋资源十分有限，可再生资源更新又必须给足相应时间，除海洋化工、海洋能源外，人类社会所能得到的海洋矿产、海洋生物、海洋空间资源供给都有上限约束；另一方面，伴随沿海经济的规模化扩张，对各类海洋资源的需求不断上涨，甚至永无止境，由此给海洋资源孕育及供应带来了巨大压力。一段时期内，在以 GDP 为目标的社会主义现代化建设要求下，为保证经济活动的正常开展，在“谁占用、谁支配、谁受益”的运行规则下，大量自然海洋生物资源被捕杀、养殖药品被施用、滩涂湿地被围填、滨海砂矿被开采、近岸设施被建设，且由于技术不精、管理无序出现了诸多粗放式开发、低效率利用海洋资源的问题，不仅致使许多沿海地区数种海洋资源供给日渐趋于短缺，如天津的港口岸线已使用过半、山东的可养殖海域严重超载、上海的海洋生物资源近乎绝迹，几乎没有剩余可挖掘潜力，而且导致了严峻的原生环境破坏和海水污染问题，直接损害了可再生海洋资源持续孕育的环境和健康生态机制，许多生物资源甚至再无繁殖可能，反过来也给经济增长带来制约和阻碍。

与海洋资源恶化相关联的，是海岸、海岛、湿地资源持续恶化。海岸带、海岛、湿地作为海洋生物、矿产等资源的重要孕育载体，也是海洋资源开发利用活动最为密集的空间。在经济与供给、社会与环境矛盾日益尖锐的当下，尤其是陆域土地资源供给匮乏，各类海洋空间资源的价值不断凸显，近年来充分发挥其经济、社会效益，在国民经济中的作用和地位显著上升，但是剧烈的开发利用活动也是其自然状态不断被改变，环境严重恶化甚至资源已有明显退化趋势的原因。这主要表现在以下方面：

一是海岸带人工化。海岸带是海岸线向陆地方向延伸 10 公里同时向海域方向延伸 15 米等深处是承载的“黄金地带”，作为沿海人口承载区、第一海洋经济区，是经济发展、海洋资源开发以及文化交流、对外贸易的重要地带，海陆双向辐射，但同时也是生态交错的脆弱区和环境极易变迁的敏感区。改革开放以来，海岸带区域的经济开发利用活动无论在范围还是强度上都有所增大。人类社会对海岸带的无序、粗放利用也导致了严重的生态问题，如大规模围海养殖造成海岸线生态环境严重恶化、无限制填海造地和工程建设致使自然岸线不断减少等。由于缺乏统一规划，加上开发利用无度，给海岸线资源的持续供给带来了巨大压力，可供未来开发的优良岸线及近岸海域资源严重不足。20 世纪 90 年代以来，中国大陆岸线表现为总长度增长但自然岸线持续减少的趋势。在 2013 年遥感测量出的 18983.34 公里大陆海岸线中，人工岸线所占比重超过了 56%，[①] 天津和上海市则全部演变为人工岸线，多数省份海岸线人工化水平在 50% 以上。较为典型的环渤海区域，由于围填海、建筑工程等加快推进，众多盐田、近海、滩涂等高生态脆弱性海岸带被改造为建筑用地，污染物排放显著增加，局部生境被永久改变，造成海岸带生态系统抗人工干扰能力急剧下降，海岸线受海水入侵、风暴潮等灾害损害的威胁更大，稳定性及再开发潜力变得极小。

二是海岛生态恶化。中国大陆海岸线沿途大小海岛星罗棋布，除蕴藏有丰富的生物、矿产、土地、森林等资源外，也是海洋旅游、海洋渔业、海洋采矿业、海洋运输业等产业的建设要地，以及海上军事、通信中转等重要设施的布设地。作为具有维护国防安全、海洋权益、海洋生态平衡及经济可持续发展等战略意义的海洋空间资源，在大规模经济开发行为影响下，其资源稀缺性和生态脆弱性进一步加剧。就海岛规模而言，中国大部分海岛面积较小，恶劣的环境条件、贫瘠的土壤尤其是淡水资源的缺乏，导致很难发育出完整的生物链条，生物物种种类不多，使得其生态环境稳定性、抗干扰性以及生态承载能力远差于陆地或大洋。生态系统的脆弱性和易损性，致使海岛在开发利用过程中，不可避免地遭受了严重的毁坏，如炸岛挖岛、乱垦乱伐、滥捕滥采、围海填海等活动改变了部分海岛的地形地貌和自然景观，也导致生物多样性进一步降低，生态环境难以逆转地恶化。如福建湄洲岛因采砂船在滨海地带抽砂作业频繁，众多防护林被砍伐，砂质海岸遭海水侵蚀严重后退，尽管成立专项整治队伍，偷采活动仍十分猖獗。目前，中国众多海岛的开发利用方向仍然以水产养殖为主，岛屿土地及海域利用方式十分粗放，养殖池、简易码头、看护房、道路等随意建设，缺乏高级产业的发展及海陆统筹的长远规划，综合利用水平低下。特别是无人海岛由于权属性质不清，被部分单位或个人随意占用、出让、开发，海岛空间资源被肆意破坏，资产大量流失。然而，由于海岛分布零散、自然环境的差异化及基础设施的不健全使得进行海岛科学管理十分困难，日常生态监测等尚不能全面铺开，海监执法船只作业的安全性、靠泊、续航能力仍较弱，难以满足严格控制海岛资源有序、合理、适度开发的需要。

① 刘百桥、孟伟庆、赵建华等：《中国大陆 1990—2013 年海岸线资源开发利用特征变化》，《自然资源学报》2015 年第 12 期。

三是湿地大量减少、消失。滨海湿地作为海洋生态系统与陆地生态系统的过渡地带，其复杂的运行机制造就了多样的生态环境及服务功能，能够滞留营养物，降解污染，蓄水调洪，改善当地气候，减轻海水侵蚀，是海洋生物尤其是鱼类重要的产卵孵化、栖息生长、迁徙停歇生境，被称为全球温室气体的“源”和“汇”，具有不可替代的生命支持作用。按照形成基质，可将滨海湿地划分为淤泥质湿地、离岛湿地、基岩质湿地、滩涂湿地、藻床湿地、生物礁湿地、河口沙洲湿地、潮上带淡水湿地等10种类型。近几十年来人类开发活动叠加在高脆弱的湿地生态系统，加剧了湿地环境恶化演变的进程，使其渐渐偏离自然轨迹。据调查，过去50年间，中国损失了73%的红树林湿地、80%的珊瑚礁湿地、53%的温带滨海湿地，平均每年有400平方公里湿地被围垦或填海。①

围填海是造成滨海湿地大规模减少的最主要原因，湿地空间资源利用方式的转变尽管在短时间内能带给沿海地区一定的经济社会收益，如水产养殖业的兴旺、城市用地的增多，但也给沿海地区未来发展埋下了隐患。除围填海外，污染也是湿地面积急剧下降的主要原因，滨海湿地是陆域点源入海污染物的主要承泄区，陆地化肥农药的施用加之油田等非点源污染物经由雨水携带也大量进入湿地。近岸水域、滩涂、红树林等湿地面积的减少、环境污染的加重，一方面加剧了陆域点源与非点源污染排放、降解的困难，造成严重的水体污染，富营养化程度不断上升，影响了海洋生物及鸟类等的繁殖栖息，减弱了对生物多样性维护能力，导致生产能力急剧下降，水质净化、水文调节等服务也相继减弱，影响了人类社会可持续发展潜力；另一方面极大降低了海岸带蓄水与抗旱防涝的生态功能，使河道更容易发生淤积，对风暴潮等自然灾害的抵御能力会大幅下降，致使承受灾害损失会更多。

2. 海洋生态资源濒危的客观原因

改革开放以来，中国为加快超越西方发达国家，经由城市化建设、工业化推进，通过各类途径扩大资本投入以及资源利用来促进经济飞快增长。在发展初期陆域资源包括生物、矿产、空间、水资源等尚充足的情况下，由于缺乏系统规划，各层级参与经济建设的主体未将陆域资源供给上限作为关键问题加以考虑，大量资源及其他生产要素投入驱动的粗放式增

① 于秀波:《如何守住8亿亩湿地“生态底线”》,《中国科学报》2016年2月1日。

长模式确实促进了中国经济的飞跃发展，公众生产效率有所改进，生活水平也实现了大幅度提高，各类生产工具、消费物品供应日渐充足。然而，当经济规模持续增长到一定程度，原本看似充足的陆域资源供给渐渐不能满足需求。自20世纪90年代开始，人们把更多眼光投向海洋，海洋生物、矿产、空间、水体等资源开始作为陆域资源的重要补充被大规模地投入生产领域，但看似提高效率的发展理念、生产模式、管理体制却早已不能适应经济集约化、智能化、高级化演进的趋势，“三高”产业不仅未加以遏制反而更加抬头，许多产业产能极大过剩，导致资源消耗过度且浪费严重。部分海洋资源利用数量接近底线、大部分海洋资源供给缺乏后劲，成为阻碍经济继续飞跃发展的桎梏。

当前，中国沿海省市承载的人口数量已接近全国半数，据预测，未来仍将有大规模流动人口涌向沿海。但在狭窄的沿海地带，生态承载力十分有限，伴随工业化进程、城市化建设的持续加快、大量人口富集不断冲击着本就濒危的海洋资源。多项研究表明，中国沿海地区的经济发展和人口迁入早就超出自然资源供应所能承担的数量，且超负荷运行仍有逐渐加重的趋向。人口消费和生产需求无限制地增加，一方面导致陆域产生的种种废弃物包括生产废水、生活污水、石油、垃圾等被倾倒至海洋，造成海洋生态环境富营养化、毒化；另一方面使得对海洋生物、空间、矿产等基本物质资料的需求持续增多，人均拥有的海洋资源量不断减少，加之缺乏高效的海洋资源养护与修复对策，出现了城市化、工业化推进—经济增长—沿海人口增多—需求持续扩大—海洋资源过度开发—海洋资源养护失当—人均拥有海洋资源量减少—海洋资源濒危的恶性发展路径。同时，中国海洋利用科技水平不高，且沿海人口海洋资源节约意识不强，更是加剧了海洋资源掠夺式开发、过度利用的程度。总之，在沿海经济与社会快速腾飞的同时，各种生产活动包括沿海人口消费活动、政策制定与实施活动也对海洋资源供给产生着胁迫作用。

海洋生态资源濒危的根本原因，是商业化竞争导致的对资源“竭泽而渔”式的不可持续的发展模式。

“可持续”一词最早在《生存的蓝图》中提出，在世界环境与发展委员会（WCED）1987年发布的《我们共同的未来》，首次给出了“可持续”的正式界定：“既满足当代人需求，又不对后代人满足其需求的能力构成损害。”“可持续”概念的提出是针对不可持续发展模式及其结果而产生的。在人类社会漫长的演变进程中，最初农耕渔猎等单纯依靠自然条件生存的历史时期，尽管也对原生性海洋生态系统带来了影响，但并不剧烈，自 18 世纪以来尤其进入 20 世纪，一次次科技革命在提高人类生产、生活水平的同时，引发的海洋生态后果也日趋深重。“可持续”概念的提出颠覆了工业革命以来经济可无限满足人类需要的神话，使长期支配经济增长的不可持续模式遭受到质疑与批判。“不可持续”发展方式的成因，归根结底是人类经济活动过程中资本对资源、市场的私有化占有、竭泽而渔式的掠夺和控制方式。当前中国海洋资源面临的不可持续开发方式主要表现在以下两个方面：

一是对资源的“无偿式”占有和开发利用造成对资源的极大浪费和破坏。价值作为市场的调节机制，也是海洋资源被有序、有节开发的关键。但由于海洋资源种类较多、用途多样，且受生态灾害、自然规律的影响其数量、质量时刻会变化，加剧了海洋资源价值认定的困难。目前国内外对海洋资源价值的来源、构成及计算方法认知尚不统一，导致由于缺乏善待、节约海洋资源的约束机制，诸多海洋资源像公共物品一样，被无偿占用、掠夺性开发、耗竭式利用，以致海洋资源的损毁、浪费、破坏、枯竭，不仅不能获得对海洋资源损害的合理补偿，而且产生了严重的经济外部性和“公地悲剧”效应。私人资本集团牺牲大多数人的公共利益获得经济收益，拉大了人与人、地区与地区之间的贫富差距，严重损害了社会公平，导致经济与社会发展结构的不平衡，引发不稳定因素的存在。

二是资本竭泽而渔，断绝后人生存发展的空间。海洋生物资源、海洋空间资源的日渐紧缺，在阻碍当代人满足经济、社会发展需要的同时，更对后代人的生存发展提前埋下了隐患。据统计显示，地球上 49% 的海洋动物种群已经消失；多个省份如辽宁省、河北省、山东省、江苏省、广西壮族自治区的适宜养殖海域面积利用率均已超过 100%；优美的滨海旅游资源也被开发殆尽。当代经济社会的快速发展完全是建立在损害后代人利益的基础上实现的，没有肩负起满足后代人生存需要的责任，更谈不上给当代人和后代人予以同等的选择机会和发展空间，实际上属于人类自杀式发展模式。

3. 海洋生态资源濒危的主观原因

海洋生态文化意识的缺失，是主要的主观原因。

海洋生态文化是从人统治海洋过渡到人与海洋和谐相处的文化。但由于受到西方影响的物质主义、功利主义等多种观念的影响，导致中国在海洋资源开发、管理和保护等多个层面始终存在海洋生态文化意识和伦理的缺失，非法捕杀造成珍稀海洋生动物锐减、放肆捕捞导致海洋生物资源枯竭、大规模圈海造地致使海岸带严重硬化、超标排放污染物引发海洋生态灾害等，皆是由于人类中心主义的错误价值观引导下的决策偏离、行为失当。由于人类中心意识放大了人在生态系统中的主体性，驱使人一步步走向征服者的位置，在人与海洋的关系上，渔民、企业、政府及各类社会组织通常无视海洋生态系统的存在及其价值，促使经济增长、社会发展逐步走向了海洋自然运行规则的对立面，致使人类在看似进步的同时也为自己的未来设下了障碍和陷阱。当前海洋生物资源被猎杀、海洋空间资源被压榨、海洋矿产资源被滥挖等状况正严重威胁着人类经济与社会的可持续发展，人类生存的需要正在迫切呼唤人与海洋生态伦理关系的重构。

在海洋资源开发的实践中，人类一方面将自己看作海洋的主人，拥有绝对的占有权、掌控权、使用权，否认了人同样是生态系统中的一员，完全站在自身利益最大化的角度毫无限制地索取海洋资源供应，很少考虑海洋运行的生态承载能力；另一方面在“物种不平等主义”“人类沙文主义”的秉持下，否认海洋生物等资源的生态价值和生存权利，更谈不上给予足够的“道德关怀”“修复补偿”，背离了海洋生态系统演替、更新的自然规律。按照生态伦理的要求，必须以协调人与海洋关系为根本，确保人与海洋和谐共生，一是承认包括海洋生物在内的一切生命及自然产物的价值与权力，二是全面探知海洋生态运行的客观规律并加以遵循，三是重新考虑谋求后代人满足其需要的长远发展能力，四是采取行之有效的措施帮助全民养成海洋生态文化意识，确保将其彻底贯彻到海洋教育、海洋管理、海洋法制以及海洋经济的各个层面。

中国海洋生态文化传统的断裂，是现代社会缺乏生态文化意识的主要原因。

回顾历史，华夏儿女在开发海洋资源的漫长进程中，在敬畏海洋的基础上利用海洋，创造出灿烂的海洋文化。西晋陆机的《齐讴行》曾表述“营丘负海曲，沃野爽且平……海物错万类，陆产尚千名”[①]。海洋中蕴含的丰富资源尤其是生物资源早就为古人所赞叹，而且在利用过程中涉海民众也对海洋充满着感激之情，沿海各地祭祀海龙王、妈祖活动均较普遍，

① 〔晋〕陆机:《齐讴行》，载〔梁〕萧统:《昭明文选》卷二十八，西苑出版社 2006 年版，第 156 页。

尤其以渔民为重。[①] 在“辅万物之自然”“天人合一”等观念的引领下，自然崇拜、图腾崇拜、周易思想、诸子百家、儒释道及各地乡规民约等涉海文化元素所蕴藏的生态文化智慧，皆为古人持续开发、管理海洋资源提供着重要的智力和精神支持，使得古往今来中国在海洋生物等资源保护方面有着丰富的经验和广泛的群众基础，乃至历史上多个时期的渔业养护均得以有序推行。例如，在夏朝初期中国就颁布了世界上最早的生态养护法令，其中重点推行了水域生态养护措施，在周朝中国还设立了中国最早的禁渔期制度，颁布了严禁过度捕捞、严禁在不适当季节打渔、严禁破坏水域实体等规定。从中国沿海民众的海洋生态信仰禁忌、风俗习惯、传统海洋资源开发利用方式，以及诗词歌赋、音乐绘画等艺术表现，可以看出中国传统海洋文化对待海洋的基本态度是“顺应”，并不是居高临下地操控、征服。古人对海洋生态资源及其景观的亲和、敬畏，以及万物有灵与人相通的感悟，对今人的思维和行为方式有着重要的启示乃至警示作用。遗憾的是在西方文明的干扰下，如今这种传承了数千年的优秀传统断裂了，亟须重新认识、重视、修补、传承再续、扬弃发展。

经济发展的无节制性，市场竞争机制的无节制性，财富追求的无节制性，导致对生态资源开发利用的无节制性、环境破坏的难以遏制。

生态资源危机是现代文明危机的一种表现，要想解决，必须突破现代文明的樊篱。[②] 现代经济体系赖以发展的竞争机制、现代经济人的利己性、工业主义的社会秩序、人类中心化的思维格局凝聚在一起形成了强大的反自然规律的文化力量。尤其是以人与自然和谐共存为内核的中华优秀传统文化的缺位，加重了西方人重利轻义思维方式的侵袭，追求物质财富成为现代社会唯一的目标。在无节制的财富追求冲动下，人们借助“高消耗”“高排放”的经济发展模式迎来了以数字为标志的繁荣，同时也带来了日益严重的海洋生态危机，正在自食海洋生态日益恶化、资源逐渐匮乏的苦果。事实上，并不是因为整个社会的经济繁荣导致了商品的绝对过剩、资源浪费，而是整个社会的无序竞争、攀比风气导致了经济泡沫、生态恶化的恶果。这种经济无序状态来自整个社会观念的非理性，上至政府以 GDP 数值为核心内容的考核制度，下至百姓过度追求物质消费的生活方式，致使近现代世界为经济飞速发展付出了高昂的生态环境代价，也成

---

① 朱建君：《从海神信仰看中国古代的海洋观念》，《齐鲁学刊》2007 年第 3 期。

② ［美］查伦斯·普瑞特奈克：《真实之复兴：极度现代的世界中的身体、自然和地方》，张妮妮译，中央编译出版社 2001 年版，第 23 页。

为造成现代海洋生态危机和资源衰竭的根本原因。

马克思始终从人与人关系的异化考察人与自然关系的异化。所谓人与人关系的异化指的是完全不合理的社会制度、社会关系、管理体制破坏了社会的和谐，集中表现为现代生活和生产方式的改变。[①]在西方资本主义和工业发展模式的影响下，现代社会奉行的是以物为中心、见物不见人的价值观，发展出高投入、高产出、高消费的生产、生活方式，将社会制度优越性寄托于经济的快速赶超，挥霍性消费和物质享受亦成为人获得地位、实现理想的标志。人渐渐失去了批判的理性思维，导致出现了经济增长与精神空虚的"二律背反"现象。[②]这种异化的社会关系造成的最直接结果就是对包括海洋资源在内的生态透支，人与海洋之间价值转为对立，呈现出结构性分裂，在疯狂掠夺海洋资源并将其财富化的过程中，彻底断送了人与海洋之间自然的依存关系。

4. 海洋环境资源日益濒危的社会危害

海洋环境资源日益濒危带来的社会危害是严重的。

第一，渔民有海无鱼。尽管经过了数次转产转业，中国依靠捕捞渔业生存的渔民仍不在少数，海洋捕捞船只尚留有30万艘之多，依然是世界上渔船数量最多的国家，且其中，近岸渔船多，远洋渔船少，旧渔船多，新渔船少，基本渔业装备较落后，捕捞加工方式破坏性严重。如炸鱼、毒鱼、电鱼、底层拖网、深海刺钓等不仅损伤生物幼苗，而且也极大破坏了海洋生物繁衍栖息的自然环境，经过几十年的过度、破坏式捕捞，导致中国近海海洋生物资源急剧衰退，多数经济和营养价值较高的鱼类已无法形成大规模渔汛，曾经盛产的野生大小黄花鱼、带鱼、墨鱼等近乎绝迹。同时，由于捕捞技术低下，浪费性捕捞行为以及大量渔获副产物也使得诸多已然濒危海洋物种因被误捕而更加稀少。

第二，沿海社会所依赖的生境系统被严重破坏。不断加剧的近岸围填海工程、海岸带交通等建设工程、港口航道疏浚活动、陆源污染物排放、海上石油泄漏事件等，轻则使近岸海洋生物的栖息规律受到干扰，重则使海洋生物栖息生境完全丧失。例如，一些重要海洋生态系统如红树林、珊瑚礁等，直到今天，退化趋势仍未得到有效遏制。在红树林海洋生态系统

① 刘建涛、贾凤姿：《环境与心灵的双重救赎——环境危机的人性之维》，《理论导刊》2012年第3期。

② 王凤珍：《人类理性的重建——环境危机的哲学反思》，高等教育出版社2004年版，第95页。

中，给至少96种海洋浮游植物、55种大型藻类、26种浮游动物、300多种底栖生物、几十种哺乳动物、上百种昆虫提供着生存环境以及包括物质循环、初级生产、生物多样性维持等在内的生态服务，在近65%的红树林系统衰退后，大量生物失去家园，导致数种海洋生物的消失甚至灭绝，也给海岸线带来了海水入侵、土地盐渍化等生态危害。

第三，物种入侵，造成海洋资源产业遭受侵袭和破坏，给海洋经济社会带来严重影响。伴随海洋运输业、海洋旅游业等对外交流活动的迅速发展，海水养殖物种的引入与传播也愈加频繁，越来越多外来物种开始在中国海域养殖、繁育。通常而言，具有强生命力、高繁殖率、高传播力、高竞争力且生态位较宽的海洋生物容易形成入侵。而如果原有海洋生态系统自然控制机制缺乏、生态位空缺、物种多样性较低、生境相对简单，气候温暖，特别是人为干扰严重，就更容易遭受外来物种入侵。[①] 事实上，任何海洋物种入侵事件的发生，都是外来海洋生物与当地海洋生态系统共同作用的结果。海洋外来物种通过竞争或占据原有物种生态位，排挤当地物种，或与当地物种竞争食物；或分泌化学物质，抑制其他物种生长；或直接扼杀当地物种。由此使当地物种的类型和数量大批减少，甚至导致物种濒危、灭绝。由于当地物种结构发生变化，海洋外来物种可形成单优群落，海洋生物群落的改变会相应地引起海洋生态过程的改变，包括物质、能量循环周期被更改，某些资源被加速消耗，海域贫瘠化过程加快等，最后，导致海洋生态系统的简化或退化，破坏原有的自然景观和资源形态。海洋外来物种一旦形成入侵，所引发的生态乃至经济损害是多方面的，如地区及国家收入的减少，控制费用的上升，以及由于海洋生态系统被破坏人类经济活动受到妨碍而导致的资源（如矿产资源、旅游资源）经济价值降低，产业受损严重，管理成本加大，经济效益和社会收益降低。

生境指的是生物群落包括人类的栖息地环境，可提供给生物必需的各类生存条件，包括食物、空间、能量及其他生态要素。于沿海居民而言，海洋生境是在特定的历史条件和近岸生态环境的综合作用下形成并不断演进的。一方面，人类社会过度开发海洋资源，过度捕捞、海上溢油、矿产滥采、围填海工程、工业化推进、城市化拓展等使得原始海洋生境不断被人工化，破坏愈加严重；另一方面，恶化的海洋生境又反过来报复人类，给沿海社会生存、生产、生活带来严重破坏。首先在生存方面。当外部干

---

① 解焱:《生物入侵与中国生态安全》，河北科学技术出版社2008年版，第121页。

扰过大，会造成海洋生态系统一个甚至多个组分缺损，引起营养关系的改变，初级生产者消失，消费者也会因生境变化及食物短缺而消失，导致沿海社会水产品供给数量大幅减少，甚至一些污染物经由食物链进入人们的餐桌，损害居民健康。此外，矿产、空间等必备的资源也会因其减少，使人类面临持续生存危机。其次在生产方面，随着部分海洋资源供给接近底线，沿海区域经济的增长将更多受到能获得资源种类及数量的限制，一些传统行业如捕捞业、盐业、砂矿业等可能会停滞乃至消失，同时，千万吨污染物进入海洋，造成海水变色发臭，不但导致大量动植物死亡及赤潮的发生，也直接妨碍海洋生物制药、海水化工、海洋旅游、海能发电等领域的生产，在规模及结构方面阻碍经济发展。最后，在生活方面，海洋资源匮乏及生境恶化，会迫使一些无法获得生产要素的企业关闭、职工下岗，靠海生存居民面临失业的同时也会驱使相对富裕的群体转移，去郊区或国外寻求更为适宜的生活环境，并使资金和技术随之流失，社会环境进一步恶化。如由于自然生物资源的急剧下降，沿海地区的渔民大量失业，受年龄、教育水平、技能所限，很难找到其他工作，收入来源没有保证，成为严重的社会问题。[①]

（五）海洋生态文明制度建设：任重道远

进入21世纪以来，基于海洋环境恶化和海洋资源濒危的问题，加强法律法规建设和制度建设不断被提上议事日程。特别是党的十八大以来，党中央高度重视生态文明建设，提出要“大力推进生态文明建设”，把生态文明建设放在突出地位，并将其贯穿经济建设、政治建设、文化建设、社会建设各方面和全过程，成为我国“五位一体”总体布局的重要组成部分，建立系统完整的生态文明制度体系，用制度保护生态环境。海洋生态文明建设作为我国生态文明建设的重要组成部分，是生态文明建设国家战略的题中应有之义。[②]

---

① 以上参见高乐华执笔:《中国海洋资源现状及问题》，载曲金良等：国家海洋实验室《中国海洋生态文化研究报告》，收入江泽慧、王宏主编:《中国海洋生态文化》，人民出版社2017年版，第466~495页。

② 许妍:《我国海洋生态文明建设重大问题探讨》，《海洋开发与管理》2016年第8期。

1.《海洋环境保护法》等法律法规的修订和新订

制度建设的依据是法律法规建设。《中华人民共和国海洋环境保护法》1999 年修订版，1999 年 12 月 25 日由中华人民共和国第九届全国人民代表大会常务委员会第十三次会议通过，自 2000 年 4 月 1 日起施行。其《总则》指明：“为了保护和改善海洋环境，保护海洋资源，防治污染损害，维护生态平衡，保障人体健康，促进经济和社会的可持续发展，制定本法。”修订后的海洋环境保护法在内容上增加了海洋环境监督管理、海洋生态保护、防治海洋工程建设项目对海洋环境的污染等章节，确立了重点海域污染物总量控制制度、海洋污染事故应急制度、船舶油污损害民事赔偿制度和船舶油污保险制度等，强化了法律责任，实现了与国际公约的接轨。2017 年 11 月 4 日，第十二届全国人民代表大会常务委员会第三十次会议决定，通过对《中华人民共和国海洋环境保护法》作出修改。自 2017 年 11 月 5 日起施行。《中华人民共和国海洋环境保护法》根据本决定作相应修改，重新公布。最新版《中华人民共和国海洋环境保护法》包括总则、海洋环境监督管理、海洋生态保护、防治陆源污染物对海洋环境的污染损害、防治海岸工程建设项目对海洋环境的污染损害、防治海洋工程建设项目对海洋环境的损害、防治倾倒废弃物对海洋环境的污染损害、防治船舶及有关作业活动对海洋环境的污染损害、法律责任、附则等内容，海洋环保法为海洋环境的保护提供了法律依据，体现了海洋生态文明建设的要求。

2. 休渔制度：海洋渔业资源保护的强制性措施

休渔制度的目的是让海洋中的鱼类有充足的繁殖和生长时间，休渔期一般是在伏季，此外还有禁渔区，该区域是常年不允许捕捞的，主要是繁殖场或越冬场等。我国自 1995 年开始，在东海、黄海、渤海海域实行全面伏季休渔制度。东海海域通过几年的休渔有效地保护了以带鱼为主的主要海洋经济鱼类资源。从 1999 年开始，南海海域也开始实施伏季休渔制度。几大海域的具体休渔时间长短各不相同，但主要集中在 6 月到 9 月之间。2009 年，原农业部对海洋伏季休渔制度进行了调整完善，黄渤海、东海和南海 3 个海区的休渔时间统一向前延长半个月，使三大海区的休渔时间分别达到两个半月至三个半月。其中，黄渤海三个月，东海三个半月，南海两个半月。伏季休渔制度的实行，为我国近海鱼类生长繁育提供了时间和空间条件，有效保护和改善了海洋生态环境，使海洋渔业资源得到休养生息，对渔业资源养护和渔获量增加的作用明显。[①] 休渔制度的实行对于保护不断枯竭的海洋渔业资源具有重要的意义，促进了渔业经济的可持续发展，为海洋生态环境的保护提供了一定的支撑。

3. “海洋自然保护区”与“海洋生态文明示范区”建设

海洋自然保护区建设。海洋自然保护区是国家为保护海洋环境和海洋资源而划出界线加以特殊保护的具有代表性的自然地带，是保护海洋生物多样性，防止海洋生态环境恶化的措施。1995 年制定实施的《海洋自然保护区管理办法》，规定海洋自然保护区的选划、建设和管理，实行统一规划、分工负责、分级管理的原则。国家海洋行政主管部门负责研究、制定全国海洋自然保护区规划；审查国家级海洋自然保护区建区方案和报告；审批国家级海洋自然保护区总体建设规划；统一管理全国海洋自然保护区工作。沿海省、自治区、直辖市海洋管理部门负责研究制定本行政区域毗邻海域内海洋自然保护区规划；提出国家级海洋自然保护区选划建议；主管本行政区域毗邻海域内海洋自然保护区选划、建设、管理工作。2012 年国家海洋局发布了《关于开展“海洋生态文明示范区”建设工作的意见》。国家海洋局于 2013 年确定了山东省威海市、日照市、长岛县；浙江省的象山县、玉环县、洞头县；福建省的厦门市、晋江市、东山县；广东省的珠海横琴新区、徐闻县、南澳县在内的 12 个市（县）为国家级海洋生态文明示范区。2015 年，国家海洋局又确定辽宁省盘锦市、大连市旅顺口区，山东省青岛市、烟台市，江苏省南通市、东台市，浙江省嵊泗县，广东省惠州市、深圳市大鹏新区，广西壮族自治区北海市，海南省三亚市和三沙市 12 个市（区）、县为国家级海洋生态文明建设示范区。至此，国家级海洋生态文明示范区总数达 24 个。

海洋生态文明示范区是海洋生态文明建设的重要载体，是深化海洋综合管理，促进海洋强国建设的重要抓手，对于推动沿海地区经济、社会发展方式转变，实现海洋环境生态融入沿海经济社会发展具有重要作用。

4. “海洋生态环境评价制度”与“海洋生态红线制度”的施行

2014 年国家海洋局发布了关于加强海洋生态环境监测评价工作的若

---

① 王夕源：《海洋生态渔业：我国伏季休渔制度的优化方向》，《中国渔业经济》2012 年第 2 期。

干意见，指出海洋生态环境监测评价是认知海洋的重要途径，是海洋事业发展的基础，是各级政府保护海洋环境的重要管理手段，要进一步健全国家（海区）—省（中心站）—市（海洋站）—县四级监测业务布局，实施分级负责、面向地方政府的海洋生态环境质量通报制度，对环境热点问题及海洋环保工作落实情况实施通报，督促地方政府落实海洋环保责任。建立监测评价工作的考核与监督制度，对年度监测工作完成情况考核评估。

海洋生态红线制度不断强化和完善。海洋生态红线制度是指为维护海洋生态健康与生态安全，将重要海洋生态功能区、生态敏感区和生态脆弱区划定为重点管控区域并实施严格分类管控的制度安排。早在 2012 年，国家海洋局就印发《关于建立渤海海洋生态红线制度的若干意见》，将渤海海洋保护区、重要滨海湿地、重要河口、特殊保护海岛和沙源保护海域、重要砂质岸线、自然景观与文化历史遗迹、重要旅游区和重要渔业海域等区域划定为海洋生态红线区，并进一步细分为禁止开发区和限制开发区，依据生态特点和管理需求，分区分类制定红线管控措施。2015 年，国家海洋局公布的《2015 年全国海洋生态环境保护工作要点》，明确在全国全面建立实施海洋生态红线制度，开展海洋资源环境承载能力监测预警试点，建立健全海洋生态损害赔偿制度和生态补偿制度，继续推进入海污染物总量控制制度试点。

制度建设是海洋生态文明建设的重要保证，如上这些法律法规和制度措施的建设实施，促进了海洋资源与环境生态保护和海洋生态文明建设的系统、配套制度化进程。但是，我们不得不指出，在海洋发展模式尚未作出根本性治理、根本性改变的前提下，这些海洋生态管理、治理的制度建设，其强度、硬度和执行力度，无疑是大打折扣的。这从中央和地方政府相关部门（特别是环保部门）的管理、执法难度，其面对“法不责众”的管理、执法成本和其管理、执法的实际效果来看，都很难让社会满意。

最根本的是国家整体经济发展理念、发展模式的真正生态文明化。没有海洋生态文明观念和模式的改变，海洋生态文明的实现是不可能的。

六、中国“海洋强国”建设的指导思想与理论建构

（一）中国“海洋强国”建设的应有理念

中国需要建设、能够建设成为什么样的“海洋强国”？显然，走西方的路，是不行的。

其一，建设西式的“海洋强国”，必然导致其成为西方观念、西方理论和西方势力的附庸，即西方“海洋强国”的附庸。一方面，自己的“海洋强国”努力因会构成与西方“海洋强国”的竞争而一定会受到西方“海洋强国”的打压，这就越发刺激了西方“海洋强国”的东山再起、四处争霸，导致自己的“海洋强国”之梦胎死腹中；另一方面，必将就会引发新一轮的否定自我，新一轮的“洋务运动”，新一轮对“洋人”的投怀送抱，新一轮的引狼入室，导致国家四分五裂，民生倒悬。近代的洋务运动走的就是这样一条路，其彻底的失败加重了中国的灾难，就是历史的证明。

其二，因为不符合中国人的海洋发展和“强国”理念。“中国梦是追求和平的梦。中国梦需要和平，只有和平才能实现梦想。天下太平、共享大同是中华民族绵延数千年的理想。历经苦难，中国人民珍惜和平，希望同世界各国一道共谋和平、共护和平、共享和平。”“中国这头狮子已经醒了，但这是一只和平的、可亲的、文明的狮子。”[①] 中国在海洋上的发展，建设“海洋强国”，必然是、必须是致力于海洋社会和谐、海洋世界和平的“海洋强国”。

世界已经进入一个全球性、国际化海洋竞争的“海洋时代”，世界海洋竞争发展之路应该怎样走、朝哪里走？中国作为一个海洋大国，能够为

① 习近平：《在中法建交50周年纪念大会上的讲话》，《人民日报》2014年3月28日。

世界、为人类的“海洋时代”贡献什么智慧、什么力量？中国需要建设的是一个什么样的“海洋强国”？其指导思想、发展模式、发展道路和发展方向应该怎样？这是中国建设“海洋强国”，并将之确立为国家发展战略，首先需要给予回答并认真解决好的基础性、根本性问题。

无疑地，中国要建设的“海洋强国”，就应该是中国人站在中国的立场上，按照中国的需要，建设符合中国人的文化认同，即符合中国人海洋发展理想的“海洋强国”。因为中国文化是讲求“天下一家”“天下大同”“求同存异”“和谐和平”“互利共赢”的，因此中国“海洋强国”的建设，是必然地既有利于中国，又有利于世界的。这就是中国能够为世界、为人类的“海洋时代”作出的贡献。

海洋文化是海洋发展的灵魂。海洋发展不但需要硬实力，更需要文化软实力的支撑和引领。世界“海洋时代”的发展需要中国的海洋文化发展、繁荣做表率；而中国的海洋文化发展、繁荣，需要有中国系统的海洋文化理论建构和引领。这不仅是为中国，也是为世界、为人类寻求和引领一条走向真正的“海洋文明”道路的时代使命。

中国作为一个在世界上历史最为悠久的海洋大国，和平、和谐地开发和利用海洋，是中华民族一以贯之、并在数千年中一直影响和惠及东亚世界并曾长期影响和惠及西方世界的优秀的海洋文化传统。中华民族创造、传承、发展的海洋文化积淀深厚，内涵丰富，形态灿烂，成就辉煌。因此，当代中国的海洋文化有必要、也有条件实现复兴和发展繁荣，也有传统、有资格“走出去”——影响和惠及世界。

在如何认知、如何评价中国的海洋文化传统和当代发展潜力与前景的时候，中国人实在用不着妄自菲薄、自我贬损、自惭形秽，拿西方海洋文化及其“大国崛起”作为“样板”和“尺子”来衡量我们自己是不是合乎他们西方的“尺寸”，“拿来主义”、拾人牙慧、支离破碎、牛头不对马嘴地大谈什么“蓝色文明”“海洋强国”——先树立西方某国——无非是美国、英国、日本，或再加一个俄罗斯等——是“海洋强国”的“样板”，然后就是论证中国有哪些“差距”、应该如何去“追”。显然，这样的西方模式的“海洋强国”之路，对于中国来说，既不能走，也走不通，既是邪路，也是死路。

中国人需要的海洋文化、海洋强国理论，应该是中国立场、中国话语、中国风格、树立中国人自豪感、系统的理论，是既惠及中国又惠及世界的理论。中国要建设的“海洋强国”，不但是在海洋经济发展、海洋科技创新、海洋权益维护等"硬实力"上的"强"，更是在海洋政治影响力、海洋文化感召力等"软实力"上的"强"。事实上，海洋政治影响力、海洋文化感召力是可以"不战而屈人之兵"，令天下折服而归心的，这哪里是"软实力"？这样的"实力"，是比"硬实力"还"硬"的。这样的"强"，才是真正的强，才是不但中国需要，而且世界都需要的"合目的"的强。

一段时期以来，不少学者提到中国的"海洋强国"建设，强调的多是如何大力发展海洋军事、海洋科技、海洋经济等这些"硬实力"。这自然是对的，很需要。但这还远远不够。人们大多忽略了国家和民族的海洋发展意识、指导思想、发展理念等精神层面的"海洋强国"建设内涵。

事实上，单纯的海洋军事、海洋科技、海洋经济等"海洋硬实力"的发展强大，像西方那些即兴即衰的新、老"海洋强国"那样，是不能长久的，这已经为西方一些新、老"海洋强国"大多"其兴也勃焉，其亡也忽焉"的兴衰历史所证明，并将继续证明；同时，这样的"海洋强国"，更是非道德、非正义的，也不符合中国的海洋发展理念。按照中国文化的价值理念，这样的"海洋强国"根本就算不上"海洋强国"。其一时之"强"靠的是海上武力打拼、侵略占领、四处殖民，是野蛮的海盗行为，虽能得势一时却不能长久；其海洋科技、海洋经济的动力机制仍然是利用海上武力、利用对别人或公共资源财富的侵夺占有；其争强争霸的发展逻辑只是物欲竞争、适者生存的物竞天择，毫无道德、文明可言，中国人对此嗤之以鼻。中国过去没有，现在和将来都不会做这样的"海洋强国"。

事实上，海洋强国的"硬实力"并不是单向度发展起来的，而是与海洋强国的发展理念、模式、目标、路径选择等"软实力"相统一、相匹配的；同样，我国也必须将"硬实力"与"软实力"相统一、相匹配，才能建设真正的海洋强国。"软实力"决定海洋强国建设的目的、方向和性质，"硬实力"是实现其目的、体现其方向和性质的手段和方法。因此，建设什么样的海洋强国的问题，说到底，就是选择并确立什么样的"海洋文明"模式亦即道路、方向和目标的问题。

（二）中国"海洋强国"建设的应有理论

中国要建设"海洋强国"，就要有建设"海洋强国"的基本理论，用于指导实践。我们这样一个海洋大国，建设"海洋强国"涉及方方面面，作为国家战略，如果缺少全局性、整体性、关键性也是基本性、根本性的统一的理论指导，就会顾此失彼，甚至走向歧途。因此，系统构建中国“海洋强国”的理论模式，全面回答什么是“海洋强国”，中国为什么要建设“海洋强国”，中国应该建设什么样的“海洋强国”，中国怎么样才能建成“海洋强国”，中国作为“海洋强国”将会起到什么样的作用等一系列全局性、整体性、关键性也是基本性、根本性的理论问题，并研究提出国家“海洋强国”战略目标的一整套切实可行的方案，用以指导中国“海洋强国”战略实践的国家决策参考，已经迫切地摆在了我们面前。

这些基本理论包括：

（1）在世界竞争格局下的“丛林法则”中，“海洋大国”或“超级海洋大国”只能有一国或少数几国，别的海洋国家若也要成为“海洋强国”，大多是不可能的，能够靠军事扩张、侵略冒险、直接向“海洋强国”宣战并将其打败“取而代之”的，只有少数新的一个或几个。这种“丛林法则”的实质就是武力拼杀。这样的“海洋强国”道路是非人性、非人道、非正义的，这样的海洋强国观念是不足取的。

（2）世界上的“海洋强国”并非“千篇一律”的同一种模式、同一种类型。英国的、美国的、日本的武力拼杀、侵略扩张的“海洋强国”模式是同一种类型；如果将中国古代对海洋的开发利用、在海洋上的发展视为另一种类型，则“海洋强国”的内涵也将更新丰富。其各自坚守的海洋发展理念、所走的海洋发展道路、对内对外所产生的影响也是不同的。

（3）世界上的“海洋强国”不应该只是海洋经济、军事的“强国”，而应该是全面的、综合的、文化的强国。

（4）世界上的“海洋强国”不应该是竞争性的、威胁他国的、倚强凌弱的霸权性“强国”，而应该是对世界海洋和谐、和平起到示范性、引领性的强国。自近代以来在世界上起主导作用的是西方竞争性的、侵略性的、霸权性的“海洋强国”，其在古代历史上相互之间的竞争、侵略、吞并，且自 19 世纪中叶东侵以来导致世界的不得安宁和其自身的开始衰落，都充分证明了其发展模式的不可持续性。

（5）主导当今世界海洋发展应有的现代海洋观、“海洋强国”观，不应该仍然是西方的以海洋军事霸权为主要内涵的海洋观、“海洋强国”观。因为这样的海洋观、“海洋强国”观不仅在历史上已经给世界上的多元文明带来了极大破坏，而且在当今时代也导致了海洋竞争日益激化、“海洋强国”多极军备竞赛、国际争端此起彼伏、小规模乃至大规模的海洋战争的危险无时不在。这样的“海洋强国”发展模式不可持续，这样的海洋观亟须摒弃，这样的历史教训应该吸取，代之而立的，应该是对内和谐、对外和平的海洋发展观、“海洋强国”观和“海洋强国”发展模式。这是合乎人类文明、正义、道义的，因而是正确的。这样的海洋观、“海洋强国”观和“海洋强国”发展模式，在中国海洋发展传统中有悠久而深厚的历史文化基础，并且中华民族至今一直坚守着这样的海洋发展理念。因此，中国应该、也有能力有条件倡导和建立这样的现代海洋观、“海洋强国”观，中国应该、也有能力有条件为世界海洋和平作出自己的贡献。

（6）中国要建设这样的海洋发展观、“海洋强国”观，必须有中国的海洋发展和“海洋强国”话语，并大力打造中国自己的话语权。近代以来，西方话语、西方话语权严重影响了中国的知识精英阶层进而民间社会。尤其是在知识精英阶层，人们看事情、思考问题，使用的理论、观念、方法乃至思维方式往往都来自西方，这就自觉不自觉地将自己的海洋发展的目标建构诸如“船坚炮利”“富国强兵”及其实现途径纳入西方话语与理论体系，几乎西方的一切都成了人们比附的标准。而这样做的结果，是在近代百年中不断地努力、不断地探索、不断地失败，海防崩坏，海权丧尽，不仅屏藩属地纷纷丢失，而且内地海疆也不断被割让、被租借、被占领殖民，国家主权严重受损。国家海权决定了国家主权的命运。由此导致在国外势力压迫与挑拨、国家丧失了主流价值观之后，国家政权缺乏了认同，效力不逮，频繁更迭，四分五裂，进而导致内战频仍，引来进一步的外侵不断，致使中华民族“三座大山”压顶，身处苦难深渊。新中国的成立标志着“中国人民在世界上站立起来了”，中国这头“沉睡的雄狮”已经醒了，“但这是一只和平的、可亲的、文明的狮子”[①]。在全球性海洋竞争的今天，中国作为一个世界海洋大国，要建设成为世界上重要的“海洋强国”，就必须要有自己的不同于西方“海洋强国”的话语，必须用始终秉持和平发展理念、走和平发展道路，做“和平的、可亲的、文明的”中国“海洋强国”的话语表达给世界。而且仅仅如此还远远不够，要达到海洋和平发展的目的，实现海洋和平发展的目标，还必须将自己的“话语”变成“话语权”，用于影响、引领和主导这个海洋竞争四起并日益激烈的世界。因此，打造中国“海洋强国”的话语权，就成为建构中国“海洋强国”理论模式、实现中国“海洋强国”建设目标的关键。

① 习近平：《在中法建交50周年纪念大会上的讲话》，《人民日报》2014年3月28日。

（7）中国建设“海洋强国”，必须走海洋和谐、海洋文化繁荣之路，海洋强国的发展目标和指导思想必须是海洋和谐、和平、繁荣，“海洋强国”的要素内涵既包括对国内而言海洋产业经济的可持续发展、海洋环境资源的可持续开发利用、海洋区域社会生活文化的可持续繁荣，又包括对国际而言海洋和平政治机制的建立、国家海洋权益的安全、国家在世界海洋事务中不仅有发言权，而且有主导权。这就意味着，中国建设“海洋强国”的实现途径，需要的是政治、经济、法律、军事、科技、文化各要素有机协调；国家目标明确、制度建设和法规政策到位；国民海洋意识增强，自觉维护对内的海洋和谐、对外的海洋和平；国家对外宣传并倡导海洋和平理念和国际合作机制，同时在当代条件下，有足以震慑敌对势力的海洋军事力量。

（8）中国本身就是历史上长达数千年领先世界的海洋大国，以其和谐、和平的“天下”（世界）理念和秩序建构维持了中原王朝统辖天下、海外世界屏藩朝贡的海洋和谐、和平历史，足以证明中国海洋发展模式的适应性、合理性和顽强生命力。但中国古代海洋发展的大国模式，也有其致命伤：一旦遇到中央政权统辖之外的敌对势力发展强大而海上侵袭，海防不固，必然国门洞开，因此真正的“海洋强国”，海洋军事强大，敢于、善于消灭一切海上威胁之敌，是必备的保障性要素。

（9）中国对内致力于社会海洋和谐、对外致力于世界海洋和平的现代海洋观、“海洋强国”观，其建立和推广需要根据国内条件和国际环境，及时加以发展完善，既包括发展完善其时代内涵，也包括发展完善其实现条件。这包括国内、国外两个基本面向：

对国内，在致力于社会海洋和谐上，需要两手：一手是从制度建设上彻底改变（可以是逐步的）受西方发展模式影响导致的海洋环境、资源开发权使用权的私有化竞争化发展模式，改变国民内部对海洋环境、资源的无序竞争和侵夺贪占所形成的破坏局面，改变那种自己与自己竞争、自家人打自家人、挤压自家人、剥削自家人的海洋发展模式，建立以公有制为主体的“共有共享”、全面组织起来合作生产生活，包括开发与保护，从根本制度上既保障海洋生态与环境资源的可持续发展，又保障涉海社会避免贫富差距、走“共同富裕”之路的和谐发展；另一手是从发展方式建设上彻底改变（可以是逐步的）海洋开发利用的“现代化”模式和手段，严格禁止对海洋环境资源“断子绝孙”式的开发利用手段，鼓励、引导形成海洋社会生态自然、不破坏环境、不破坏资源的生产生活方式。

对国外，在致力于世界海洋和平上，“和平海洋”的“海洋强国”发展观其建立和推广需要根据国内条件和国际环境，不断加以发展完善，既包括发展完善其时代内涵，也包括发展完善其实现条件。在对外致力于世界海洋和平的战略对策上，需要两手：一手是用中国的文化观念包括海洋发展观念影响世界并逐步引导世界；另一手是必须建设强大的海上力量，不是为了对外进行海洋争夺和侵略扩张，而是为了遏制、抵抗乃至消灭那些“不和平”的海上力量，以维护和保障世界海洋和平。

（10）中国建设海洋强国的实现途径，需要的是国家顶层设计；政治、经济、法律、军事、科技、文化各要素有机协调；国家目标明确、制度建设和法规政策到位；国民意识增强，自觉维护对内的海洋和谐、对外的海洋和平；国家对外宣传、主导海洋和平理念和国际合作机制，同时在当代条件下，有足以震慑和惩罚直至消灭敌对势力的海洋军事力量。

“海洋强国”的建设发展模式，来自“海洋强国”理论模式的规约和指导。“理论模式”，就是用来阐释、描述、评价和建构事物的主体话语、逻辑规范、价值理念等理论构架体系。“海洋强国”的理论模式，就是从理论上建构“什么是海洋强国”的概念、阐发建设“这样的海洋强国”理念、观念的理论内容、理论主张及其规约与指导下的制度安排和道路抉择、政策设计和应用实践等。

世界历史上已经有了大大小小许许多多的“海洋强国”理论及其实践，但那些理论及其实践都不可能适用于当代中国“海洋强国”建设的需要。中国在近代史上已经长期吃了“拿来主义”的大亏，至今难以摆脱“洋理论”“洋教条”的束缚和控制。中国要建设自己的“海洋强国”，就要有中国自己的“海洋强国”理论，照搬别人的“海洋强国”理论不行；中国的“海洋强国”建设是把中国从一个世界大国建设成为一个世界强国、实现中华民族伟大复兴中国梦的重要组成部分，是体现中国国家海洋发展理念、民族海洋发展愿景的全局性、全方位的国家战略安排，只有某一层面、某一方面、某一问题的“海洋强国”理论不行，必须建构出系统完整的中国“海洋强国”理论体系，形成中国“海洋强国”建设的理论模式，用于指导中国的“海洋强国”建设实践。

中国的“海洋强国”理论模式，就是用中国主体话语定义中国“海洋强国”内涵、用中国价值理念定位中国“海洋强国”目标、用中国发展逻辑定性中国“海洋强国”道路的“三位一体”的中国“海洋强国”认识论、发展论和实践论体系。

中国的“海洋强国”理论模式“内涵—目标—道路”三要素的“三位一体”，是互为依存、互为支撑、互为体现因而可相互推导的一个整体理论体系。既定的中国“海洋强国”内涵这一认识基础，就必然指向既定的中国“海洋强国”目标这一发展追求，也就必然通过既定的中国“海洋强国”道路这一实践途径得以实现。

（三）中国“海洋强国”建设道路的自尊自信

在党的十八大报告明确提出建设“海洋强国”，向全国、全世界宣示了我国已经将“海洋强国”建设确立为国家战略之前，国际上不少人就认为，中国已经成为世界第二大经济体，凡强必霸，因而“中国威胁论”在国际上甚嚣尘上。因此有人担心，我国若公开提出建设“海洋强国”，是不是会引起国际上更激烈的争议？这种担忧无疑是善意的，但又大可不必。中国需要走自己的大国复兴之路，不必仰别人鼻息，看别人的脸色。“海洋强国”建设，是中国人自己的事情，是中华民族伟大复兴的发展需要。

国际上之所以会出现“中国威胁论”并不断成为“热点话题”，事实上正是因为我国外交话语也好、民间话语也好，向世界上过多地、单方面地传达了我们“韬光养晦”的善意的缘故，导致的是国际上与我有竞争关系乃至敌意关系的国家的政客及其宣传机器，有意识地在舆论上抹黑中国，乃至妖魔化中国。只要检视一下世界上的“中国威胁论”者，一看就知道他们是站什么样的立场上、代表着谁的利益、怀着什么样的目的、用什么样的眼光和话语说话。基于他们的立场、利益、目的、眼光和话语，无论中国要不要复兴、要不要崛起，他们都是要必然地鼓吹“中国威胁论”的。在他们看来，根据他们的愿望，中国最好不要发展，更不要崛起，甚至最好不要有军队，哪怕一兵一卒都不要有，甚至最好由他们来管理，甚至殖民，否则就是对他们的威胁。因此，他们总是无时无刻不在盯着中国，只要中国不接受他们的价值观及其制度，那就是“中国威胁论”。“霸权国永远不会允许任何一个挑战者长期地、持续地发展，必然会采取各类措施遏制挑战者的发展。”①

① 林小芳:《八国集团确保大国和平衰落》,《环球时报》2006年7月20日。

世界上的海洋文明各不相同，对世界历史和人类文明影响最大的，主要有中、西方两种类型。西方海洋文明在近代之前只在环"地中海"内左冲右突，未越"雷池"半步；自近代"冲出地中海"之后开始了四处侵略、殖民的罪恶历史，至19世纪中后期被中国投降派即洋务派吹嘘为"列强"，任其贪占，进而影响了东北亚、东南亚地区的纷纷引狼入室，其中日本"自觉"地"脱亚入欧"，走向西方式的强盗四侵之路；至20世纪中后期这些"列强"以及日本又被迫纷纷缩回到了自己的老窝，坑害了别人也损害了自己，但其政治、经济的"游戏规则"至今未变，仍在影响着世界，靠着中国和其他"发展中国家"的廉价甚至无偿的商品供给维系着其色厉内荏的强盛。但其这样的"发展"模式及其"游戏规则"的不可持续性已经暴露无遗，拯救这个世界的"基因"，是爱好和平、"海纳百川"、以"天下共享太平之福"为己任、曾在数千年中历久弥新的中国文明及其海洋文明。

中国至少自夏商周时期开始，就是这个地球上已知世界历史的最大文明国度，也是最强的文明国度。自夏商周时期就"普天之下莫非王土，率土之滨莫非王臣"，并非中国古人在自吹自擂，即使罔顾丰富具体的历史文献记载，也不能在不断为考古文化所发掘的丰富具体的历史铁证面前还一味胡说。世界上至今还没有别的文明国度像中华文明这样如此幅员辽阔、历史悠久。中华民族的近代史上没有脊梁的屈辱的那一页，中华民族不应该忘记。那一页是中华民族被视为"东亚病夫"的时刻，那时没有人说"中国威胁论"，但就在中国进入那一刻之前的一刻，西方还在到处宣扬"中国黄祸论"，目的是激起对中国的仇恨与鄙视。而那一刻，正是到处宣扬"中国黄祸论"的西方社会在"文明"地"崛起"——气势汹汹地武力航海，在杀向非洲、美洲之后又杀向亚洲的时刻。而西方这段血腥的罪恶历史，却被西方历史学者们进而被西化了的现代中国史学者们美化成了"人类从此进入了'全球史'的时代，而欧洲从此也就成为世界文明的中心"，这是人类历史"发展进步"的"标志"，也是今天的"全球化"开始的时代。在美化者们看来，这样的"全球化"是"时代潮流浩浩荡荡，顺之者昌逆之者亡"，中国政府、中国人民对世界的认识和了解是极少的。这是对中国历史之数千年的辉煌视而不见。

在近代以来特别是现代以来我国面对来自海上的侵略威胁并没有消减的形势下，必须建设强大的国防力量包括海防力量以保障国家安全；但战争毕竟不是常态，和平发展，包括海洋和平发展，仍是世界发展的主旋律，而且也正是中华民族关于天下一家、关于世界大同的精神道德理念的最高境界——中华民族一直为之主张，为之信守，至今是我国政府处理国际和地区事务的基本准则。我国的国防包括海防力量已令敌人胆寒，但我们的战略准则是战略防御而不是战略进攻。中国文化包括海洋文化的泱泱大国之风，谦谦君子之态，友好和平之德，兼容并包之体，不仅在历史上通过海陆互动发展、海外交通贸易、海外政治文化交流，曾经使东亚地区众多国家、民族自觉自愿地成为中国文化圈中的一员，历史地显示了其强大的感召力。在当今全球性海洋竞争发展的世界格局中，也同样会越来越充分地显示出其令世界大多数爱好和平、向往和谐的人民赞赏、折服的精神魅力，并成为世界和平包括海洋和平的坚强依靠力量。

因此，中国既要加快自身的发展，又要对人类作出较大的贡献，就应该弘扬自己的主体文化包括海洋文明，通过海洋发展、构建和谐海洋，一方面满足自身的海洋物质文化和精神文化需要，另一方面向人类展示中华民族与中国文化的世界魅力和影响力，影响世界当代历史发展的方向和进程。

七、中国"海洋强国"建设的目标定位与内涵标志

（一）中国"海洋强国"建设的国家—国民主体责任

中国的"海洋强国"建设，既是国家战略行为，又是国民自觉行为。在当今全球海洋竞争发展的"海洋时代"，相关国家的综合国力竞争已经集中到了海洋国力竞争，"海洋国家"已经代替了原有的"沿海国家""岛屿国家"的传统指称。海洋国力竞争有"硬件"竞争和"软件"竞争。"硬件"，即国家的海洋经济实力、海洋科技实力、海洋军事实力等基础实力；"软件"，即国家发展海洋、建设海洋大国和海洋强国的发展理念、指导思想、目的定位、制度设计、道路选择等政治智慧，与全民族对此的普遍认同、信奉和由此而形成的民族凝聚力、向心力、自信力、感召力等共同构成的国家海洋文化实力。这种海洋文化实力"软件"，事实上就是一个国家、一个民族发展海洋的生活方式。它体现着这个国家、这个民族发展海洋的精神风貌、价值观认同、民生质量和生活感受，包括幸福感受、审美感受等高端生活感受与人生社会追求。这样的"海洋文明"，才堪称而不玷污人们所津津乐道、值得人类向往的"海洋文明"。

在国家战略层面上，中央和政府一直在大力推进。而在国民自觉层面上，还存在着不容忽视、亟须解决的问题。其中主要是意识问题、观念问题。一说到国民的"海洋意识"问题、"海洋观念"问题，不少学者往往认为"不高""有待加强"，因而提出的"解决方案"往往是"提高""普及"等。这固然是问题的一个方面，但这不是问题的关键。问题的关键在于，国民的思想观念受西方理论、西方教育和我们宣传不当的影响，很多"海洋意识""海洋观念"是错的，在应该如何发展海洋、建设"海洋强国"问题上，存在着认识误区，有些十分普遍，有些十分严重，即使是一

些“常识”性错误，也尚未得到纠正。

比如，说发展海洋，发展海洋文化，这不存在问题，谁都会说重要；但如何发展、朝着什么方向发展？是向西方学习、朝着“西式”的模式发展，还是立足于中国实践，基于中国海洋文化传统，坚持中国文化本位，走适合于中国国情、为中国人喜爱、适应中国人需要的和谐的、和平的、可持续的中国特色海洋发展之路？这一根本性问题在很多人的观念中并不明确，因此亟须明确。

比如，对国际海洋竞争、海洋经济发展中文化的作用认识不足。如只强调国际海洋竞争的利益竞争问题，而忽略其竞争思想、竞争观念等文化深层次的决定性、主导性因素及其作用；只重视海洋经济指标、数据的提升，而忽略经济观、发展观等文化深层次的决定性、主导性作用，包括经济质量评价、社会和谐与环境友好评价、国民生活的幸福感受评价等问题。

比如，对“发展”的理解。多年以来我们的“发展”往往只注重经济发展，往往沾沾自喜于发展数字、GDP 指标，认为必须年年增长才是发展，否则就是倒退，为此而往往不顾发展的质量，发展的伦理，发展的人性化，发展的可持续。这样的“发展”在海洋上“表现突出”，尤其是由于“海纳百川”，海洋成为万源之汇，陆源污染、破坏导致海洋承受得更为严重。我们的海洋环境问题近些年来已经到了几乎天天讲、月月讲、年年讲的地步，不断强调治理，不断反复治理，但仍然问题多多，积重难返。

如上这些问题能否得到很好的解决，直接关乎中国海洋文化当代发展、“海洋强国”建设的质量和未来命运。

对于这些问题能否得到很好的解决，责任在教育，责任在学术界、文化界。对中国文化包括中国海洋文化的认识，是以对中国历史文化包括中国海洋历史文化的事实及其评价为基础的；中国文化史观、中国海洋文明史观的正确与否至关重要。历史观正确了，中华民族对自己的历史、文化乃至民族自身就会有认同感、自豪感、自信心，否则就只能是自惭形秽。

当今世界激烈的综合国力竞争，不仅包括经济实力、科技实力、国防实力等方面的竞争，也包括文化实力和民族精神的竞争。将文化问题提到综合国力的重要组成部分的高度，这是对文化问题的应有认识。这里的“文化”，在现代意义上，随着全球性农耕文明在主体上让位于工业文明、城市文明和商业文明，就世界文化发展的整体走势和主导文化而言，已经更多地体现为海洋文明。“谁控制了海洋，谁就控制了世界。”这种源自古希腊、近代又被反复“复制”和强调、已经强化成了西方文化主导意识的海洋发展思维，各国发展海洋、竞争于海上的发展战略，在“竞争”“控制”思想意识像一把墨伞笼罩和控制着地球的当代条件下，已经“深入人心”。随着国际社会将21世纪看作“海洋世纪”蓝色浪潮的兴起，全球性海洋经济、海洋科技、海权力量的竞争，已经成为各海洋国家综合国力竞争的重要领域，甚至被视为竞争的“高地”，与此同时，海洋意识、海洋观念在国际社会中已经日益强化。海洋文化问题越来越显示了其重要程度。

发展海洋科技、促进经济发展，旨在对海洋物质的获取、占有和享受，这在世界各国可以没有什么区别；但在世界各国、各民族那里，人们对海洋的审美感受、对海洋价值的体认、人们的海洋意识和观念、人们的涉海生活方式及其精神世界却不尽相同。世界一体化、全球化，目前虽然看起来还只是世界经济层面上的事情，但经济基础决定上层建筑，经济问题绝不仅仅是单层面的问题。毋庸讳言，世界一体化、全球化已经对世界上大多数自觉不自觉纳入了这一“体系”的国家、民族的文化造成了影响、渗透。如果一个国家、一个民族连自己的文化都被世界一体化、全球化所同化了，那么距离这一国家文化、民族文化的彻底消亡也就为期不远了；如此，这个国家、民族的不复存在，至少是名存实亡也就为期不远了。由于世界一体化、全球化是“现代化”的产物，而“现代化”是西方“发达国家”所主导的，因而如此所导致的国家文化、民族文化的消亡甚至国家的消亡，则实质上是被西方“发达国家”所“统一”的结果、“同化”的结果；也就是说，这样的“世界大同”包括“文化大同”，其实质就是以“非西方化”国家、“非西方化”民族及其文化的消亡为代价的全球的全盘西化。对此，我们必须保持高度警惕。

在当今全球海洋竞争发展时代，一个海洋国家的海洋文化，是一种强大的“文化力”，是一国综合国力的重要构成部分。在当今“海洋时代”，海洋国家综合国力的竞争就是海洋国力竞争，尽管其支撑性的“硬件”是国家海洋经济实力、海洋科技实力、海洋军事实力等基础实力，但其“软件”即国家的政治智慧和民族的凝聚力、向心力、自信力等文化实力，有时却比“硬件”还要“硬”，并决定着“硬件”的政治与文化属性、价值功能。“硬件”相对于“软件”而言，只是工具、手段，而“软件”则是“人”，即国家、民族及其文化。“硬件”掌握在谁手里，就会为谁服务。文化实力——国家政治智慧和民族凝聚力、向心力、自信力的来源，是对国家主体文化、民族文化的认同。文化实力强大了，其他实力可以强大；文化实力衰弱了，其他实力不会真正强大，看似强大了也没有用，也会被打垮、被摧毁，被战胜者利用，自身衰落下来。

世界海洋大国间展开的作为综合国力竞争内容的海洋经济、海洋科技、海洋资源、海权力量竞争，说到底，是各自海洋文化力的竞争。也就是说，导致这种竞争的开始、左右这种竞争的格局和态势、决定这种竞争的发展方向的，是世界各海洋大国的海洋思维、海洋意识、海洋观念等海洋文化因素。一国海洋文化的整体实力，左右着“海洋世纪”中一国的综合国力竞争的方向，并且对综合国力的竞争发展发挥着关键的支撑作用、保障作用、导向作用，进而发挥着影响全局、决定全局的作用。

长远来看，“21 世纪是海洋世纪”，是各海洋国家尤其是海洋大国、强国之间基于长期的、越来越激烈的海洋经济、海洋科技、海洋资源、海权力量的竞争趋于白热化的“世纪话语”，这一“世纪话语”的主动权，目下掌控在西方海洋发达国家手中。我国的海洋发展乃至国家发展，如果仍然按照西方给出的“既定”的模式，纳入这一世界体系，与其“国际接轨”的话，则只能在西方所主导、所控制的“海洋利益”的残余空间中争取自己的一席之地。面对这样的海洋发展模式所体现的文化偏误与弊端，我国无论是决策层面还是智囊层面、民间层面，必须肩负起自己的国家主体责任、智囊主体责任、民间主体责任，必须树立自己的文化理念，建立自己的话语，构架自己的理论体系，从而真正确立自己的“海洋强国”目标，实现中华民族的海洋复兴、文化复兴，在建设“人类命运共同体”“海洋命运共同体”中发挥一个历史悠久、文化丰厚的泱泱大国作用。

（二）中国“海洋强国”建设的目标定位

中国海洋强国建设，应该确立一个明确的目标定位——海洋文明强国。

海洋文明，就是一个文明整体在精神文化、制度文化、社会文化和物质文化诸方面，都指向并体现为重视海洋发展、享用海洋发展的文明。

中国海洋文明强国建设，就是在现代条件下，中国整体在精神文化、制度文化、社会文化和物质文化诸方面，都指向并体现为重视中国和世界的海洋发展、享用中国和世界的海洋发展的文明。

中国海洋文明强国建设，既要基于中国海洋发展的传统文化基础，又要适应中国现代海洋发展的当下和长远的国家战略和民族需要，以对外构建海洋和平世界、对内构建海洋和谐社会和海洋可持续发展为指向，在精神文化建设、制度文化建设、社会文化建设和物质文化发展诸方面，形成全国全民族的社会共识和共同行动。

将中国海洋文明强国建设作为中国海洋文明强国指向的目标定位，无疑应基于人类已经走进了全球海洋竞争时代所出现的问题。这个时代目前是西方文化模式所主导的，而西方文化模式不仅过去有过血迹斑斑的不光彩历史，而且在现代又导致世界危机四伏，因而无论过去还是现在，西方文化不可以继续主导人类海洋时代的发展。尽管中国当代的海洋发展不可能游离于世界海洋发展的整体格局之外，但中国的海洋发展不应该亦步亦趋地依然从属于西方所主导的这一模式、这一“游戏规则”，在这一模式、这一“游戏规则”下“戴着脚镣跳舞”。因而，鉴于中国越来越认识到自己的文化传统价值对于当代治疗西方文化所导致的现代化病态具有大可“扭转乾坤”的优势，中国就应该理直气壮地、信心十足地以世界海洋大国的姿态和气度，将建构规范中国现代海洋发展并影响世界海洋未来的中国海洋强国建设模式，确立为中国海洋文明强国的目标定位。

因此，将构建中国海洋文明强国建设确立为中国海洋文明强国的目标定位，就是要用中国海洋文化实现“人”化海洋，“文”化海洋，亦即用中国文化实现中国海洋发展的人文化。

这样的中国海洋文明强国目标定位，既能实现中国作为海洋大国的自身发展，又能辐射影响乃至主导世界海洋发展方向。这是因为，中国海洋文明强国目标的实施与实现，体现的是当今世界“海洋强国”的应有方向，因此必然对世界海洋文化的发展形成强大的文化吸引力和向心力，大面积地、大幅度地影响、带动和主导世界海洋文明强国目标的制定、实施与实现。这不但是中国的需要，也是世界的需要。中国作为世界上重要的海洋大国和具有悠久灿烂海洋文化历史的泱泱大国，应该为世界海洋文化的发展、为世界海洋文明的构建率先垂范，担负起大国的责任，作出大国的贡献。

（三）中国海洋文明强国建设的基本原则

基于以上，中国海洋强国建设，必须有中国自己的主导思想，以明确自己的道路抉择，必须有明确指向目标定位的根本原则。这是必需的，不应有丝毫含糊。

第一，中国发展自己民族的、国家的海洋文化，成为中国以海洋立国、海洋强国的国家意志。

中国作为世界上的海洋大国之一，具有悠久的海洋文化历史，海洋文化的力量，深深熔铸在中华民族的生命力和凝聚力之中，而且是中华民族包括海外华人、东方中华文化圈中特有的祖国价值观、民族亲和力、感召力和凝聚力的重要源泉，是维系国家和民族发展的精神力量和情感纽带。长期以来，人们对此却缺乏足够的正确的认识，因而导致海洋文化意识在我国的长期扭曲和缺位，这无疑制约着我国在“海洋世纪”中综合国力的发展，尤其是海洋国力的发展。因此，我国的国家海洋发展战略研究，理应把“海洋强国”战略研究放在应有的地位。在当代世界各大国、强国之间激烈的综合国力竞争中，作为“硬件”，综合国力表现为海洋经济实力、海洋科技实力、海洋军事实力、海洋政治实力等，但被视为“软件”的海洋文化实力包括民族精神实力，则与海洋经济、海洋科技、海洋军事、海洋政治等互为一体，不可或缺，在综合国力竞争中日显重要，日益成为综合国力的重要标志。但近些年来，我国虽然一直强调发展国家的海洋事业，并加大了发展的力度，却一直较多地侧重于海洋经济层面、海洋科技层面、海洋军事与权益层面、海洋环保与管理层面，而对海洋文化这种精神层面的“软”层面，却由于海洋文化观念和意识的长期缺位而没有给予应有的重视，甚至严重忽视。像中国这样一个海洋大国，从历史到今天，有着丰富的经验和深刻的教训。海洋文化观念的淡薄和缺失，并非自古已然，而是近代以来受西方列强侵略之后落后于西方世界、直至现代化以来受“欧风西雨”冲击而崇洋媚外、丧失自我精神家园的文化表现。因此，作为我国的国家海洋发展战略的研究制定，绝不应让我国的“海洋强国”战略缺席。弘扬中华民族海洋文化精神的历史传统、促进我国海洋文化新的繁荣昌盛、强化我国海洋文化精神的威力和高显示度，是增强我国海洋国力、实现我国海洋发展的国家目标的必然选择和当务之急。

海洋文化体现着“海洋世纪”的时代文化主潮，代表着“海洋世纪”文明发展的方向，对综合国力的竞争发展起着关键的支撑作用、保障作用、导向作用，甚至是影响全局、决定全局的作用。因而中国“海洋强国”战略，不但是国家海洋发展战略的重要内涵和子系统，而且是国家海洋发展战略目标实现的文化支撑，同时还是国家海洋发展战略目标的终极体现。在国家海洋发展战略研究中凸显“海洋强国”战略研究，建构“海洋强国”战略的目标体系和行动纲领，重塑中国当代海洋文化的繁荣和辉煌，向全世界展示中国的国家海洋文化形象，从而在全球化、现代化浪潮中充分体现一个海洋大国人文发展的目标指向，不仅是一个时期我国海洋发展的战略任务，而且应是对整个人类发展走向的终极人文关怀。

第二，中国海洋强国建设，根植于中国自己的海洋文化传统。

中国的海洋文化，是中国文化的重要组成部分，其本位的坐标，就是中国文化。如我们前面所论，“中国海洋文化”并不是与“中国文化”并列的两个范畴，更不是对立的；“中国海洋文化”是“中国文化”的重要内涵和有机构成部分。中国海洋文化的创造和传承主体有国家（民族）、地方（区域）、社群（社会群体）3 个层面。这 3 个层面的文化的最高层面就是作为一个整体的“中国文化”，创造传承、建设发展中国的海洋文化，就是创造传承、建设发展中国文化的题中应有之义。我们认识中国海洋文化的历史与现实问题，我们要建设和发展中国现代海洋文化，目标指向建设中国海洋文明强国建设，即基于此。找到了中国文化的本位，解决了中国文化本位的迷失及其症结问题，也就解决了中国海洋文化本位的复归问题。在这一意义上，创造传承、建设发展中国海洋文化，就是创造传承、建设发展中国文化。因此，在创造传承、建设发展中国海洋文化的当代进程中，必须以中国文化的主体精神为主体本位，改变中国海洋文化意识、观念的迷失与自我贬损问题，高扬中国文化的旗帜，弘扬中华优秀传统文化，才能使中国海洋文化的现代发展和中国海洋文明强国建设的建设，具有中国文化的“灵魂”，作为有源之水，有根之树，永葆生命之树常绿，永葆旺盛的文化青春。

中国海洋文化传统比西方海洋文化具有先天的优势。这个优势就是：作为一种文化统一体，中国文化历史上就具有大陆文化与海洋文化、农业文化与商业文化、内敛文化与开放文化或曰长城文化与码头文化兼有兼容、互补互动的二元结构和发展机制。在传统社会、传统文明中，中国文化是在儒家文化统摄的观念系统中重农轻商但不抑商、重陆轻海但不抑海，并在实际操作层面上则农商并重、海陆并举的文化选择。所谓中国的“闭关锁国”“封海禁洋”，只是主要在明清两代的多个时期中迫于当时的国际国内局势而作出的不得已选择，尽管这样的选择在今天看来也许并不一定就是“最佳”，但这并不代表中国传统文化面对海洋的必然走向，就如同西方中世纪选择了禁锢与封闭同样道理。明清两代中海洋政策的时禁时开，就很能说明问题。从总体上看，中国历史上的商业文化、中国历史上的商业发展、中国历史上的城市经济、中国历史上的海洋发展与开拓，绝不比任何别的民族、别的国家、别的文明落后。应该说，中国历朝历代所选择的这样的发展道路、所形成的这样的文化传统，是有历史根据、长期考量、总结积累的最佳选择，是中国历代政治文化精英智慧的结晶。正是由于选择了这样的文化发展道路，中国文化才有了如此辉煌、丰厚、绵延不断的历史；正是由于选择了这样的文化发展道路，才有了世界早期文明史上东方世界的中国文化圈（今多称为汉文化圈、儒家文化圈）的形成和发展，形成了以中华天下一体观念为基础，以中国文化为主导、以中国为核心、为宗主国的东亚朝贡体系和国际秩序；正是由于选择了这样的文化发展道路，我们才有资格、有机会为我们自己的如此优秀灿烂的中国传统文化而自豪。

如前所论，中国海洋文化传统模式在近现代社会的失落和败北，并不是这种模式自身发展的必然结局，而是遭遇西方海盗式、掠夺式、依靠洋枪洋炮殖民式海洋文化袭击和重创的结果。西方海洋文化基于资源匮乏的掠夺、占有，具有先天的劣根性，因而必然导致与别国、别民族的激烈竞争，因而也必然以整体性浪费资源、浪费人的生命体力和精神为代价，搞得整个世界不得安宁。显然，西方近代以来的这种发展模式，是不可持续的。

那么，如何面对西方近代以来这种发展模式现在依然存在的“优势”？我们至少应该看到：其一，这种“优势”已经是强弩之末。当年那些气势汹汹、似乎势不可当、纷纷争霸世界的“西方列强”，现在都逐渐“安安稳稳”地重新“回”到了他们的欧洲；剩下的“后起之秀”美国，超级独大，却多年来一直靠着广大发展中国家养着。[①] 这种寄生的“强大”是不能长久的，一旦这些国家包括中国不养活他们了，他们就会衰落下去。美国现在就已经走着下坡路。只要其发展模式不改弦易辙，衰落下去是迟早的事。其二，他们的“优势”靠的是他们“为了自己”、根据自己的需要而制定的“游戏规则”。比如，其以武力控制海洋的“海权”理论和由此而制定的“国际”海洋竞争规则与实践。谁加入了这个“游戏”，就得受制于这个“游戏规则”，那么“赢家”永远是“庄家”。如果想做“赢家”，那么他就必须根据自己的需要而制定的另外的“游戏规则”。其

① “中国一直在用资源和血汗养着美国”。“中国从 1990 年以后，除了 1993 年以外，一直都是经常项目顺差，也就是说中国一直在向世界、特别是向美国提供资本。”“把钱借给别人，不但得不到借钱的收益，相反，债权人还得给债务人付利息。”“中国现在积累的 1.2 万亿美元的外汇储备，构成对美国的巨大补贴。”“中国不断地用实际资源和血汗交换美国政府的借据。”见余永定：《亚洲金融危机 10 周年和中国经济》，《国际金融研究》2007 年第 8 期。

三，中国事实上有传统、有资格、有本钱以自己的“游戏规则”参与世界竞争，在竞争中重新胜出，我们应该有这个自信。[①]

第三，中国海洋强国建设，基于正确、完整、系统的中国自己的现代海洋文化知识体系、意识体系和观念体系。

中国海洋强国建设，应该建立中国自己的民族的、“中国特色”的海洋知识系统，并使之成为国家教育和国民知识体系的重要内容。这一海洋文化知识系统包括：世界的、中国的海洋地理知识；世界的、中国的海洋环境知识；世界的、中国的海洋资源知识；世界的、中国的海洋权益知识；世界的、中国的海洋科学知识；世界的、中国的海洋历史知识；世界的、中国的海洋社会知识；世界的、中国的海洋生活知识；世界的、中国的海洋审美知识；世界的、中国的海洋教育知识；等等。

中国海洋强国建设，应该牢固树立自己民族的、“中国特色”的海洋意识系统，并使之得到全国、全民族的认同，成为国家主流意识系统的构成要素。这一中国自己的民族的、“中国特色”的海洋意识系统包括：海洋强国意识，海洋富民意识，海洋科学意识，海洋经济意识，海洋生态意识，海洋伦理意识，海洋审美意识。由以上形成爱海意识、敬海意识、用海意识、保海意识等。

中国传统海洋文化观念及其海洋发展模式的历史为中国现代海洋发展奠定了丰厚的基础，近现代国际海洋发展的历史和当今世界海洋竞争的环境为中国现代海洋发展提供了丰富的参考借鉴，基于中国现代海洋发展的国家需求和国民需要，建立正确、完整、系统的中国自己的现代“海洋强国”观，刻不容缓。

正确、完整、系统的中国自己亦即“中国特色”的现代“海洋强国”观，应当避免将现代文化与传统文化割裂开来、对立起来，避免将海洋文化与内陆文化割裂开来、对立起来；既反对“非古”，又反对“唯古”；既反对“非海”，又反对“唯海”。中国文化的古今通变、陆海同构是一个整体，失却了文化的自我主体不可，片面地走向极端不可。须防止单项地

① 这里，美国亨廷顿对世界各地现代化进程的考察得出的结论也值得参考：“现代化并不意味着西方化。非西方社会在没有放弃它们自己的文化和全盘采用西方价值、体制和实践的前提下，能够实现并已经实现了现代化。西方化确实几乎是不可能的，因为无论非西方文化对现代化造成了什么障碍，与它们对西方化造成的障碍相比都相形见绌。正如布罗代尔所说，持下述看法几乎‘是幼稚的’：现代化或‘单一’文明的胜利，将导致许多世纪以来体现在世界各伟大文明中的历史文化的多元性的终结。相反，现代化加强了那些文化，并减弱了西方的相对力量。世界正在从根本上变得更加现代化和更少西方化。”亨廷顿：《文明的冲突与世界秩序的重建》，新华出版社 1998 年版，第 70~71 页。

强调海洋经济，导致海洋生态环境和资源破坏；防止单项地强调海洋科技，导致科技伦理的丧失；防止单项地强调海洋经济指标与效益，导致政府的评价体系偏离和国民的拜金主义；防止单项地强调海洋军事大国，导致穷兵黩武；防止单项地强调海洋文化与内陆文化的差异，导致对中国文化整体的割离。

“中国特色”的海洋观念系统应该包括：

其一，中国传统文化是中国大陆文化和海洋文化互补互动的共同的结晶，儒释道哲学精神和思想观念是中国大陆文化和海洋文化互补互动的共同的遗产。大陆与海洋互为依存而不是相互割裂；海陆并重、海陆互补、互为本末、天人合一、师法自然，是中国传统文化包括传统海洋文化的精华所在。这正是中国海洋文化不同于西方海洋文化及其价值观念的根本所在。其二，海洋不是“边地”“边缘”“天尽头”，尤其是在当代中国，海洋发展已经成为全国发展的重心所在，是当代中国文化重塑辉煌的中心地带；它在中国的现代文化里，将会越来越起到重要的基础和支撑作用。其三，海洋是自己的家园，而不是自己的殖民地。对待海洋，只能亲海而不是侵海；只能善待海洋而不是虐待海洋。其四，海洋是人们和平、和谐生活的家园，而不是人们拼杀、争斗的战场，对海洋资源只能和平共享而不是竞争掠夺；等等。对此，中国人应该自信。中华民族有能力、有资本自信。中国人有自己的建立天下和平秩序的智慧。[①] 中国人自近代缺的就是自信。所以，必须摒弃近代以来对自己的文化自我否定、自我矮化、自轻自贱、“言必称希腊”的后殖民文化心态，找回自己的国家和民族文化历史记忆，从根本上扭转长期以来的理论误区和观念偏差，改变中国当代社会国民海洋文化意识淡漠与海洋文化观念缺失的现状，树立民族海洋文化历史的自豪感和“海洋强国”的自信心。

（四）中国海洋文明强国建设的内涵标志

作为中国国家战略建设的“海洋强国”，其指标体系的设定，应该是将中国建设成为海洋文化强国，即海洋文明强国；中国的文化强国战略

① 《孙子兵法·谋攻篇》：“夫用兵之法，全国为上，破国次之；全军为上，破军次之；全旅为上，破旅次之；全卒为上，破卒次之；全伍为上，破伍次之。是故百战百胜，非善之善也；不战而屈人之兵，善之善者也。故上兵伐谋，其次伐交，其次伐兵，其下攻城。攻城之法，为不得已。”

中，海洋文明之强，自是其不容忽视、不可或缺的重要内容。无疑，对当前中国海洋文明的现状应如何分析判断，对其未来目标走向应如何把关定位，“海洋文明强国”应主要体现在哪些方面，为此而应如何规划设计，是亟须系统解决的最为基本、最为关键的问题。

中国海洋文明强国建设的主要内涵，至少应有以下几个方面：

和谐海洋。致力于和谐海洋的建设，就是要注重海洋社会（广义的）和谐、人际和谐、族际和谐、国际和谐与和平，尊重不同区域海洋社会文化传统及其自我选择，“己所不欲，勿施于人”，四海祥和，天下共享太平之福；

审美海洋。致力于审美海洋的建设，就是要注重人类对于海洋的精神感受、审美感受、幸福感受，而不是一味追求对海洋资源、海洋利益的贪占享受；

休闲海洋。致力于休闲海洋的建设，就是要注重予民以休养生息，予海以休养生息，以替代快节奏快速率、紧张疲劳型海洋生产和社会人生的运转；

生态海洋。致力于生态海洋的建设，就是要一方面保障海洋资源、海洋环境的可持续利用，资源、环境优先，而不是竞争效率优先，避免相互竞争掠取；一方面保障海洋历史文化资源的存续和海洋精神文化与民俗文化的传承，而不是动辄横扫破坏、维新是求，要使之文脉不断；

安全海洋。致力于安全海洋的建设，就是要保障国家海洋安全，既能够维护世界海洋和平，又能够以威武之师消除一切威胁国家安全的内外部因素。

一句话，就是要将我们所赖之以生存发展的海洋，建设成为“人”所需要的“合目的”的“人文海洋”。而毫无疑问，“人文海洋”的海洋文明强国的实现，是靠“人”，亦即“合目的”的“人文社会”来建设发展的——“人”在建设发展“人文海洋”的过程中同时建设发展了“人文社会”自身——这是海洋文化建设发展的战略手段，也是战略目的。这也就是中国海洋文明强国建设的实质内涵。

因此，将中国海洋文明强国建设作为中国“海洋强国”战略的目标定位，就不仅找到的是适宜于中国的、同时也是适宜于世界的“海洋强国”范式。

中国建设成为海洋文明强国的主要标志是：

第一，鲜明的世界海洋大国形象。以中国气派、中国风格、中国特色影响世界。中国是一个大国，一个人口大国，一个陆—海同构、陆—海互动的文化大国，也是一个负责任的大国。中国在历史上影响、带动了东亚地区，在历史上不同程度地影响了世界，在未来世界文化走向和发展道路上，中国有责任影响东亚地区、影响世界。中国应当承担起作为一个文化大国的国际责任和使命。

第二，凸显的国家海洋发展意志。即国家要按照自己的意志着力在海洋上可持续发展，并使之成为国家文化模式及其走向的重要体现。对内构建海洋和谐社会，对外构建海洋和平世界，应是中国作为一个世界海洋大国的国家海洋意志的重要内涵。

第三，普遍的正确的国民海洋发展意识。海洋意识是一个海洋国家、民族文化的灵魂，直接影响甚至决定着一个国家和民族的强弱盛衰，体现着国家文化形象，并对世界产生影响。它包括 3 个系统：海洋知识系统、海洋观念系统、海洋思想系统。海洋知识普及，海洋观念正确，海洋思想系统，并深入人心，成为全国、全民族认同的国家主流意识的构成要素。

第四，高度的中国文化主体认同。树立中国的民族的海洋文化历史自豪感和“海洋强国”自信心。确保中国海洋文化遗产的安全及其价值的传承利用，以提供给人们深厚的“海洋强国”底蕴和广阔的海洋文化生活空间。

第五，可持续发展的海洋经济体系，和可持续利用的海洋资源环境空间。为此，我们的海洋经济及国家整体经济发展观念、海洋经济及国家整体经济增长方式，都应该体现这样的思想，落实这样的行动。

第六，合乎自然、合乎人性、以人为本、和谐发展的中国特色社会主义的海洋生活方式。这样的海洋生活方式，就是以沿海各地不同区域特色的海洋文化风情的多样化和丰富性为基础，全民族全社会爱海、敬海、依海，与海洋和谐相处互动发展的社会生活方式。这是中国海洋文明强国建设发展模式的最基本、最具体的文化呈现，体现在人们高尚愉悦的精神生活、和谐有序的制度生活、无忧无虑的衣食住行等物质生活之中。

无疑，要实现上述目标，体现上述标志，必须建立系统完善、面向现实、行之有效的国家保障制度，包括政治制度、法律制度、教育制度、科技制度、经济制度、军事制度等。

八、中国“海洋强国”建设的实现途径与对策措施

（一）加强国民海洋素质教育，提高全民族的海洋强国意识

1. “从娃娃抓起”，增强全民族的海洋意识

海洋意识是公众对海洋的自然规律、战略价值和作用的反映和认识，是特定历史时期人海关系观念的综合表现。目前关于提高全民族的海洋意识的呼声很高，主要集中在海权与海洋国土观念问题上，具体包括海权与国家的关系，海洋国土观念等。

建设海洋强国，尤其需要的是增强全体公民的海洋意识。[①] 海洋意识、海洋观念的基本内容主要包括以下方面：海洋国土意识、资源意识、环境意识、权益意识和国家安全意识，需要特别强化的是海洋权益维护意识、海洋和平发展意识、海洋生态文明意识。[②] 要使全国人民树立正确的海洋国土观、海洋发展观、海洋科学观、海洋文明观及海洋法制观，积极投身到建设海洋文明强国的国家战略之中。

从目前的海洋意识教育来看，相关表述大多与海洋认知及海权问题联系在一起，主要集中在海权与海洋国土观念问题上，包括海权与国家的关系，古代及当代的海洋国土观念[③] 以及海洋意识教育的问题与对策

---

① 苏勇军：《浙东海洋文化研究》，浙江大学出版社 2011 年版，第 15 页。

② 曲金良主编：《中国海洋文化研究（第三卷）》，海洋出版社 2002 年版，第 2~3 页。

③ 郭渊：《晚清政府的海权意识与对南海诸岛的主权维护》，《哈尔滨工业大学学报》（社会科学版）2008 年第 1 期。

等，而对于海洋环境和海洋资源意识重视还不够。[①]

海洋环境和海洋资源问题，事实上已经成为海洋安全问题。近年来，随着海洋安全事件频发，海洋安全问题日益突出。因此，海洋安全意识、观念的普及和提高，必须提上议事日程。

与人类生存有关的安全问题主要有冰川融化、海洋渔业资源枯竭、海洋环境恶化、海洋生态破坏等；与国家生存有关的安全问题主要有能源问题、政治问题，海域海疆问题、海洋权益问题、公众基础问题等；与社会发展有关的安全问题主要是海洋生态破坏导致的发展不可持续；与特定群体有关的安全问题主要有渔业资源枯竭、海洋社会变迁导致的渔民生活生产方式变迁，以及海洋区域冲突导致的生计不能维持等；与特定个人生存发展有关的安全问题则有海岸带场所依赖与海洋区域场所规避等；与地球、生物有关的安全问题则有海洋区域生物多样性的丧失、地球环境发展的不可逆转等。

总体上看，我国海洋安全形势严峻，其突出表现就是海洋权益遭受着严重侵害。[②]具体而言，海洋安全问题表现为以下方面：（1）岛屿被侵占，具体体现在钓鱼岛问题和南沙群岛问题等上。（2）我国海疆疆界不清，管辖海域被分割。[③]（3）资源被掠夺，我国海域内大量油气资源、渔业资源遭受一些周边国家掠夺，渔民传统渔场作业时的合法权益经常被侵害。（4）海洋交通安全问题，争夺和扩大海上通道、大洋通道、极地通道等问题，会对我国将来的经济社会发展起到重要的乃至决定性的作用。[④]（5）海洋环境安全问题，我国近海是世界上污染最严重的海域之一，水生资源受到很大破坏，鱼类资源急剧减少。（6）海洋走私、贩毒、台风、海啸、重大海上船舶事故等非传统安全威胁日益突出。（7）海洋信息安全问题。（8）海洋立法问题，我国立法上对领海、专属经济区和大陆架的管辖上还有不完善的地方，缺乏事实细则和配套规章制度。（9）从行政管理方面看，海洋管理机构不健全，综合管理能力薄弱，执法力量分散。这些都

① 有学者对公众的海洋意识体系进行了体系划分，认为海洋意识体系应该包括5个层面的主观意识和4个宏观层面的意识构建领域。认为海洋资源与环境保护意识指的是相对于陆地和空中资源，针对海洋环境中的资源意识和环境生态保护意识。参见李珊等，《中国公众海洋意识体系初探——基于大连7·16油管爆炸事件网民意见的分析》，《大连海事大学学报》（社会科学版）2010年第6期。

② 季国兴：《中国的海洋安全和海域管辖》，上海人民出版社2009年版，第144~155页。

③ 据统计，目前我国有120万~150万平方公里海域为争议区，约占我国应管辖海域的50%。

④ 据统计，我国对外贸易90%以上由海上运输完成，石油进口也越来越依赖海上运输。保持海上战略通道的通畅，面临十分复杂的形势。

是公众作为认知主体形成的海洋安全意识和观念的丰富内涵。

国家海洋意识，是国家海洋意志的反映。海洋意识是国家意志构建的产物。一个国家及其国民有没有海洋意识、有什么样的海洋意识，取乎国家的发展需求和强调。国家需求、强调在海洋上向什么方面、什么方向发展，要达到什么样的目标，这个国家及其国民就会有什么样的、什么强度的海洋意识。国民海洋意识是国家海洋意志的支撑、基础和保障，又能反过来强化国家海洋意志。

构建国家海洋意识，加强国民海洋意识的普及，已经成为全球各海洋国家的普遍口号，但构建什么样的国家海洋意识，普及什么样的国民海洋意识，世界上各海洋国家的“国情”不同，条件不同，价值观不同，海洋发展取向不同，遇到的海洋问题诸如海洋环境资源问题、海洋权益问题等不尽相同，因此作为国家意志的反映，国家和国民的海洋意识也不尽相同。中国将“海洋强国”建设确立为国家战略，如前所论，需要对内构建海洋和谐社会，发展海洋生态文明，对外构建海洋和平世界，发展区域的和世界的海洋文明秩序，因而中国国家海洋意识的体现，就是中国国民海洋意识的内涵。

2. 加强国民海洋教育，提高全民族的海洋文化素质水平

国民海洋素质教育，指的是面向国民的、普及性、基础性文化知识教育，包括海洋意识、海洋观念、基础性海洋知识等属于“文化素质”层面的普及性海洋内容的国民教育，包括国家“从娃娃抓起”的中小学义务教育，大中专的公共性人文素养教育以及国家与地方政府、非政府组织和公益性机构面向所有公众的旨在提高公众海洋意识与观念、普及海洋知识与素养的开放性国民教育。这里统称为“海洋教育”。

在我国国民教育中，关于我国同时也是一个“海洋大国”的相关概念和知识，长期以来一直是被忽视的，我国公众海洋意识薄弱，现实状况堪忧。由于海洋在世界竞争发展格局和国家发展战略越来越凸显其地位，国家相关部门和社会各界基于国民海洋意识有待增强、海洋观念有待树立的“基本国情”，对加强国民海洋教育，尤其是从青少年做起多有提倡，呼声不断，并相继采取了一系列措施和行动。

为增强全民海洋意识，我国政府决定自2005年起，将每年的7月11日设立为“中国航海日”，同时也作为“世界海事日”在中国的实施日期。正如我国政府有关部门负责人所指出的那样，设立“航海日”对于增强全民的航海意识、海洋意识，促进航海及海洋事业的发展，开展爱国主义教育，弘扬中华民族精神，增进中国和世界各国的友好交往意义重大。2005 年 7 月 11 日是郑和下西洋 600 周年纪念日，选定郑和下西洋作为中国的“航海日”，有着特殊的意义，有利于弘扬中国睦邻友好的悠久历史传统，树立和平外交的国际形象；有利于增强海内外华人的凝聚力，特别是增强海峡两岸同胞对悠久传统中华文明的认同感，有利于促进两岸“三通”，推进祖国统一大业。

2009 年，九三学社中央委员会制定《关于在我国中小学生中加强海洋教育的建议》，其中指出，纵观当前世界主要大国的发展史，许多都是通过赢得海洋权益而发展壮大，这些国家都非常重视海洋权益，然而我国目前的国民教育中，海洋地理知识的内容却越减越少，广大青少年海洋意识薄弱、海洋知识贫乏、海洋国土观念严重欠缺，因此，在中小学教材中增加有关海洋基础知识与海洋权益方面的有关内容，培养新一代公民从小树立正确的海洋基础知识和海洋权益意识已成为一项刻不容缓的任务。为此建议加强海洋基础知识教育，统一全国中小学各版本教材中有关海洋知识的内容，明确基本的数据和概念；增加《联合海洋公约法》、国际海域局势、海洋经济、海军装备等学习内容，从小培养学生对海洋的兴趣，帮助学生增长有关海洋的知识；沿海地区的学校更是要积极组织学生实地参观海岸和岛屿，增进对海洋的感性认识；加强海洋国土观教育，强化学生的海洋国土意识，使学生明确了解我国不仅拥有 960 万平方公里的陆域面积，还拥有 300 多万平方公里的管辖海域（含内海、领海、专属经济区、大陆架、群岛水域等）；加强海洋与国家主权教育，强化学生对海洋与国家主权和领土完整关系的认知。

2008 年 9 月 12 日，原国家海洋局、教育部、共青团中央联合印发了《关于开展“首届全国大、中学生海洋知识竞赛”活动的通知》，“全国大、中学生海洋知识竞赛”自此每年举办一届。

全国大、中学生海洋知识竞赛面向全国范围内在读的中学生（含初中、普通高中、职业高中、中等专业学校、中等职业学校、技术学校在校生）、大学生（含全日制高等学校本科、高等职业、预科班在校学生）。竞赛题范围涵盖海洋政策法规与权益、海洋行政执法、海洋军事、海洋水文气象、海洋地质、海洋地理、海洋生物、海洋环境、海洋技术、海洋文化、海洋经济、海洋时事、极地大洋、中国海洋、英语（针对大学生试题）、其他等内容。原国家海洋局为此发布《首届全国大、中学生海洋知识竞赛规程》，组织出版了参考书，在全国发行，对全国青少年海洋知识教育的开展和国民海洋意识的提升，起到了重要的推动作用。

我国大中小学海洋教育目前开展的主要形式除全国性、地方性海洋知识竞赛之外，还有创办中小学“海洋学校”、全国性和地方性“海洋科普教育基地”等。

创办中小学“海洋学校”。这主要出现在沿海、海岛地区等有海洋环境条件的中小学校。如浙江舟山市自1988年开展中小学海洋教育，1989年在地处国际航道虾峙门的虾峙岛中心小学挂牌成立了“未来渔民学校”。该校在地方海洋教育方面探索实践了10年后，于1997年经普陀区教委批准，实行小学课程方案改革，自此结束了海洋教育10年中一直依靠兴趣活动、班队课程活动在课程教学计划之外“打游击”的局面，使海洋教育活动课正式列入学校教学计划。这是国家实行中小学教学课程改革，设立国家课程、省本课程、校本课程三级课程体系在地方学校中体现的结果。1993年，学校鉴于原校名“未来渔民学校”的约束性，将其更名为“少年海洋学校”。随着“校本课程”这一全新的概念进入校园，学校的海洋教育发展有了“制度化”的政策环境，经过实践与探索，逐渐形成了一套比较适合海岛小学的海洋教育校本课程体系和方法。例如，海洋教育课程体系设计出来之后，教材配备不可或缺，但无先例可循，整个浙江省乃至全国也还未有过一本系统的、适合小学海洋意识教育的教材。于是，1998年虾峙中心小学发动全体教师编写了《虾峙中心小学海洋教育活动课教案集》，在此基础上，1999年编印出各年级《海洋》读本，2005年编印出《海洋教育》教材。在海洋教育的课程化体系管理方面，其制度设计模式为“虾峙中心小学教导处”与“少年海洋学校教务处”共同负责“海洋教育校本教材”“海洋教育校本课时”“海洋教育专职教师”，另外“少年海洋学校教务处”专门负责“海洋文化陈列室”“校园海洋文化月”等活动。为使海洋教育有充足的课时，他们将单位课时缩短到35分钟，增加周课时，为海洋教育以及其他发展性学习提供有效的时间；将海洋意识教育分主题编排，实施海洋英语、海洋歌曲以及具有海岛特色的渔家基本技能操作训练，初步形成了以海洋活动课为主、实践课程与环境课程紧密结合的小学海洋课程体系。为打造学校作为“少年海洋学校”的特色氛围，学校谱写了“虾峙中心小学校歌”——《探海》；不断设计举办多种海洋教育活动。例如2010年5月，他们开展了以“人人学会一手活、争当海洋小主人”为主题的海洋技能大赛，分绳网、渔家基本生活技能、海韵艺术作品三大系列，具体有装梭、织网、兜绳、劈拼网片、手织渔网袋、剥虾、剖鱼、烧鱼、打绳结、贝壳粘贴、船模制作等内容，全校约74%的学生参加了活动。2010年10月，学校举办了为期一个月的"海洋教育品牌建设"大家谈活动，全体教师交流思考，群策群力，围绕"海洋教育"品牌建设，提出建议思路，提供智力支撑。教师们提出的在新校园建设规划中开辟海洋文化走廊，建立海洋技能辅导专用教室，在海洋月活动中增设海洋歌曲大家唱项目，拓展海洋教育校外基地等建设性意见和建议得到采纳，促进了该校作为"少年海洋学校"的进一步发展。作为该校的"海洋教育成果"，它们先后成为"全国劳动技术教育先进学校""浙江省绿色学校""浙江省首批现代教育技术实验学校""浙江省首批示范小学""浙江省少先队雏鹰网络计划实验学校""浙江省十佳少科院""舟山市爱国主义教育基地""舟山市教育科研基地""普陀区对外宣传采访基地"，并在一系列相关海洋主题大赛中获得了"海洋美术区团体一等奖""海味舞蹈区一等奖"等，该校的"海洋教育活动课程设计"也荣获全国首届活动课程设计二等奖，"小学海洋教育课程研究"获浙江省政府基础教学成果二等奖。迄今，该校的海洋教育已经进行了30多年，探索出了一套行之有效、可以复制推广的经验。

如今，在中小学校中建设"海洋学校"，全国范围内以沿海地区为主，已经取得了显著成效。

创建全国和地方"海洋科普教育基地"。"全国海洋科普教育基地"的创建和命名，主要由中国海洋学会组织实施。2004年9月，中国海洋学会召开海洋科普教育基地工作会议。在此之前，中国海洋学会确定命名了一批"全国海洋科普教育基地"，包括太平洋海底世界、青岛市市南区实验小学、舟山市定海区教育教学研究中心、上海海底世界博览馆、长沙海底世界、北京海洋馆等。会议通过了《中国海洋学会海洋科普教育基地管理暂行规定》，各海洋科普教育基地进行了工作交流，并研究形成了进一步推进海洋科普教育及基地建设的意见和共识。主要有：(1)水族馆可利用馆内资源，开辟科普教育区域，有条件的可开设现代化的多媒体电脑教室、标本室、多媒体大屏幕等。(2)少年海洋学校可创编《少年海洋科普活动教材》，在编写教材的过程中，可利用"海洋科普活动课"，让学生通过亲历体验和参与活动来不断完善教材。(3)把中小学"海洋教育"实践与研究作为课题，把开展海洋历史观、海洋发展观、海洋责任观、海洋经济观和海洋人才观的教育与办成有特色海洋教育基地结合起来。(4)应积极与所在地的科委、教委、科协以及科普与新闻媒体密切结合，加大海洋科普新闻宣传力度。[①]

海洋科普教育活动一直是深受广大青少年和市民欢迎的教育活动。全国各地海洋科普教育基地大多利用自身优势，通过公益活动开展海洋教育，既将受众“请进来”，又将海洋科普知识“送出去”，对于丰富当地和外地中小学学生课余生活，提高青少年和社会公众海洋意识水平，普及海洋科普知识，提高了解和探索海洋、关心和热爱海洋、开发和保护海洋的兴趣，增强其海洋意识和观念，发挥着重要作用。毫无疑问，成绩是显现的。但这毕竟存在着时段性、局部性、参加人数受限等缺陷，而不能实现国民海洋教育更大范围的普及性。

国民海洋教育普及性的实现，必须依靠中小学校教育这一全民普及教育的主渠道。

3. 发挥学校主渠道作用，实现全国中小学海洋教育“进学校、进教材、进课堂”

海洋教育“进学校、进教材、进课堂”，努力推进基础教育和高等教育阶段的海洋知识体系建设，十分重要，这是必须进入的主渠道。目前来看，“进学校”是“进来”了，但还主要是“特色”“基地”学校（如“少年海洋学校”“海洋科普教育基地”等）；“进教材”，大多是另编教材，为“乡土教材”“校本课程”的“校本教材”；而“进课堂”主要是课堂活动、专题活动、专题报告、竞赛性活动等。

在一些“少年海洋学校”“海洋科普教育基地”等实施海洋教育的中小学里，对建构海洋内容的课程和教材体系都已经实行了历时长短不一、深浅程度不同、内容或多或少的积极探索，所开设的课程大多是“校本课程”。这里再以浙江省舟山群岛虾峙中心小学为例。该校以海洋教育为主的校本课程板块，主要是发展性课程和研究性课程，具有一定的示范性。

发展性课程分选修课、活动课、综合课。选修课采取微型化、模块化、讲座式、综合性等方式，不拘一格容纳范围、难度各不相同的最新信息、最新理论等，扩大学生的知识面，激发学生的学习兴趣，提高学生的学习能力。活动课分为5类活动课程。一为“学科类”：通过学科的实践

① 中国海洋学会：《关于印发〈中国海洋学会海洋科普教育基地座谈会纪要〉的通知》，（中海学字〔2004〕035号）。

活动获得感性认识，加深对学科知识的理解，以提高学生运用知识解决问题的能力。如英语活动课，以海洋知识渗透为主，编制英语小品、课本剧等，创造外语学习的情境，体现海洋特色，培养学生学习外语的兴趣，提升英语听说读写的能力。二为“体育艺术类”：每周两节体育活动课如排球、篮球、棋类等，学生可在体育活动课中发展自己的体育强项，通过体育活动提高自己的体能，锻炼学生的意志，增强应变能力；艺术活动有绘画、舞蹈、剪纸、贝类工艺品制作等，学校每年举办艺术节，重在突出海洋特色，特别是艺术活动与海洋意识联系。三为“德育系列活动”：除正常要求开展的各类如“五爱”系列等一般化活动外，还从“认识家乡活动”出发，分年级制定目标，结合海岛渔村实际，了解海岛地形、位置及渔、农、工、贸、景等状况，从身边实际入手开展思想品德教育。四为“科技、劳技活动”：如计算机制图、航模制作与创造、海洋生物标本采集与制作、网绳铰接、鱼鲞劈晒等具有海岛特色的活动，学校每年举办科技节，为学生充分展示自己的才能和特长营造良好的校园文化环境。五为“社会实践活动”：以“海”字为龙头，成立“小贝壳”文学社、“海艺”书画社、“小浪花”艺术团、蓝色卫队等社团，以社团为核心结合海岛、海洋世纪意识教育来开展社会实践活动。每个社团每学期都组织外出考察活动，旨在让学生步入社会现实，了解社会变革，考察大自然，在活动中领略祖国美好河山、风土人情、历史古迹等，在实践中开阔视野，能够综合运用各科知识开展社会有益活动。如蓝色卫队通过学生自己观察、分组调查、集体访问等多次活动，写出了有关虾峙镇垃圾处理现状、鱼粉厂污染大海等报告，为镇政府提出了很好的建议；举行“爱护大海”漂流瓶放飞仪式，并通过电子邮件向新加坡、马来西亚等国的小朋友提出倡议；组织“绿色行动”夏令营活动等。综合课即寓各科海洋知识、技能、相关教学方法于一体的综合性课程，包括海洋意识教育系列（海洋环境与保护、海洋资源与开发、海洋国土与海防）、劳动技能与实践系列（绳网系列、生活系列、贝壳工艺品系列）和海岛乡土与传统系列等主要特色课程。

研究性课程，是为了开发学生的潜能、发展学生个性而设置的较高层次的探究性、开放性学习课程，利于培养学生科学态度和科学精神，为掌握科学方法、发展研究能力奠定基础。这类课程面向高年级部分学有余力也有兴趣的学生开设，以主题性研究活动为基本教材内容，立足于自己开发。如“网具改革”研究小组曾经与渔老大、网厂师傅和捕捞人员一起研制新网具，效果很好。

为让这些课程有相对充足的时间得以安排，学校采取缩短单位课时时间，增加活动课时间的措施。每节课由原来的40分钟缩短为35分钟，教学内容、课时数、教学标准保持国家义务教育教学大纲标准不变。这样，在保持学生在校时间总量符合规定的情况下，每天比原教学计划净增一节课，用于增设的实践活动课、兴趣活动课等发展性课程的教学时间。活动课总量达到32.9%，比省规定的课程设置中活动课占24.2%提高近9个百分点。

该校的海洋教育校本教材分4册，上下学期合排，海洋常识内容包括海洋国防、海洋地理、海洋历史、海洋资源、海洋现象、海洋科学、海洋环保、海洋文学，穿插学生研究性调查、研究内容；每册设必修课40课，选修、选读课文若干，同时附加渔家生活实践、海洋歌曲和海洋英语等内容。

就全国范围而言，影响最大的是21世纪初以来国家基础教育课程改革后带来的中学地理教科书的变化。由人民教育出版社出版的2001年新版系列地理教材，大量充实了海洋地理、资源、环境及海洋权益等新内容。教育部基础教育司为此组织召开了“中小学教科书有关海洋内容座谈会”，全国教材审定委员会、人民教育出版社以及原国家海洋发展战略研究所的专家参加了座谈，对强化了海洋内容的新版教材给予了肯定。但这种“变化”带来了严重的问题：热热闹闹“一片蔚蓝色”的结果，恰恰导致了新版教材、新的中学教育的更为严重的“去蓝化”——在“新版系列地理教材”中，“海洋地理”是被作为一门“选修课程”单列出来的，其严重的弊端在于：其一，因是选修课，高考不考，学校、学生就都难以重视，即使学校开出这门选修课，学生也多不选；其二，有些学校或不重视，或无师资，即使有学生感兴趣、想选修，学校也开不出这门选修课——而只要这门选修课不开，“必修”的“地理”教材中已将海洋内容砍去，导致学生在该门课中学到的海洋内容会更少，甚至会出现空白。对此，我们下面再做分析。

3. 我国中小学海洋教育目前存在的主要问题

我国中小学海洋教育近些年来通过国家和各地的政府相关部门、机关团体、部队和社会各界力量尤其是各地许多中小学自身的努力，取得了一定的成就。但不难看到，我们还没有从中小学教育的根本问题上解决问题，真正使教育者和受教育者全面认识到海洋知识、海洋意识教育的重要性，从而全面形成中小学海洋教育渗透、深化在整个教育过程中的自觉性。之所以至今在中小学生、大学生中仍然存在着前述具有普遍性的海洋观念、海洋意识缺失问题，就是现实严峻的证明。

主要问题有以下几个方面。

一是全国性和地方性海洋科普教育基地，主要分布在沿海地区海洋科普条件较好的城市，对于全国而言不具有普遍意义。由于各方面条件的限制，海洋科普教育基地难以在内陆地区尤其是中西部地区大建特建，内地已有的只是少量“特例”。因此，全国性和地方性海洋科普教育基地建设尽管十分必要，功不可没，仍需做好并应大力发展，但因其本身是“海洋材料”的特殊性质所决定，不可能在全国范围内“全面推广”“普遍建设”，因而对于全国中小学作为基础教育阶段普及海洋知识和海洋意识教育而言，不应作为“必备”条件。至于在中小学建设和命名海洋科普教育基地，即使在沿海较发达地区，由于受到相关海洋科普材料设施的限制，也只占已有“基地”的少数，其“不能普及性”可知。目前，全国中小学在校生近 3 亿，对于其大多数，尤其是对于广大农村中大多数的小学生来说，且不说把全国性和地方性海洋科普教育基地普遍建在他们学校是不可能的，即使要让他们与全国性和地方性海洋科普教育基地有机会“亲密接触”，也往往可望而不可即，甚至连“望”都不可望。何况，即使对于全国性和地方性海洋科普教育基地近在咫尺的中小学生来说，也大多只是“偶尔”接触一下“基地”、接受一下教育，对于海洋知识的真正掌握、对于海洋意识的真正增强，所起的作用毕竟有限。

二是只有在沿海地区中小学才有条件、才有可能创造条件实施“校本课程”的海洋教育，同样对于全国中小学基础教育而言不具有普遍意义。何况，即使在沿海地区，像上述浙江虾峙中心小学那样长期坚持、系统建设、不断推进发展的中小学校也不占多数，甚至可以说也为数不多，不具有普遍性。靠“校本课程”实施海洋教育，只能解决局部地区、少部分中小学海洋教育的问题。

三是即使在有条件或经过努力创造了条件开设海洋内容“校本课程”的中小学，也因其课程内容的“非普遍性”而被排除在升中学、考大学的考试范围之外，导致这些中小学校海洋内容“校本课程”的教学教育效果大打折扣。这些中小学校开出的海洋内容“校本课程”，由于在小学升中学、中学考大学的考试中不是必考的内容，也只是具有了“乡土教材”“选修课程”的意义，在升中学、考大学“唯分数是瞻”的“指挥棒”下，其在中小学生心目中的重视程度，远非兴趣所能左右，其学习积极性必然是大受影响的。

四是“新课改”之后的“国家标准”课程，不是强化了海洋教育，而是弱化了海洋教育。所谓“新地理课本呈现‘一片蔚蓝色’”，是来自媒体在并不了解中学课程设置“真谛”情况下的乐观；所谓“专家们对世纪之初强化了海洋内容的新版教材给予了肯定”，则是来自由新版教材的“审定”者和“出版发行”者构成主体的“专家们”的“自我肯定”，与实际情况不符。例如前文所及，所谓“新地理课本呈现‘一片蔚蓝色’”，即所谓“新版系列地理教材大量充实了海洋地理、资源、环境及海洋权益等新内容”，主要是高中地理“国标课程”在共同必修课程“地理 1”“地理 2”“地理 3”之外设置了包括“地球与宇宙”“海洋地理”“自然灾害与防治”“旅游地理”“城乡规划与生活”“环境保护”“地理信息系统应用”等 7 门选修地理课程，其中作为选修地理课程之一“海洋地理”的确呈现出了“一片蔚蓝色”。但其他选修地理课程则依然了无“蔚蓝色”可言，因为都被“专门化”了；而且，原中学地理课教材中本是包含一些“蔚蓝色”的，但因为有了“专门化”的《海洋地理》课程和教材，所以在新的必修“地理”课程的教材中，就几乎一点儿“蔚蓝色”也不剩了。

“海洋地理”是地理科学与海洋科学相互结合的一门综合性学科，具有自然科学、社会科学、技术科学相互交叉渗透的特点。海洋地理的研究对象，即使单从海洋自然地理方面说，内容系统也相当广泛而复杂，除海洋水体外，还包括海岸与海底，其研究范围涉及地球的岩石圈、水圈、大气圈和生物圈四大圈层，研究内容包括海洋地理环境、海洋资源开发利用、海洋环境保护、海洋立法与管理以及海洋信息技术发展应用等（后几大领域是海洋文理工交叉领域），何况从海洋人文地理方面而言，沿海民族、人口与社会，沿海政区沿革、港口与城市、区域与民俗、“海上丝绸之路”即航海与贸易等，也都是不可忽视的重要内容。由此观之，在中学阶段就将“海洋地理”进行“专门化”的课程设置和教学，长期来看是否科学，是否可行，尚需观察和研究。

从“海洋地理”课程目前实施情况看，存在如下问题：

其一，由于较普遍看来，“海洋”知识内容在中小学基础课程中涉及最多的主要是地理课程，因此，要在中小学教育课程体系中加强海洋内容教育，最简便的办法就是在中学地理课程中加大“海洋”知识内容的量；而地理必修课的容量毕竟有限，所以就干脆将之从地理必修课内容中抽出来单列为选修课，这样一来可使得地理课程体系中呈现“一片蔚蓝色”，以此作为对社会上加强中小学海洋教育呼声的回应；二来正好减少了地理必修课复习应考的内容；三来完全可以满足对海洋感兴趣且又在主课学习之外“尚有余力”的学生们的学习需求。这看起来是“事半功倍”的，但显然是一种简单化处理。事实上中小学海洋教育不只是一个单纯的“海洋知识”问题，而是一个系统的海洋观念、海洋意识的问题，尽管海洋观念、海洋意识的获得需要海洋知识作为基础；而且，仅就“海洋知识”而言，也绝不仅仅是“海洋地理知识”的问题，而是体现在语文、政治、历史、数学、物理、化学等方方面面。

其二，就“海洋地理”教科书的编写而言，也存在质量参差不齐问题。由于我国基础课程教材实行了多样化、多层次和竞争化的编写与出版制度，尽管制定有国家标准和审查要求，但毕竟有各地教育部门、教育出版社出版发行范围等“地方权益”的存在与制约，例如每种教材每省市只申报一家为“某版”，“别无分店”，因此所编教材只要不是明显太差太烂，一般情况下都能审查“过关”，这就很难保证全国所有教材的质量。尤其是像“海洋地理”这样的内容广、综合性强而又是新设课程的教科书，其质量控制难度是可想而知的，何况目前中小学教科书的编写，大多是听取各方面专家的意见，即使聘请了专家班子，“名家挂帅”，所起的也多是“顾问”作用，执笔编写者则至多只是“教育专家”，而非某一内容学科的专家，这就很难保证“海洋地理”教材从观念到知识的正确性、准确性和系统性。

其三，尽管“海洋地理”教材有了，但如此多学科交叉的庞大的体系、复杂的内容，在各个中学的地理教研组教师中，要找到现成的合适教师，则大多是个难题。对于选修课程，普通高中地理课程标准的“规定”是：“有志于从事相关专业（如地学、环境、农林、水利、经济、管理、新闻、旅游、军事等）的学生建议在选修课程中修满4学分。”对此，权威解读高中地理新课标的有关专家解析说：“这就是说，有志于进入大学的上述相关专业深造的学生，应该在选修课程的七个模块中至少选择两个模块进行修习，并且必须获得相应的学分。”[①] 这样解释是不准确的。因为课标只是“建议”，毫无“必须”可言。而且，即使高考内容作出对选修课程也要考试的规定，也是只要开出7门选修课中的不少于2门即可，由于“海洋地理”是一门选修课程，毕竟“‘海洋地理’对于学生在地理学习中，相对说来接触较少；且这是一门地理科学与海洋科学相互结合的综合性学科，具

① 陈澄等：《高中地理新课程的框架结构》，《地理教学》2004年第7期。

有自然科学、社会科学、技术科学相互交叉渗透的特点；其涉及的面也较广——海洋地质地貌、海洋水文、海洋气象、海洋资源、海洋环境等”[①]，对于教师来说其教学难度、对于学生来说其学习难度都相对较大，因而对于大多数高中来说，只能是“只要高考可以不考”，出现这门选修课“有条件要上，没有条件创造条件也要上”的可能性概率是可想而知的。“地理”必修课已经有之一、之二、之三，再加上7大“地理”选修课，若全面开设，教师、学生何堪重负？因整个“地理”在高考“分值”中就是弱门之一，“海洋地理”毕竟只是只有2学分的7大选修课之一，且内容如此“庞杂”量大，且师资不易获得，既然学生可选可不选，学校可开可不开，高考可考可不考，那么在高考压力特大、升学率是“第一要务”的竞争状态下，大多数中学选择将之“搁置”之法，也似乎在“情理之中”，似乎是“可以理解”的。如此，所谓“我国普通高中开设海洋地理选修课程，是面向世界、面向未来的需要，具有深远的战略意义”；所谓“努力增强未来劳动者的海洋意识”，“树立新的海洋权益观、海洋经济观和海洋保护观以及爱海、护海、净海、养海的社会新风尚”等“‘海洋地理’在情感、态度和价值观方面要求达到的目标”；所谓“以唤起对‘蓝色国土’的热爱，提高未来公民的现代海洋意识”[②]等“宏伟目标”，只能大面积落空。这就实际上等于地理这门课程的“海洋”内容，已退出了普及教育的行列。

部分省区在制定选修课程方案和高考方案，都已经将“海洋地理”排除在外，“海洋地理”选修模块形同虚设。目前，在各省实施的新课程方案中，部分省区尽管将“海洋地理”列入选修的模块，但在高考中却未作要求，选修情况自然不会理想。而有的省区则干脆不列入选修，海洋意识教育也就无从谈起。

类似地理必修课程这种将海洋内容从主课本内容中剔除出去的做法，影响了海洋意识的有效渗透。反思高中地理新课程海洋意识教育之失，是对海洋重视不够、课程设计顾此失彼的结果。

对于新“国标”课本地理课程的改革所出现的问题，来自基层教研部门和身处高中地理教学第一线的教师对问题的发现更为具体，分析更为深刻，值得重视。[③]

---

① 葛文城：《选修模块“海洋地理”的理解与实施》，《地理教学》2005年第2期。

② 陈澄、樊杰主编：《普通高中地理课程标准（实验）解读》，江苏教育出版社2004年版。

③ 丁运超：《地理教材中应增加有关海洋国土教育的内容》，《教学与管理》（中学版）2008年第6期。

由以上分析可见，目前我国国民海洋教育中“从娃娃抓起”的中小学海洋教育，尚处在地区的局部性、学校的部分性、课程的随机性和边缘性阶段，对于全面普及中小学海洋教育的国家战略需求与教育目标而言，尚一无制度保障，二无规定措施，三无长效机制。

4. 加强我国中小学海洋教育制度化建设的应有措施

我国中小学海洋教育基本目标的实现，如上所论，必须通过中小学正常的课堂教学这一教育主体渠道进行。基础海洋教育“从娃娃抓起”，将教学内容、实践活动和重要的人类海洋活动相关联，只有通过全民青少年时期都“必经”的学校教育主渠道，才能得到充分保障。为此，建议由中央和国务院相关政府部门组织成立“全国海洋教育委员会”暨“办公室”，并组织成立专家咨询委员会等相应机构，就全国海洋教育特别是学校主渠道教育“进学校、进教材、进课堂”进行专门研究、决策，对目前的中小学海洋知识教育进行整体评估和系统梳理，形成解决方案和具体对策（实施方案）。主要包括：

一是国家制定、颁布“国家中小学海洋教育规划纲要”，使其成为“国家中长期教育发展规划纲要”的一个附属规划或子规划，就全国中小学海洋教育进入中小学正常课程教学主体渠道的实施，包括试点和推广，进行整体规划部署和安排。

二是发挥中央和国务院海洋、教育相关政府部门职能作用，组织成立“全国海洋教育专家委员会”暨“全国海洋教育办公室”，负责“国家中小学海洋教育规划纲要”和全国中小学海洋教育的启动实施。全国中小学海洋教育主课堂教学全面实施并走向正规化、纳入教育部基础教育司日常管理之后，“全国海洋教育专家委员会”暨“全国海洋教育办公室”可主要承担组织协调课堂及教科书教学之外社会性国民海洋教育的职责，包括组织开展面向中小学生的海洋教育活动。

三是由“全国海洋教育专家委员会”暨“全国海洋教育办公室”适时组织开展中小学国家课程教科书“进入”海洋教育相关知识内容的立项研究与设计工作，形成“中小学国家课程各科教科书海洋教育知识内容标准”的指导文件，作为国家适时对现行中小学教科书“国家课程标准”（实验）进行修订的参考依据。

四是适时启动对现行中小学教科书“国家课程标准”（实验）的修订，并相应进行对现行中小学国家课程教科书的修订编写工作。

五是选择适度规模的一部分条件较具备地区，进行按照新修中小学“国家课程标准”新修或新编中小学教科书教学使用的实验。经过一段时间的实验，总结经验，修订完善，在全国中小学中推广施行。同时组织开展面向全国中小学和社会公众的海洋教育工作。

六是充分发挥国家和地方相关部门、非政府组织等国民海洋教育的相关职能和作用，在“全国海洋教育专家委员会”暨“全国海洋教育办公室”组织指导下开展相关工作。

海洋教育是全民族的大事，且必须从娃娃抓起，从中小学教育抓起，要使之成为“必修”的功课，必须从全国中小学“通用”“必修”的课程和教材入手。

海洋教育这门“必修”的功课，就国民教育、国民意识、国家战略层面而言，则不仅仅是“海洋知识教育”“海洋科普教育”乃至在中小学开设一门两门孤立的“必修课”的问题，何况目前实施的仅仅是义务教育阶段“国标课”之外或开或不开的“海洋校本课”，高中阶段“地理必修课”之外或开或不开的地理选修课，而是需要将海洋知识、海洋文化内容融入、体现在中小学必修的课程及其教科书中，使之成为全国中小学基础教育必修课程中的有机内容，渗透、体现在中小学课程及其教材中，成为全国中小学基础教育必修课程中的有机内容。只有这样，才能从制度保障、规定措施、长效机制上真正落实“海洋教育进校园、进课堂、进教材”问题，从全面意义上彻底改变我国中小学的海洋教育只在局部地区、部分学校随机进行，在中小学课程体系中处于边缘地位的现状。

（二）加强海洋文化遗产保护利用，强化对中华民族海洋文明历史的认同

1. 深化对我国海洋文化遗产丰富内涵与价值的认识

我国是世界上历史悠久的海洋大国，也是世界上重要的海洋文化遗产大国。我国的海洋文化遗产，在空间分布上，是以环“中国海”为中心的。“中国海”即环绕中国的广大海域，包括渤海、黄海、东海、台湾海峡及台湾东部近海、南海5大海区；国际上多将渤海、黄海、东海统称为

“东中国海”（East China Sea），将南海称为“南中国海”（South China Sea），而将台湾海峡和台湾东部近海作为“东中国海”与“南中国海”的中间地带。“环中国海”，则是指环绕中国海、与中国海共同构成海—陆一体的东亚“泛中国海”地区；“环中国海”的内缘，是中国大陆及其近海岛屿；“环中国海”的外缘即外围，是（由北到南）东北亚的朝鲜半岛、日本列岛、琉球群岛，和东南亚的菲律宾、马来西亚、印度尼西亚、新加坡、文莱、泰国、越南等国家和地区。因此，“环中国海海洋文化遗产”的空间范围，不仅是指“中国海”内的海洋文化遗产，而且是指由“中国海”海内和“中国海”海外共同构成的海—陆空间范围的海洋文化遗产。环中国海海洋文化遗产的内涵，就是环绕中国海这一海洋空间，中华民族与海外民族共同利用海洋所创造和积淀下来的文化存在。

在这一“环中国海”海陆空间内，在历史上，中国一直是最大的内陆文明大国和海洋文明大国，长期对“环中国海”外缘周边国家产生着重要的辐射影响力，并由此不但在政治上构成了历史上东亚世界直到近代才解体的以中国政治为中心的庞大的中外朝贡政体，而且在文化上形成了“环中国海”以中国文化为中心的庞大的“中国文化圈”（亦称为“汉文化圈”或“儒家文化圈”），在经济上形成了“环中国海”（并由此连通了“环印度洋”和“环地中海”）以中国经济为中心，以中国商品为大宗的庞大的中外“海上丝绸之路”贸易网络。这种“环中国海”中外之间的政治互动、经济互连、文化互通，都是通过历史上长期通航不断的中外海上往来实现的。这就是我们常说的中外航海文化。除了“环中国海”中外航海往来之外，还有更为大量、更为频繁的“环中国海”内缘中国自身的南北航海，既有作为国家行为的航海大漕运，也有更为频繁的作为民间行为的航海大贸易。因此，中国航海文化，内涵丰富，历史悠久，遗产分布中外，值得重视。

航海的主要作用包括载人载物，以载人为主的主要是政治、文化往来，以载物为主的主要是海上贸易。历史上长期的中外海上贸易，从中国源源不断地运走的大宗“船货”主要是丝绸、陶瓷、茶叶，由此才被称为“海上丝绸之路”；但丝绸、陶瓷、茶叶从来不产自海上，而是产自陆地，因此航海文化从来不是“纯粹的”海洋文化，而是具有海陆一体性的海洋文化存在。无论是中外航海的政治联系、文化往来，还是航海贸易、国家海漕，由于海洋环境复杂多变，往往不是“一帆风顺”的，间或会有意外，造成海难。海洋文化遗产中的“水下文化遗产”，就是那些因发生意外而不幸葬身海底的难船。由于“环中国海”之间中外航海历史悠久，不幸葬身海底的难船经日积月累，“沉积”即多，加之一些人为的“海难”，如海盗劫杀、两军海战，从而导致沉船量更大，作为海洋文化遗产内涵丰富，因后世难以打捞出水而极度“稀缺”，从而弥足珍贵，如“南海一号”即有“海上敦煌”之称。但这些海底难船作为海洋“水下文化遗产”，只是“环中国海海洋文化遗产”中的“冰山一角”，更为大量、更为丰富环中国海的航海文化遗产，是那些历史港湾、历史航道、历史码头、历史灯塔、造船遗址、港口海岸弃船、国家和民间用为海洋信仰祭祀的岸上庙宇、海商社会的岸上会馆、船民的造船与行船风俗、中外航海人集散的港口馆舍、相关人员的港口城市遗产等。它们是环中国海航海文化世代传承发展历史内涵的主体，也是现代社会条件下极易遭到破坏、须加大力度保护的环中国海航海文化的遗产主体。

环中国海航海文化遗产，包括水下遗产和岸上遗产，在“环中国海海洋文化遗产”序列中还只占到较小的比重。占比重更大的，是历代政府进行海疆管理和治理的一系列设施遗存，如万里海塘、万顷潮田、万座海防设施（如烽火炮台、军镇卫所建筑）等大型海事工程，以及沿海地区占大量人口比例的渔业社会、盐业社会所遗留下来的物质的和非物质的海洋文化遗产。

历史上渔民社会的聚落主要是渔村，其进行生产活动的主要场地是渔场，其渔业组织是渔行渔会，其渔产交易买卖的地点是渔埠集市，政府对其管理和收税的地点是渔政衙门，其信仰祭祀的场所是山巅、海口的海神庙、龙王庙，其娱乐和审美的文化空间往往是节庆庙会，其出海打渔的渔场海域往往没有“国界”，因而其进行“国际文化交流”是家常便饭。

至于环中国海历史上的盐业社会，仅就中国本土而言，一直是一个庞大的海洋社会存在，他们分布在南北蜿蜒漫长的海岸线上，经营着或煮或晒的官办盐场，自先秦时期就是国家“官山海”的主要产盐大军，历代国家财政往往“半出于盐”甚至更多，历代盐政是中国的一大行政部门，历代盐官是中国官员队伍的一大序列，历代盐商是中国“红顶商人”的一大群体，历代盐神是中国官府正祀和民间淫祀的一大景观，而中国海盐一直占据着中国盐产量的大半壁江山，充分显示着海洋对于中国的重要价值，它的历史文化遗产，无疑也是“环中国海海洋文化遗产”不容忽视的重要组成部分。

环中国海海洋文化历史的中心是中国，环中国海海洋文化遗产的主体是中国的海洋文化遗产。中国的海洋文化遗产资源极为丰富，占据着中国文化遗产整体的半壁江山，其重大价值不仅仅在于人们常说的作为文物、遗迹本身所具有的具体的历史、科学与艺术三大价值，对于中国来说，更在于其作为文化遗产整体价值的四大重要方面：

其一，它是彰显中国不但是世界上历史最为悠久的内陆大国，同时也是世界上历史最为悠久的海洋大国的整体历史见证，是揭示长期以来被遮蔽、被误读、被扭曲的中国海洋文明历史，重塑中国历史观的“现实存在”的事实基础。

其二，它是我国大力弘扬中华优秀传统文化国家战略的重要资源。中华海洋传统文化，是中华传统文化的有机构成。缺失了这一有机构成的“中华传统文化”的内涵是不完整的，而且近代以来已经被批判得支离破碎。长期以来，人们一提中华传统文化，认为就是内陆农耕文化，而中国海洋文化遗产、以中国海洋文化为中心为主体的环中国海海洋文化遗产，却是中华民族自身并通过与海外世界的海上交流而形成的长期的、广泛分布的文化积存，只要正视它的存在，就会重视它的价值，就会保护它、传承它，形成在当代条件下弘扬其精神、利用其价值、促进其发展的文化自觉。只有这样的全面、整体意义上的弘扬中华传统文化的国家战略，才会带来中华优秀传统文化全面、整体的复兴和繁荣。

其三，它是我国海洋发展国家战略中海洋文化发展战略的重要基础内涵。国家海洋战略包括海洋政治战略、海洋经济战略和海洋文化强国，细分包括对内和谐海洋、对外和平海洋秩序的构建，海洋防卫军事力量的加强，海洋权益的维护，海洋科技的创新，海洋环境的治理，海洋产业的发展，海洋文化资源（包括遗产资源）的保护与利用和当代海洋文化的创新繁荣，等等。其中海洋文化遗产资源的保护与利用，其意义不仅在于增强民族海洋意识、强化国家海洋历史与文化认同、提高国民建设海洋强国的历史自豪感和文化自信心、发展繁荣当代海洋文化、对内构建海洋和谐社会、建设海洋生态文明，还在于很大程度上，它具有一定的国家对外构建海洋和平秩序的战略价值。以中国海洋文化遗产为中心、主体的环中国海海洋文化遗产，不仅蕴藏分布在环中国海“内侧”的中国沿海、岛屿和水下，而且广泛、大量分布在环中国海“外侧”亦即“外围”的东北亚与东南亚国家和地区。在这些国家和地区广泛、大量分布蕴藏的具有中国文化属性的海洋文化遗产，总体上彰显的是中国文化作为和谐、和平、与邻为伴、与邻为善的礼仪之邦文化的基本内涵，见证着这些国家和地区的人民与中国人民友好交往交流，长期进行政治、经济、文化互动，构建和维护着东亚和平秩序的悠久历史。历史不应被忘记，历史会昭示后人。如何充分保护和尊重这些海洋文化遗产，如何充分尊重和善于汲取古代先人构建东亚海洋和平与和谐秩序的历史智慧，对于今天的东亚乃至整个世界的海洋和平秩序构建，无疑是最具基础性、形象性，最具说服力和感召力的"教科书"。

其四，它是维护我国国家主权和领土完整、保障国家海洋权益的事实依据，因而也是法理依据。法理的基础是事实和在事实面前的公正。无论是在东中国海还是南中国海的不少岛屿与海域，《联合国海洋法公约》生效以来都存在着外围国家与我国的海洋主权和相关权益争议，而作为环中国海海洋文化遗产的中心和主体的中国海洋文化遗产，在这些争议岛屿与海域都有广泛、大量的分布，因而充分认识和重视这些中国海洋文化遗产在这些岛屿和海域中的历史"先占性"和长期占有性，对于维护我国国家主权和领土完整、保障国家海洋权益具有不可替代的价值意义。事实上我国政府和我国学者已经为此作出了不懈努力，但由于对这些遗产的发掘和掌握尚不充分，加之思维空间尚未放开，理念模式尚多局限，对这些遗产价值的利用与发挥尚不到位（例如，中日钓鱼岛之争，如果我国掌握更多的遗产证据，将历史上的中琉封贡海路作为中国的海上文化线路遗产加以"申遗"和"保护"，或可改变对日"只争一岛"的局限；中越北部湾划界，如果将中国沿海渔民所有的传统渔场——这是中国沿海渔民和海洋捕捞业的生命线——作为"历史水域"加以对待和保护，北部湾中国沿海渔民就或许不至于大量"失海""失渔"）。以中国海洋文化遗产为主体的环中国海海洋文化遗产，对于维护我国国家主权和领土完整、保障国家海洋权益和我国沿海社会的生存与发展权利，对于国计民生，都具有不可低估的重大价值。

2. 消除我国海洋文化遗产面临的威胁

环中国海海洋文化遗产具有如上多方面的重要价值，广泛分布在环中国海的广大海陆空间内，但其"生存"状况却面临着来自多方面的威胁、破坏甚至大量损灭，其整体现状令人担忧。

一是危险来自环中国海的外围。随着21世纪"海洋时代"的来临和全球性海洋竞争白热化态势的出现，我国海洋权益的维护包括海洋文化遗产安全的保护面临着越来越严重的挑战。由于作为环中国海海洋文化遗产的中心和主体的中国海洋文化遗产广泛、大量分布在一些与环中国海周边国家存在主权和权益争议的岛屿和海域，而这些岛屿和海域大多已被周边国家和地区实际控制，它们一方面作为政府行为，为了“证明”其“主权”和其他“权益”的归属及其“存在”，遮蔽中国海洋文化遗产的历史存在，故意破坏、铲除具有中国属性的海洋文化遗产，建筑他们自己的现代海洋设施，或改头换面变为他们“自己的”海洋“遗产”，从而导致中国海洋文化遗产的损灭；一方面由于其遗产法规体系和管理制度的不够完善，另一方面由于中国属性海洋文化遗产的“价值连城”，作为其政府行为，往往与国际上“先进的”海底捞宝公司“合作”借以分赃获利，作为民间行为，则肆意偷盗、抢挖破坏和贩卖中国海洋文化遗产，从而导致中国海洋文化遗产的损失。

二是危险来自环中国海内缘和外缘普遍的快速城市化、工业化乃至不同程度的“文化全球化”所导致的“建设”性破坏。环中国海东亚世界作为“中华文化圈”或“汉文化圈”“儒家文化圈”的传统的改变始自近代：中国自鸦片战争后成为半封建半殖民地社会，日本自明治维新“转身”为“脱亚入欧”的军国主义和帝国主义社会，其他环中国海东亚地区大多被西方或日本完全殖民。东亚世界的这种近代历史虽然早已结束，但其“后遗症”却至今不乏端倪，其在文化上的显现，即是自近代以来对传统文化不同程度的外力破坏和自身自觉不自觉的破坏。进入现代社会以来，许多国家为了“赶英超美”，不惜将传统文化遗产夷为平地，而代之以比西方还高的高楼、比西方还大还多的林立城市；为了工业化，不惜抛弃传统的作业方式和生活方式，为的是在经济数字包括GDP数字和诸多“指数”上竞争排名。这在我国也是一样的，改革开放后几十年中不乏这种现象。我国沿海是最先对外开放、城市和经济发展最快、现代化程度相对最高的地区，同时也是海洋文化遗产遗存遭受最为直接、最为严重的破坏的地带——既包括海滨海岸港口遗产、海湾航道遗产、涉海建筑遗产、岸上和水下航海文物与遗址等海洋物质文化遗产，也包括海洋社会信仰、海洋社会风俗、海洋社会艺术等海洋非物质文化遗产。其“建设”性破坏的主要威胁方式，仅就“合法”的而言，就有大规模“旧城改造”（包括“旧街区”“旧民居”“旧港口”“旧建筑”等）的“破旧立新”工程；有“城区”空间不断拓展、不断将“边区”古港古码头古渔村铲平，建设为新城区甚至城市中心的“大城市化”乃至“大都市化”工程；有“围海造地”向海滩要地、向海湾要地的“大炼油”“大化工”工程；有以现代化陆源污染为主的海洋污染和海洋沉积导致的对海滨海岸和水下文化遗产的大面积“覆盖”与侵蚀工程；等等。如何对我国1.8万公里大陆海岸线、6500多个大小岛屿、300多万平方公里管辖海域中大量重要的海洋文化遗产进行有效保护利用，并对数百万平方公里管辖外海域及其岛屿、海岸中具有中国属性的海洋文化遗产进行有效监护，已经成为摆在我们面前的十分严峻的课题。目前我国正在转变经济发展方式，进而会带来文化观念的转变，我们抱有非常乐观的心态，但又深知任重道远。

三是危险来自国内沿海民间社会对岸上和水下海洋文化遗产采取的非法行为。这表现在多个方面，其一是沿海地区不少工程企业或为抢赶工程进度、或为抢占土地和海域，不经相关部门勘探批准就施工挖掘，甚至瞒天过海，故意掩埋、破坏海洋文物遗产；其二是一些沿海地方的旅游部门、旅游企业为“吸引”游客而肆意改造、“重建”海洋文化遗产景观，造成了对遗产本身乃至其生态的破坏；其三是沿海一些渔民非法进行水下文物打捞，对海底船货文物非法侵占、买卖，并对水下船体本身造成破坏，还有的与内陆、与海外相互勾结进行海洋文物走私，造成文化遗产的大量流失；等等。有的海上盗宝者甚至组成“公司”，在对海洋水下遗产的非法盗窃中，有的负责“勘探”，有的负责打捞，有的负责“侦察”和“保安”，有的负责非法贩卖乃至国际走私。我国政府对水下文化遗产的考古打捞，实际上都是被动的“抢救性”考古发掘，如“南海一号”“华光礁一号”“腕礁一号”“南澳一号”等“一号工程”，用我国水下考古工作者的话说，实际上是被国际国内的非法打捞盗窃行为“逼”的，是“迫于文物破坏和流失的严峻形势”的“不得不为”。由于政府组织的或经文物部门批准的正规考古打捞行动一直较少，对岸上尤其是水下文化遗产的存在状况并不全盘掌握，这种非法盗窃打捞的民间行为如若得不到彻底治理，那么海洋文化遗产尤其是水下文化遗产受到的威胁和损失则无法估量。

四是危险来自全球性气候变化带来的海平面上升和海洋灾害频发所导致的海洋文化遗产的淹没、侵蚀等慢性蚕食与突发灾难性破坏，这对海滨海岸文化遗产造成的威胁尤大尤多。

五是危险来自政府对海洋文化遗产的管理尚不到位。我国政府对海洋文化遗产尤其是水下文化遗产重视较早，且多有强调，但其一是相关法规尚不够完善，其二是政府管理条块分割，而海洋水下文物及遗址遗迹等遗产“存在”环境状态极其复杂，只靠文物部门难以济事；其三是“经济”二字一直趾高气扬，其他往往被迫让位，每遇经济发展与文物保护冲突，文物保护往往难以招架“经济发展”的至高无上，给文物管理和执法带来极大难度。

六是危险来自国民海洋文化意识和遗产保护意识的淡漠和缺失。没有意识，就没有自觉。尽管近些年来情形已大为改观，但尚未普遍。全体国民海洋文化意识得到普遍提升、海洋文化遗产保护意识得到普遍强化之日，才是海洋文化遗产得以全面保护、海洋文化精神实现全面弘扬、当代海洋文化实现全面繁荣之时。

3. 加强研究，彰显我国海洋文化遗产的价值

纵观中国相关学界对中国海洋文化遗产及其保护已有的或局部或个案或相关的研究，主要在以下六大方面。

第一，沿海、岛屿区域文化考古及其文化内涵研究。

考古学对海洋文化遗产的发现和具体内涵的揭示，不但对于缺乏文字记载的史前时期而言具有独有的价值意义，而且对于历史研究，也具有大面积弥补文献记载匮乏的巨大功绩。中国自有现代意义上的考古学以来，在沿海、岛屿以及相关中原地区，发现发掘了大量史前时期和历史时期具有海洋文化遗产性质的遗址遗迹遗物，并在论证中国文明起源和考古文化区系上提出了“海岱考古文化”[①]“环渤海考古文化”[②]以及沿海及内陆“向海文化”等概念和理论，揭示了中国广袤的沿海地区及中原地区大量相关文化遗产的内涵与性质。其中遍布南北沿海的贝丘文化、浙江沿海的河姆渡文化、山东海州湾畔的两城镇文化、莱州湾畔的盐业文化、长岛（庙岛群岛）石器文化等，因其年代较早、遗存丰厚而成为中国早期海洋文化丰富内涵的标志。就沿海民族的考古文化而言，北部沿海的东夷族、中部沿海的吴越族、南部沿海的百越族等，都是中国早期海洋文明的奠基民族。尤其是北部沿海和东部沿海民族地区，最早纳入中原王朝“天下”版图，对中国早期海洋文化的内涵发展，作出了最直接的贡献，相关早期考古遗存也最为常见。东南部沿海、海南岛等地区百越部族的相关早期文化

---

① 参见高广仁、邵望平:《中华文明发祥地之一——海岱历史文化区》,《史前研究》1984年第1期；栾丰实:《海岱地区考古研究》，山东大学出版社1997年版；张富祥:《海岱历史文化区与东夷族形成问题的考察》,《山东师范大学学报》(人文社会科学版)2003年第6期；高江涛、庞小霞:《岳石文化时期海岱文化区人文地理格局演变探析》,《考古》2009年第11期；等等。

② 参见苏秉琦《环渤海考古的理论与实践》(1988)：环渤海考古“是打开东北亚（包括我国大东北）的钥匙”。苏秉琦《关于环渤海—环日本海的考古学》(1994)：环渤海考古包括了“两个海——渤海就是中国海，东邻就是日本海；三个半岛——辽东半岛、胶东半岛和朝鲜半岛；四方——中国、朝鲜、俄罗斯、日本。”均见《苏秉琦文集3》，文物出版社2009年版。

遗存，近年来也发现较多。至于台湾学者凌纯声[①]、内地学者林惠祥[②]等人的早期研究，都是以人类学和民族学视角对东南亚及太平洋史前百越族或称“南岛语族”的跨海迁徙进行考古学“证明”的，贡献良多，但因所据“碎片”过于零散，牵涉问题太广，历史文献缺乏，历史断代难续，50多年至今，虽有学者热心，不时发起研讨，但仍多自说自话，难以形成系统的认知。对于“殷人东渡美洲”之说，中外学者对墨西哥奥尔克文明遗址中的器物刻文、祭祀玉器等遗存多有解读，似不容置疑，但缺乏历史文献，尚需考古学、历史学与海洋学、航海学研究结合加以证明。中国沿海各地七八千年前的独木舟、古船器物，几十年来时有发现，充分反映了中国人早期发达的航海能力和水平，现在需要的是将这些零散的遗存复原成历史的链条，再现中国海洋文化自古以来历史的辉煌。历史学对此已多有贡献。诸如对“海上丝绸之路”及其遗产相关方面的研究，考古学都离不开与历史学的联姻与互证。其中，中国海外交通史学会、中国中外关系史学会的诸多老一辈和中青年学者，在认定、解读和揭示“海上丝绸之路”“郑和下西洋”以及相关的“妈祖信仰”等中国重要海洋历史文化遗产的内涵，复原中外航海交通和中外关系的历史面貌上，成果颇多，贡献颇大。这些都为完整勾勒环中国海海洋文化遗产历史形成的整体过程和整体面貌，奠定了重要的基础。

第二，海岸带第四纪考古，尤其是全新世海陆环境考古研究。

由于现代文理工科的分野，这一归属于“理科”的考古往往与人文考古学互不纳入视域，长期以来很少相互结合起来解读、解决问题，直到近些年来才有所改观。“理科”的海岸带全新海陆世环境考古的指向尽管也在于研究认识人类（尤其是早期）的生存环境问题，具体的考古工作仍可以不将“人文”问题作为其具体解决的对象，但人文考古却不同，离开了对环境变迁的认识，很多考古文化现象难以说明。尤其是对于海洋文化遗产的考古来说，由于海洋环境变迁极为复杂，海平面升降会带来巨大变化，现在的海洋可能是过去的陆地，现在的陆地可能是过去的海洋；风暴潮灾害可以使人类陆上的生活文化设施甚至连同人群聚落顷刻间葬身海底；在环中国海海域历史上的航海网络包括东北亚和东南亚以及连通南亚和西方世界的“海上丝绸之路”的具体航线之所以是这样而不是那样，

---

① 参见凌纯声相关著作《台湾与东亚及西南太平洋的石棚文化》《中国远古与太平印度两洋的帆筏戈船方舟和楼船的研究》《中国与海洋洲的龟祭文化》《中国边疆民族与环太平洋文化》等。

② 参见林惠祥相关著作《文化人类学》《中国民族史》《苏门答腊民族志》《婆罗洲民族志》等。

为什么在一些海域沉船“累积”极多而在另外的海域极少，这些必须通过对历史上海洋环境的研究得到说明。包括“南岛语族”在东亚—太平洋区域迁徙的状况，“殷人东渡”到底是否到达过美洲以及如何到达过美洲，都必须通过海洋地理、海洋环境研究才可以解释。往往在人文考古学和历史学看来不可能的“历史”，却可以通过渐变和突变的海洋环境史得到解释。另外还有更多的海洋自然景观和岛礁景观，如“海市蜃楼”及由此而生成的“登州海市—蓬莱阁”人文景观和“海上神山”信仰遗迹，如从“青州涌潮”到“广陵涛”再到“钱塘江大潮”的自北向南的“潮文化”景观遗产，如从山东半岛“天尽头”的“秦桥遗址”到海南岛三亚海滨的“南天柱石”作为“天涯海角”，更有1.8万公里大陆海岸线、众多岛屿海岸线上和大海之中大量千姿万态、为人叫绝的海蚀礁石，都是中国海洋文化遗产中自然—人文景观遗产的绝唱，也只有借助海洋环境学、海洋地质学和海洋化学等海洋学科，才能找到其“来历”答案。对于如上这些海洋文化遗产的方方面面，相关的研究和认识大都分散在各自的相关的学科之中，尚未进行有效的学科交叉整合。这种“相关”学科如何整合，是今后海洋文化遗产研究的重要课题。

第三，海外交通历史文物和遗迹的调查研究与展示。

这以1959年挂牌成立的“泉州海交史博物馆”作为专题性、区域性博物馆开始最早。其展示的是在泉州后渚港沉积海湾中发现发掘的海外交通史文物，反映着宋元时期有“东方第一大港”之称的刺桐港（即泉州古港）与中国对外航海、贸易、文化交流的发展历史。1978年《海交史研究》在该馆创刊；1979年“泉州湾宋代海船科学讨论会”举行，“中国海外交通史研究会”同时成立，“海交史”研究由此开始具有全国性学科意义。1986年联合国教科文组织（UNESCO）将泉州列为“海上丝绸之路”考察点，自1987年至1997年进行“海上丝绸之路”考察项目10年，福建社科院为此成立了“中国与海上丝绸之路研究中心”，并创办了不定期学术集刊《中国与海上丝绸之路研究》，发表了大量国内外学者的相关历史学与考古学论文。在此前后，该馆组织了对妈祖文化遗迹的专题性调研，为其后的妈祖文化研究奠定了重要的史料基础。该馆发展至今，已成为国内藏量最为丰富的以泉州地区为主的海外交通专题性海洋文化遗产博物馆。

中国南北沿海海外交通历史港口众多，海交史文化遗存其后在沿海各地都有大量发现，还有渔文化、盐文化、商埠文化、海防文化、海洋信仰文化等海洋文化遗产，20世纪七八十年代以来在各地发现更多，沿海各省地方博物馆都藏量极为丰富，并先后建立了许多专题性博物馆、展览馆，有不少已被列为国家重点文物或保护单位。近些年来的“海上丝绸之路”申遗，从南到北如北海、广州、泉州、福州、宁波、蓬莱等地，都热情极高，悉数发掘，各亮底牌，大肆宣传，呈现各有特色、遗产丰富、难分伯仲的重要性。中国是一个历史悠久的海洋大国，“海上丝绸之路”作为中外航海文化的代称，在中国南北沿海各个历史大港中都有发掘不尽的遗产系列乃至文化序列，因此国家相关部门只能协调“捆绑”、作为中国航海文化遗产整体，并与“陆上丝绸之路”实行“并轨”，整体申遗。中国是世界上重要的文化遗产大国，而世界遗产名录毕竟“容量”有限，不可能将中国所有重要文化遗产“照单全收”，因此关键的问题不在于是否能够申遗，而在于各级政府和全国人民对文化遗产及其文化内涵的整体尊重、关爱和呵护。这些年各地为争“海上丝绸之路始发港”各显其能，而缘何重视，应如何重视，喜忧参半。认识问题、理念问题、机制问题、措施问题等都没有很好解决。

第四，海洋水下考古与水下文化遗产的发掘与研究。

港口是“海上丝绸之路”的始发和登岸的两端，而连接这些港口之间茫茫大海上一条条海上航线的，是难以计数的穿梭如织的船舶。数千年乃至数万年，日复一日，不知有多少不幸葬身海底的沉船，都是历史的“鲜活”存在，展现“海上丝绸之路”的整体面貌，尚需更多的水下文化遗产被我们所知所识，连接复原出不同时空的历史的点点与面面。而目前海洋水下考古已做的，还远不能满足这种需要。

“水下考古”（Underwater Archaeology）与“海洋考古”（Maritime/Marine Archaeology）是两个既有重合而又有区分的概念。“水下考古”的对象是水下文化遗产，尽管其最终目标是揭示其所反映、体现的文化，但既可以是海洋的，也可以是内河、湖泊的；它与其他考古最大的区别在于实施“水下”考古作业的技术与工程方法，和探测打捞出来的“出水物”与岸上、陆上考古挖掘出来的“出土物”的不同。“海洋考古”的对象是海洋文化遗产，它与“水下考古”的不同之一在于考古发掘的遗产本身的海洋文化属性和相关属性；不同之二在于它并不专门关注水下（海底），它还要关注岸上乃至陆上甚至内河与湖泊中的海洋文化遗址遗物。这就是说，“水下考古”的本体特性在于其水下考古技术，“海洋考古”的本体特性在于其海洋考古内容。“水下考古”与“海洋考古”两个概念的重合部分，大致相当于“航海考古”（Nautical Archaeology）。而这里的

“航海考古”的对象，只是在海洋文化历史上不幸葬身海底（及相关河底、湖底）的部分，同样远非全面整体意义上的“海洋文化遗产”；而更为广泛、普遍、大量的全面整体意义上的海洋文化遗产主体，是没有被埋藏的、还遗存在人们现实生活空间中的海洋历史文化存在，包括具有历史、科学和艺术价值的海洋历史人文存在和海洋历史自然—人文（人文化了的自然）存在，包括船舶船具船货等航海器物、港口灯塔栈桥仓储海关等海事建筑、码头商埠等海事社会生活文化设施及其所在的“文化街区”“文化片区”“文化线路”等文化空间。所有这些，作为中国海洋文化遗产整体，直到近年全国第三次文物普查包括水下文化遗产专项普查之前，在国家层面上一直没有得到重视。近些年来国家对于海洋文化遗产的重视主要体现在两个方面：一是对“海上丝绸之路”这一申遗专题的重视，二是对作为“水下文化遗产”（主要是海底沉船及其船货遗产）及其保护的重视。

“水下文化遗产”的考古发掘，所依靠的主要技术手段和途径是“水下考古”。“水下考古”在世界上的出现，是20世纪60年代的事。自携式水下呼吸器1944年才被法国海军发明出来。人们一般把1960年美国宾夕法尼亚大学教授乔治·巴斯（George Bass）携带水下呼吸器潜水考古作业，对土耳其格里多亚角海域一艘古代沉船遗址的调查发掘作为西方水下考古学的起点。1973年，乔治·巴斯在美国得克萨斯A&M大学创立了航海考古研究所，并在多年水下考古实践基础上编写出版了《水下考古》一书。此后，水下考古快速升温，英美人很快在世界上的多个海域探索和打捞沉船。四处“探宝”，在西方人社会有悠久的传统。随后，英国调查、发掘、打捞了大西洋海域的不少古代沉船，并很快成立了“航海考古学会”，编辑出版了《国际航海考古与水下探索杂志》。在亚太海域，英国人吉米·格林（Jeremy Green）等在澳大利亚、泰国、菲律宾和中国南海等海域进行了大量水下考古发掘，至20世纪70年代初期就发掘和打捞古代沉船达20多处。[①]受到西方人打捞中国的古代沉船瓷器并在文物市场上大肆贩卖获利的刺激，中国的海洋水下文化遗产考古于1986年正式启动：政府对“水下考古工作”开始重视，1986年成立“国家水下考古协调小组”，1987年成立中国博物馆下的水下考古研究室（后改为水下考古中心），同年创刊《水下考古通讯》，其后组织考古人员参加中外合作的水下考古培训，中外合作在中国近海进行沉船调查勘探等。1989~1990

① 参见张威主编、吴春明等编著：《海洋考古学》，科学出版社2007年版。

年在青岛举办的第一届海洋考古专业人员培训班，被学界视为当代海洋考古学水下考古技术传入中国和中国建设水下考古专业队伍的标志性事件。此后，在辽宁、山东、浙江、福建、广东沿海先后开展了10多处宋元明清不同时期沉船遗址的水下调查和发掘，学术反响和社会反响巨大。水下考古（主要以海洋考古为文化指向）已经成为中国考古学中最具学术效应和社会效应的领域之一。

尽管中国开展水下考古比西方国家略晚，但在国家高度重视和大力投入下，经过30多年沿海各地政府和文物考古部门的共同努力，中国的海洋水下考古取得了一系列重要成就。中国的水下考古是政府公益行为，不以营利为目的，是真正的考古学意义上的考古，不像西方的水下考古那样更多的是公司行为，通常首先考虑的是遗产本身的经济价值，因为一般是考古打捞公司与“船主”即政府平分其利。中国所有重要水下文化遗产的考古发掘和研究都是经国家文物局立项批准，在国家博物馆水下考古中心的总负责和统一组织下，与沿海当地文物考古部门和国家其他相关部门合作进行的。中国已先后对多个海域的大量沉船进行了考古勘测，并进行了绥中三道岗、“南海一号”、“华光礁一号”、“碗礁一号”、“南澳一号”等重要沉船的考古发掘。其中“南海一号”已成功整体打捞出水，移至广东阳江海岸专门建造的“海上丝绸之路博物馆”的大型“玻璃宫”内，一方面可供海水环境中对沉船船货继续进行考古研究，一方面可供游客和相关人员进行实景观察观赏。这在世界考古上是一个先例。

随着中国水下考古工作的开展，一些相应的水下考古报告相继推出。主要的“中国水下考古报告系列”是张威主编的《辽宁绥中三道岗元代沉船》《西沙水下考古（1998—1999）》以及《东海平潭碗礁一号出水瓷器》等。海洋考古学的专著和教材，主要有张威等编著的作为国家文物局第二届水下考古专业人员培训班教材的《中国海洋考古学的理论与实践》，吴春明著的《环中国海沉船》，张威主编、吴春明等编著的《海洋考古学》等。在此之前，日本小江庆雄著《水下考古学入门》较早翻译介绍到中国，成为中国水下考古理论与实践的参考书。值得注意的还有杜玉冰的《驶向海洋——中国水下考古记实》，真实记录了中国水下考古工作者20多年的艰辛历程和水下探秘的勇敢故事。虽是报告文学，不是研究专著，但对于海洋水下考古，无疑具有重要的知识普及意义。

我国自2008年开展全国第三次文物普查，自2009年开始实施全国水下文物普查，全国除港澳台之外11个沿海省市区先后铺开，这是第一次全国范围内除港、澳、台之外对水下文化遗产进行大普查的统一行动，不但对水下，对沿海陆上的也进行了相应的调查，所得遗产信息十分可喜和惊人，而其“生存”和“存续”状况却十分堪忧。统一使用这些资料，对于中国海洋文化遗产的整体研究，具有前所未有的重大意义。

但是，对于大多海域的水下文化遗产来说，由于水下考古探测人员、探测技术和海洋设备条件的限制，这次普查还只是初步探路，大量信息只是靠走访渔民等“采风”调查手段所得，发现最多的是“疑存”。其在茫茫大海中具体方位何在、其具体海况如何、其遗产内容、状况到底怎样，由于多种条件的限制，得不到海洋科学与工程技术的支持运用，要使“疑存”成为真正掌握并得到保护的“遗存”，还有很远的距离。目前，中国经过专门培训的水下考古人员、水下文物保护修复专业人员只有一二百人，且不说面对浩渺博大的整个中国海域，即使面对中国领有和管辖的300万平方公里海域的水下文化遗产，要进行“人工”潜水探测考查（且不说打捞），也只能是选择重点，而真正大面积的“普查”，则只能“望洋兴叹”。中国最新成功自主研制的“奋斗者”号载人深海潜水器，潜水深度可达万米，这标志着我国在大深度载人深潜领域达到世界领先水平。能否应用于水下文化遗产考古，现在尚得不到答案。今后的海洋水下考古，更为需要的，还在于取得海洋科学与工程技术的支持，并且从长远看，海洋水下考古和水下文化遗产保护，必须从与海洋科学与工程技术结合的海洋文理工交叉学科建设和人才培养入手。

第五，海洋文化遗产的管理保护与国家政策、制度和国际国内法规研究。

对海洋文化遗产的考古，无论是陆上也好，水下也好，其主要行动是对海洋文化遗产本身的考古发掘；而无论是发掘之前、发掘之中、还是发掘出来之后，都有一个长期保护的问题。这既是政府的责任，也是民间的责任，而更为主要的是政府的责任。“保护”对于国家来说，就是管理，就是政策与法规的制定，就是各级政府对政策和法规的执行，也包括国际合作。

以《中华人民共和国水下文物保护管理条例》（以下简称《条例》）1989年发布施行为标志，国家水下文化遗产保护作为国家立法保护自此开始。《条例》起草和几经修改修订的过程，体现了学界的相关研究理解。但由于《条例》本身毕竟是当时历史条件下的产物，不够完善，对《条例》进行修改的呼声一直很高，但至今尚未行动。比如《条例》规定，中国内水、领海内的一切水下遗存、领海以外其他管辖水域内（即毗连区、专属经济区和大陆架）起源于中国的和起源国不明的水下遗存，都属于国家所有，国家对其行使管辖权；对于外国领海以外的其他管辖海域以及公海区域内起源于中国的文物，国家享有辨认器物物主的权利。据此，问题在于，其一，对中国管辖水域内（即毗连区、专属经济区和大陆架）起源国明确是外国的水下遗存的权利，没有作出规定；其二，对于外国领海以外的其他管辖海域以及公海区域内起源于中国的文物，国家只是享有辨认器物物主的权利，至于辨认之后有何权利、如何行使，也未作规定，这显然有损对中国属性的文化遗产的国家权利。再如《条例》规定，破坏水下文物，私自勘探、发掘、打捞水下文物的，依法给予行政处罚或者追究刑事责任。但如何才能发现破坏水下文物，私自勘探、发掘、打捞水下文物的活动，该条例没有具体规定。而且由于这只是一个条例，由文物部门作为主管执行机关，要真正解决如何发现违法的问题，难度极大。有没有必要将海洋水下文物的保护纳入国家海洋维权行动的范畴，建立巡航监视制度等，都需要认真研究，从制度上加以解决。另外，随着中国《海域使用法》的颁布实施，《条例》如何与之衔接，也是一个新的重大问题。因为《海域使用法》规定，"单位和个人使用海域，必须依法取得海域使用权"，"法"相对于"条例"是上位法，任何海域的水下文化遗产发掘和保护都要使用海域，像"南海一号"从1987年被发现到近年发掘出水历时20年，前后过程都属于持续使用特定海域3个月以上的排他性用海活动。类似的海洋水下考古打捞是否、如何获得海域使用权，是必须在法律法规上解决的问题。尤其是，中国海洋水下文化遗产分布极广，层积深厚，内涵丰富，价值极大，显然一一对其进行单体保护，代价太高，若不从其"生存"的生态环境上着眼，往往事倍功半。而如果实行区域保护，选定一大批水下文化保护区，纳入国家或地方"海洋特别保护区"体系，保护能力和效果就会妥善得多。①

还有，如上所及，不管是陆上的也好，水下的也好，海洋文化遗产如何才能既得到保护，又满足社会公众的观赏了解、鉴赏认知需求，同时得到社会公众对发掘、保护的支持和参与，这对于中国这样一个海洋文化遗产大国而言，是个重要课题，必须从相关法规与管理制度层面的完善设计加以解决。

国内学界对文化遗产研究众多，但无论是学理研究、制度研究还是应

① 参见周秋麟等：《积极推进我国水下文化遗产保护工作》，《中国海洋报》2008年7月4日。

用研究，大多不涉海洋。对海洋文化遗产保护的研究，最早是以海洋文化的发展传承为学术指向，从理论分析、现状问题和国家管理的视角入手的。对此中国海洋大学海洋文化研究所已有多年关注，取得不少成果但还远远不够。

对于中国海洋水下文化遗产的保护问题，来自海洋水下考古一线和相关部门根据实际状况所做的研究尤为重要。其中，中国国家博物馆一直是负责全国海洋水下考古的机构，在大量水下考古与海底沉船文物发掘、研究和出版发布考古报告的基础上，发表了一系列关于海洋水下文化遗产保护问题的专著、论文，对海洋水下文化的存在质量与现状、面临的来自人文社会原因造成的遗产威胁、来自海洋水文环境、地质环境原因造成的遗产威胁等多有来自实践的观察、体验与思考，提出的相关对策富有针对性和可操作性，值得重视。目前中国国家博物馆水下考古研究中心编有《水下考古学研究》，由科学出版社出版。①

中国是联合国教科文组织《水下文化遗产保护公约》的参与制定国，中国法学界对水下文化遗产的法理内涵及其可操作性已有不少研究成果。其中傅琨成等的《水下文化遗产的国际法保护——2001年联合国教科文组织〈保护水下文化遗产公约〉解析》（法律出版社2006年版）、赵亚娟《联合国教科文组织〈保护水下文化遗产公约〉研究》（厦门大学出版社2007年版）是国内较早的研究专著。傅琨成等的研究主要在于对公约背景资料的收集介绍和文本内容解析，赵亚娟的研究主要在于对公约的法理及如何应用于各国实践，尤其是中国海洋水下遗产保护因之面临需要解决的问题。《水下文化遗产保护公约》早已生效，中国是参与起草国，中国是否要加入，学界意见不一，问题在于加入之后是否对中国水下遗产的保护和国家文物安全有利。为了保护中国的海洋文化遗产，国家的保护政策、法规体系和管理制度应该如何完善，是必须要加以重视解决的问题。这关系到海洋文化遗产的“生死存亡”。

第六，中国海洋文化遗产存在空间的海权争端研究。

无论是东中国海中国的钓鱼岛问题、中日东海划界问题至今存在争端，还是南中国海中国的不少岛屿被相邻国家实际控制、并声索主权，这些问题自20世纪70年代《联合国海洋法公约》生效以来纷争不断。对此，中国在如何维护岛屿—海洋主权和相关海洋权益问题上，国际法学、

① 中国国家博物馆水下考古研究中心编：《水下考古学研究（第1卷）》，科学出版社2012年版。

海洋法学界已有研究颇多，国家有关部门也专门设置相关研究机构，组织学者和政府实际工作者在法理、史证、国际政治与外交方面多有攻关。由于诸多岛屿、海域被外国实际控制，在具体问题的解决上则摩擦不断。如何转变观念，减少、化解争端，化干戈为玉帛，实现东亚乃至世界的海洋和平，需要国家和国际社会的高度智慧。对于争议岛屿、海域地区的中国海洋文化遗产如何认定、如何保障权益问题，学界尚鲜有专门的研究涉及。这取决于两大层面，一是国家相关主权和相关权益能否、何时、怎样真正解决；二是在目前尚不能真正解决的前提下，能否实现中国对这些海洋文化遗产整体面貌的掌握，协调相关国家妥善加以整体保护和利用，还有很大的空间。因此，加强对中国海洋文化遗产存在空间的海权争端解决方案的研究，与在争端情况下如何加强对中国海洋文化遗产进行认知和保护的法理与应用研究，必须交叉结合进行。比如，在南中国海争议岛屿和海域，即使一些文化遗产及其所在岛屿和海域的主权与管辖权一时不能得到解决，也可以探讨能否在《南海各方行为宣言》框架下，以联合国《保护水下文化遗产公约》为基础，阐明“法理”，提出对策，由中国牵头合作保护相关岛屿和水下的文化遗产，在政治合作和经济合作的已有实践基础上，在文化合作方面闯出新路。

台湾岛及澎湖列岛位处东海和南海之间，且其东面的太平洋边缘海海域同样是中国的海域，西面即与福建之间的台湾海峡，作为中国海洋文化遗产的重要组成部分，岛岸和水下文化遗产极为丰富。台湾对此研究较早，值得重视。台北“中研院”早年的凌纯声和后来的臧振华对岛岸遗产贡献颇多，因水下考古技术限制，对水下遗产的研究也是从20世纪八九十年代开始的。其中臧振华论述过台湾海峡水下考古的重要性、主持过澎湖水域水下文化遗产考古调查等；海洋史专题研究中心汤熙勇是对环台湾岛岛岸和水下海洋文化遗产调查研究的重要学者，尤其是对水下，主持研究项目、发表研究报告和相关论文尤多。

另外，香港和澳门作为中国的特别行政区，都是国际性重要港口城市，尤其是澳门，自明代由葡萄牙租借，成为中国南海与东南亚和西方世界沟通的重要桥梁和枢纽通道，港航和妈祖信仰等海洋人文历史遗产众多，内涵丰富。这方面内地学者接触不多，香港中文大学、澳门大学、澳门中华基金会、澳门海事博物馆等单位组织过较多研究，其相关研究成果和资料汇集，值得重视。

外国学界，即使是环中国海外缘国家学界对中国海洋文化遗产现状及其保护的系统研究，也同样一直阙如。国外学界对其本国本地区内的具有中国内涵、源于中国的海洋文化遗产，其调查研究与法规保护，都是作为其“本国”海洋文化遗产进行的。例如，韩国新安郡（今木浦市）海域的元代中国沉船，1975年发现，1976年至1984年发掘，最终将沉船打捞出水。从这条元代中国沉船上，共发掘出两万多件青瓷和白瓷，两千多件金属制品、石制品和紫檀木，800万件重达28吨中国铜钱，其中船货中有明确文字，是从中国明州（今宁波—舟山）起航，开往日本的中国商船。这是一件时称“震惊世界”的海洋水下考古事件。韩国为此在木浦市建成“韩国国立海洋遗物展览馆”，并成为韩国相关海洋文物遗迹遗物的展示与研究中心。对此，中国与韩国政府文物部门、专家研究与保护的合作，应该是十分重要的。但两国政府文物部门并没有这样做，尚止于相关地方、民间、学术层面，这显然远远不够，远远没有发掘出其应有的价值和作用。

中国学界关注环东中国海外缘国家所藏中国海洋文化相关文物的学者也有不少，2003年宁波市文化文物部门还专门组织了大型“海外寻珍团”，多次赴韩国、日本调研，编辑发行了《千年海外寻珍——中国宁波“海上丝绸之路”在日本、韩国的传播及影响》一书，掌握了大量相关信息资料。中国学术界许多相关机构近年来开始重视海洋文化遗产研究的国际合作，已举办了多次国际研讨会。例如，2007年中国海洋大学主办的“东北亚海上交流历史文化遗产国际研讨会”，2009年中国海洋大学与美国得克萨斯A&M大学在北京“中美关系30年高峰论坛”合作主办的“中美海洋文化遗产考古与保护”国际圆桌论坛，2010年中山大学主办的“南中国海考古高峰论坛”，同年厦门大学人文学院和中国百越民族史研究会主办的“中国与太平洋早期海洋文化”国际论坛，同年上海交通大学主办的“台湾海峡水下文物保护合作研讨会”等。近些年来，这样的论坛和研讨会越来越多，这些都为中国海洋文化遗产的深入研究提供了开放的国际合作空间。

总体而言，对于中国海洋文化遗产，无论是对沿海、岛岸遗产，还是对海洋水下遗产，主要是国别的、局部的、专题的遗产调研与保护对策研究，成果丰富，成就显著。但就中国海洋文化遗产作为一个整体的现状把握与保护机制研究，尚未系统开展，处于基本家底不清、总体现状不明、保护措施不力的状况，不但制约着对其形成全面认知，而且制约着国家层面的相关战略决策与行动。这种状况亟须改变。

4. 加强对我国海洋文化遗产的保护和价值利用

我国海洋文化遗产，是一个内涵极为丰富，边界极为宽阔的整体时空存在，以往之所以国内外学术界一直未能对此做过整体研究，一方面是因为国内外学术界对海洋文化遗产的较普遍重视（尚远远不是普遍重视）历时尚短，一方面就是因为我国海洋文化是一个文化整体，历史悠久，空间广大，遗产非常普遍，其形态、内涵极为丰富而复杂，在现代条件下又牵涉多国，中外之间、外国之间在领土和海洋问题上多有争端，且一些国家极端民族主义情绪高涨，对一些历史文化的认识与历史本质南辕北辙，因而无论中外学界，一直难能对中国海洋文化遗产作出整体观照。为此，紧紧抓住对中国海洋文化遗产形成整体认知和加强管理保护的关键性基本问题，即摸清家底，阐明价值，搞清现状，提出对策，为国家海洋文化资源安全和遗产保护国策，为维护国家主权和海洋权益，为国家海洋战略发展，提供学术支撑和对策支持，是目前学界和文化遗产管理与保护界的基本任务。

第一，加强对我国海洋文化遗产的整体认知和保护。

具体而言，我国海洋文化遗产的整体认知和保护，需要在以下内容展开。

全面系统地研究认知环中国海海洋文化遗产作为一个整体的基本概念内涵、基本空间边界、历史积淀过程、主要类型形态、基本内容特色、整体空间网络与线路分布、主要历史作用与当代价值等一系列重要基础问题。

全面系统地调查摸清中国海水下文化遗产的基本家底。只有调查摸清了环中国海海洋文化遗产的基本家底，研究认知了其内涵价值，分析搞清了其面临的主要问题，才能在应该如何重视、如何解决问题、如何实施保护、如何实现价值利用等方面，得到有针对性、可操作的系统的战略对策答案。

一是全面系统地调查摸清中国海水下文化遗产的基本家底，包括黄渤海水下文化遗产、东海水下文化遗产、南海水下文化遗产、台湾海峡水下文化遗产、台湾东海水下文化遗产五大组成部分，并归并整合为一个整体加以分析研究。对于其中尚未探测过的海域中的重要“历史海域”、已经调查“疑似点”较多或认为有重要“疑似点”的海域，运用现代海底探测技术与设备如水下摄像、自主式水下航行器、深海原位激光拉曼探测技术、水下传感器网络、水下结构光自扫描三维探测技术、水下采样装置、深海电视抓斗、海洋遥感相关技术等，加以调查探测，并得到其实景图像及相关遗存环境资料。研究指出主要水下遗产集聚区域及其海域和重要水下遗产本身及其海域所面临的人文和自然环境主要问题，包括国内问题和中外争议海域水下遗产及其环境问题，并研究提出具体对策方案。

二是全面系统地调查摸清环东中国海、环南中国海沿岸和岛屿包括台湾—澎湖列岛陆上海洋文化遗产的基本家底，包括分区域的主要内容、分布、数据、现状、类型、特色、作为“文化线路”的对外（海外）对内（内河线路）的基本网络结构（包括“海上丝绸之路”在各区域的具体线路及其重要节点等）及其内涵等。研究指出主要遗产集聚区域及其环境和重要遗产本身及其环境所面临的人文和自然环境主要问题，包括国内问题和中外争议岛屿区域的遗产及其环境问题，并研究提出具体对策方案。

第二，加强海洋文化遗产学科的整体建构。

海洋文化遗产学科，是海洋文化学科的重要构成部分。包括海洋考古——它离不开水下考古的技术与工程手段，但它的考古对象是海洋文化遗产，学术宗旨是考察研究海洋文化；包括海洋文化遗产管理保护——它离不开保护措施与手段，例如政策法规的、行政管理的、具体技术的等，但它的保护对象是海洋文化遗产，宗旨在于海洋文化的价值认同与保护传承。

海洋文化遗产的主要分布空间是海洋水下和岛屿、海岸带，具有与内陆文化遗产不同的特点，难以进行单体、单一地发掘和保护管理，须与海洋科学、海底探测、海洋海岸带生态环境管理和保护综合施行。这样的海洋相关文理工学科的交叉整合研究，有利于实现海洋文化遗产资源调查研究、国家与地方政策保护、海洋生态环境综合管理等相关研究领域的整体化、系统化，凸显海洋文化遗产保护和管理微观与宏观相互结合、治标与治本统一观照的学术理念和研究需求。

我国几十年来的海洋水下考古，一直极为缺乏的就是与海洋科学和海洋工程技术的学科联姻，因此一直停留在“水下考古工作”阶段，尚未发展为“海洋水下考古学”，在整体学科建设、人才培养上下功夫。因此如前所述，每次较大型的水下考古探测打捞工程，都是临时调集各路人马上阵，而一般性水下考古探测行动，则难有能力如此“兴师动众”，因此难有进展。包括这次全国水下文物普查，也只是“全国范围内”的“普遍调查”而已，确认的水下遗存远远不够广泛，大多只是“疑似”“疑存”。要大面积调查探测、获得大面积的可靠信息，并了解掌握这些海底遗产的具体存在状态如何，甚至需要及时采取措施，必须依靠现代海洋科学与工程技术的加盟，一方面请海洋理工相关学科专业人士关注海洋水下文化遗产的探测调查和必要的发掘研究，为摸清中国海水下文化遗产的家底打开千百年沉睡浅海、深海的更多、更大面积遗产的“门窗”；另一方面探索海洋文理工学科整合建设现代海洋考古学学科的可行性，为今后的海洋水下考古探测探索应走的学科发展与人才培养道路。

环中国海海洋文化历史悠久，自古受海洋环境影响巨大，文化遗产丰富。这些年既有的研究，主要在历史学、民俗学、考古学、文化遗产学等方面。由于中国设置考古学的高校、科研机构大多未设置海洋相关学科，已经设置的相关学科综合交叉不够，面向海洋、海岸带的环境考古研究和海洋文化遗产发掘探测与保护技术相对薄弱，大大限制了对海洋文化遗产的认知、发现、保护及其价值作用的发挥。因此，全面意义、综合研究的海洋文化遗产保护学科，除了加大历史学、民俗学、考古学、文化遗产学等学科向海洋“倾斜”之外，还应该加强“海洋海岸带环境考古”“海底水下文物探测技术”“海底水下文物保护技术”“海洋文化遗产资源与环境综合管理”等学科方向的研究。在这方面，我们的学术视野、学科发展思路还不够开阔，许多海洋自然学科与技术科学的已有研究成果虽足以支撑海洋考古与文化遗产保护的综合、交叉与立体研究，但我们对这些已有学术与技术资源的发现、结合与利用还远远不够。

第三，加强“海洋文化线路遗产”的重点发现与保护。

自1994年于西班牙马德里召开的“文化线路遗产”专家会议上第一次正式提出“文化线路”这一新概念并予以重视和研讨，至2008年国际古迹遗址理事会第16次大会通过《文化线路宪章》，“文化线路”作为一种新的大型遗产类型被正式纳入《世界遗产名录》范畴以来，世界各国以“文化线路”类型申报世界遗产已经成为一种备受重视的新趋势。

目前，世界范围内被纳入《世界文化线路遗产名录》的“文化线路”已有西班牙圣地亚哥朝圣之路、法国米迪运河、荷兰阿姆斯特丹防御战线、奥地利塞默林铁路、印度大吉岭铁路、阿曼乳香之路、日本纪伊山脉圣地和朝圣之路、以色列香料之路等；被国际古迹遗址理事会确认以备推荐给世界遗产委员会的“文化线路”已有30多条，中国的京杭大运河、丝绸之路（中国段）都在其中；另有茶马古道、古蜀道等也都已排上了中国“申遗”的议事日程。

“海上文化线路”遗产，就是人类跨越海洋实现文化传播、交流和融汇的历史形成的线性文化遗产。海上“文化线路”遗产的存在空间，就是人类历史上的海上航线；“海上文化线路”遗产的历史内涵广泛而丰富，远远超越人们所熟悉的海上“丝绸之路”以海上贸易为中心视域的历史遗产内涵。但是，尽管海洋是人类重要的依存与发展空间，跨海交流的海上线路是世界上最为典型和广泛的文化交流线路，已有的世界遗产尽管有不少与海洋相关联的遗产，但专门的“海洋文化遗产”还没有一项；尽管中国是历史悠久的海洋大国，历史上连通海外世界的海上文化线路有多条，但至今中国尚乏对海洋文化遗产及其保护的广泛重视，至今没有专门的系统研究和作为国家层面或跨国合作的“世遗”申报。

重视研究和保护中国与环中国海区域包括朝鲜半岛、日本列岛、琉球群岛、东南亚地区之间跨海连接的一条条海上“文化线路”，对于丰富世人关于“中国文化”既包括中国内陆文化也包括中国海洋文化的历史内涵的了解和认同，增强中国海洋文化在中国文化对外跨海交流、对外辐射影响和构建东亚中国文化圈中的作用，强化国人在中国文化遗产保护中既重视内陆文化遗产保护也重视海洋文化遗产保护的意识和理念，切实加强我国文化遗产的全面系统保护包括跨国合作保护与价值利用，都具有不容忽视、不可替代的意义。

这种研究的学术目标，是以完整的概念、内涵和形态呈现，将“环中国海海洋文化遗产”作为一个整体文化空间理念和范畴引入学术界，纳入世界海洋文化遗产和中国海洋文化遗产基础理论研究和管理（保护）应用研究的整体视野，同时纳入世界文化遗产和中国文化遗产基础研究和管理（保护）应用研究的整体视野，推动我国的文化学术繁荣；是服务于“发掘和保护我国丰厚的历史文化遗产，提升我国文化软实力，推动中华优秀传统文化走向世界”的国家文化战略，同时是服务于我国维护文化资源安全，保障海洋主权权益，建设现代海洋强国的国家战略。

第四，加大国家法规、制度与措施的建设和实施力度。

全面系统地研究梳理环中国海海洋文化遗产保护相关的国内外政策、法规与政府管理体系中的问题，研究与外国争端岛屿和海域主要遗产的认定标准及方法、行使相关权利的可行性问题，联合国《海洋法公约》《世界文化遗产公约》《水下文化遗产公约》等主要国际法规对我国海洋文化遗产管理保护和相关权益的利弊及对策问题，综合系统高效有力执法的体制与体系问题，海洋文化遗产的调查技术规范问题等，为国家决策提供参考方案，已经刻不容缓。

对环中国海我国海洋文化遗产实行全面有效的国家管理保护，主要包括：

进一步完善政策法规。这里之所以提出“完善”，是因为对于历史文化遗产，各国各地区或早或迟都已制定有相关政策、法规，联合国及其他有关国际组织也制定有不少公约、协定等制度性文件，但损毁历史文化遗产的违法违规现象还是屡屡发生。有鉴于此，应该加大对损毁历史文化遗产的违法违规行为的打击、处罚力度。如中国2002年出台的《中华人民共和国文物保护法》第六十六条规定：“（一）擅自在文物保护单位的保护范围内进行建设工程或者爆破、钻探、挖掘等作业的；（二）在文物保护单位的建设控制地带内进行建设工程，其工程设计方案未经文物行政部门同意、报城乡建设规划部门批准，对文物保护单位的历史风貌造成破坏的；（三）擅自迁移、拆除不可移动文物的；（四）擅自修缮不可移动文物，明显改变文物原状的；（五）擅自在原址重建已全部毁坏的不可移动文物，造成文物破坏的；（六）施工单位未取得文物保护工程资质证书，擅自从事文物修缮、迁移、重建的”，犯有这些行为，只需要“由县级以上人民政府文物主管部门责令改正”；“造成严重后果的”，仅仅加以“处五万元以上五十万元以下的罚款”；“情节严重的”，仅仅加以“由原发证机关吊销资质证书”；第六十九条规定：“历史文化名城的布局、环境、历史风貌等遭到严重破坏的，由国务院撤销其历史文化名城称号；历史文化城镇、街道、村庄的布局、环境、历史风貌等遭到严重破坏的，由省、自治区、直辖市人民政府撤销其历史文化街区、村镇称号；对负有责任的主管人员和其他直接责任人员依法给予行政处分。”这些都无疑使犯法的成本太低，因而难以从根本上抑制和消灭犯罪。再如，1989年发布实施的《中华人民共和国水下文物保护管理条例》，规定只要是位于中国领海内的所有水下遗产，都“属于国家所有”，这就存在着如何与相关国家及国际的法律规定的相互对接问题；而对于“遗存于外国领海以外的其他管辖海域以及公海区域内的起源于中国的文物”，则只规定“国家享有辨认器物物主的权利”，这又显然在既知为“起源于中国的文物”的情况下损失了国家应有的文物归属权。另外，该条例还规定“水下文物”“不包括一九一一年以后的与重大历史事件、革命运动以及著名人物无关的水下遗存”。这些都存在法理上和实践上的问题，有待于进一步修订完善。目前《中华人民共和国文物保护法》已进行了5次修正，《中华人民共和国水下文物保护管理条例》正在修订之中。

政策配套、保障有力、执法必严。在管理上、在执法上，都需要制定相应的政策法规，建立相对独立的部门、独立的队伍，建构配套的保障机制，强化法规、政策的执行力度，一方面激发公民对海洋历史文化遗产保护的积极性，一方面严厉打击盗掘破坏海洋遗产犯罪行为。

加强对海洋文化遗产考古与保护科学技术的成本投入和最大化利用。海洋考古不同于一般的陆地考古，而且有一大部分是水下考古，甚至深海考古，需要很高的考古成本和考古技术要求。这一方面需要国家和相关地方政府的投入，同时也需要国家、地方以及区域间乃至国际间的合作，以实现投入效益的最大化，避免重复研制投入，造成本区域人力物力资源的浪费。

事实上我国作为一个历史悠久的海洋大国，海洋文化遗产无比丰富，要求个个发掘、单体保护，这样的模式，尤其是像“南海一号”那样的研究与保护模式，显然不堪重负，是不可取的，亟须转变观念、改变模式。我们之所以强调整体认知、整体保护，与其所在生态统一保护，意义在此。

5. 发挥人民群众在海洋文化遗产保护中的主体作用

海洋文化的历史是人民群众创造的，海洋文化的主人是人民群众。海洋文化遗产属于国家，而这个国家的主人是它的国民。人民群众有保护自己的文化遗产的责任、权利和义务。人民群众对其文化内涵及其价值的普遍认同与自觉传承，是最有力的保护。

要加强国民对海洋文化遗产的价值认同，就必须加大宣传和教育、影响和引导的力度，充分发挥海洋文化遗产的历史教科书、文化教科书作用。通过揭示和彰显中国作为世界上历史最为悠久的海洋大国的丰厚海洋文化积淀，提升国民的海洋文化主体意识，塑造国民的中国历史观和中国文化观，包括海洋史观和海洋文化观，为促进中国文化包括海洋文化全面发展繁荣提供历史的和文化的认同基础，从而服务于国家文化战略和海洋战略发展，提升海洋文化包括文化遗产在人民群众社会生活中的多功能作用。长期以来国民大多对中国的海洋文明历史重视不够，尤其是近代以来在知识界“拿来”西方“精英”理论作为“经典”并长期占据教科书话语权的影响下（如黑格尔《历史哲学》，其中就阐述了只有西方文化才是海洋文化、中国没有海洋文化的“高论”），“西方文化是海洋文化”而“中国文化是农耕文化”、“海洋文化开放开拓开明先进”而“农耕文化保守封闭愚昧落后”几乎成为国民的“共识”，从而导致在一段时期内国民往往对于中国自己的历史和文化有一种“己不如人”的自卑心态，动辄对自己的历史和文化口诛笔伐，自我矮化，自惭形秽。尽管多年来党中央一直将弘扬中华优秀传统文化纳入国家战略决策，理论战线也不断加以阐述和倡导，但对中华优秀传统文化中的海洋文化内涵，还强调得不多，重视得不够，还没有形成国民的海洋文化主体自觉。我国海洋文化遗产的系统研究与保护，就是要通过全面、系统、深入的调查发掘以中国海洋文化遗产为中心、主体的环中国海海洋文化遗产，研究认识其丰富内涵，进而揭示、阐明其作为中国文化有机构成的丰富存在和重要价值，以扭转长期以来被扭曲的中国海洋文明历史观念，增强国民对自己国家、民族文化整体的自豪感和自信心，进而促进中国当代海洋文化的健康发展和全面意义上的中国当代文化的发展繁荣。

6. 加强海洋文化遗产研究与保护的国际合作

加强海洋文化遗产研究与保护的国际合作的必要性在于，一方面环中国海海洋文化遗产无论从空间上还是从内容上看，尤其是海洋文化线路遗产，往往与现在的周边国家有联系、有交叉，甚至有重合，需要合作发掘与保护；另一方面这也符合相关国际法规，为其多提倡。

在国际上，众所周知，国际性政策法规是相关国家和地区基于各自的传统法规理念和各自的利益相互竞争与妥协的产物，而在当代条件下，对于国际上的同一个问题，在国际法规政策的制定时，各个国家、地区的"话语权"大小实际上是不同的。这就必然给一些国际间的海洋文化遗产的对待与处理带来事实上的不平等或者不合理。[1] 这就需要进一步研究、协商和修订这些国际性法规政策，使其更趋向于公平、合理；而尤其需要加强大区域之内政府间、非政府组织间的沟通、协作，研究制定适应于本区域的政策法规和管理标准。区域性政策、法规和管理制度的制定，是相对最为迫切、也是相对最为容易的，因为本区域之内关联度紧密，各方面交流多，迫切需要施用相同的政策、法规和管理制度；同时，本区域之内历史上就关联度紧密，历史遗产的内涵有很多大一部分是相互联系的，甚至是共同形成的，尤其是海洋文化遗产，在历史上的一个大区域之内，国家之间近海之外的海域往往是没有国界的，因此有大量海洋历史遗产，现在区分应属于哪一国，往往形成争议，为了建立区域和平机制，建立合作

① 参见赵亚娟：《联合国教科文组织〈保护水下文化遗产公约〉研究》，厦门大学出版社 2007 年版。

之海、和平之海，最聪明的办法，就是区域间的协调与合作，对那些可能存在争议的海洋遗产，实行共同拥有的区域政策。这将无疑对区域内各国都有利。和平、合作、共赢，应该成为21世纪人类聪明智慧的标志。我们认为，环中国海是一个大区域海洋文化遗产的空间与内容整体，环中国海相关国家与地区很有必要、也很有可能就此达成共识，并且付诸实践，建立长期有效的制度。

总之，我国海洋文化遗产价值重大，我国海洋文化遗产现状堪忧，我国海洋文化遗产需要从整体上进行系统研究和系统保护与利用，这既是我国文化遗产包括海洋文化遗产整体研究、整体保护利用的学术需要和实践需要，也是服务于国家文化战略、海洋战略的多方面国家战略需要。为此，学界刻不容缓的当下使命，是在整体发掘与认同、整体保护与传承的新理念、新视野下，将我国海洋文化遗产的丰富内涵、多彩面貌整体系统地复原、揭示出来，进而为如何实施国家保护和跨国保护与传承利用提供出一套切实可行的战略对策方案，并使之尽快上升为国家战略行动。

（三）实现海洋科技发展、海洋资源开发的生态文明化

1. "科技是把双刃剑"

"科技救国"，这是中国近代以来，人们面对西方自工业革命后因科技发展而形成的对全球的影响和基于对西方科技发达的重要性的认识，所发出的一种强国富民的呼唤。海洋科技的发生和发展，以及它所产生的巨大经济效益，早已引起人们的极大重视，以至于人们谈到海洋科技，一般而言，压根儿就不会意识到里面还会有什么利弊之分的问题。

显然，这在过去是可以理解的，因为当科技包括海洋科技的发展还在初级阶段，人们的注意力还处于对某一种科技成果及其效力崇拜的兴奋状态之中，感慨于它对人类文明和社会生活的发展带来极大方便的那个时候，人们对它所可能带有的弊端、可能产生的危害，很难有清醒的认识和理性的自觉，因为它很难一开始就把弊端暴露出来。譬如人们的航海和捕捞正处于风力帆船的阶段，当有人发明了柴油或汽油动力船时，人们自然感兴趣于它的相对极大的效能，当时很难有人会有先见之明，意识到当所有的帆船都换成了柴油或汽油机动船以后，在某一渔区或港湾万船竞渡

时，一旦发生泄漏倾废会给整个渔区或港湾带来污染；[①]当人们还处于靠捕捞手段“收获”海产的渔业生产阶段，随着渔船越来越多，渔网越来越密，捕捞获量越来越少，于是人们用的网眼就越来越细，而且进而发明了电网，使鱼虾连后代也遭灭绝；加之由于工业化、化学化、城市化给近海带来的越来越严重的污染，使得越来越多的海区无鱼化；如此渔而无鱼，远洋捕捞成本随之越来越高，且远洋捕获量也必然地越来越少，因此有人发明了围海养殖技术以至呈现为一个又一个、一片又一片大大小小的养殖工程，自然容易获得高产，人们自然感兴趣于它的相对极大的效能，很难有人会有先见之明，预见到当人们都来进行这种大面积海水养殖之后，养殖业会带来生态平衡问题，会造成养什么死什么的“泛滥成灾”等。人们不能不担心忧虑，长此以往，我们的子孙将无鱼可捕、无鱼可养，我们的大海中将不再有生命，人们的餐桌上将不会有海鲜。那样，我们所赖以生存的海洋，就被糟蹋在我们“文明人”手里了。

科学技术是把双刃剑，它能使人类变得强大，似乎“无所不能”，却又加剧了资源消耗与环境恶化，受到惩罚的还是人类自己。机动车辆的发明利处自不必说，其高效、快速、方便、舒适的特点无人否认，却又因其已经“泛滥成灾”而带来城市空气污染严重、路岗交警肺病多发、交通拥挤不堪、交通事故频发。近一二十年来，世界上每年因交通事故死亡人数即达50万左右，其中中国人每年被现代交通工具碰撞碾压而死约10万人；死亡人数与伤残人数之比每年大体保持在1∶5，即中国人每年被现代交通工具碰撞碾压致伤残的有50万人左右。有人说战争是历史上刺激科技发展的“强心剂”，而用于战争的科技愈发展，其杀伤力就愈大，对人文历史和人文世界包括人类自身的破坏力亦就愈加严重；尤其是化学化工的发展带来的对环境污染和对人类生命的残害，已经难以计算和形容。为此，不知有多少科学家大伤脑筋，甚至不少科学家为此而不知自己的发明是对是错、是功是过，因而有的自认给人类所犯下的如此大罪而难以补救，干脆结束掉自己的生命。“世界范围内科学技术发展突飞猛进，为人类创造着日新月异的经济奇迹，同时也带来了许多社会问题、科学伦理问题。核

① 如2004年12月23日《瞭望东方周刊》以《我国海域频发溢油事故，海洋生态面临严重威胁》为题报道说：“在上世纪90年代前，中国人还只是常常在电视的国际新闻中看到海鸟从海面的油污中挣扎出脑袋的画面。今天，这样的新闻在中国发生的频率越来越高。”“(2004年)12月7日21时35分，两艘集装箱船在珠江口海域相撞，泄漏燃油1200吨。这成为中国有史以来最大的一起溢油事故。事故水域被严重污染。”“类似的事故在中国已较频繁。”

技术、电子技术应用于现代武器，使传统的战争观面临着挑战，环境污染、资源滥用、生态破坏、科技犯罪等全球性问题也不断困扰着人类。这一切都有力地印证着这样一个真理：科学技术是一柄‘双刃剑’，既可造福人类，也可能为人类带来灾难。科技发展只是手段，不是目的；海洋科技的创新发展，应该有正确的科学发展观和科技世界观的引领，应以生态文明发展为目的，才是正确的方向。盲目推崇科技进步，忽略人类总体利益以及社会发展的基本道德价值原则，人就会沦为科技的奴隶。有识之士都痛切感到，应提高全人类所有成员特别是那些掌握科学技术的人的人文素质，以消除世界范围的人文精神危机。”①

一个十分吊诡的话题是，有些人经常对我国古代的四大发明没有用之于产业并形成产业化，却被西方人学去并推动了他们的工业化社会的到来，而责怪我们的古人，这实际上是对我们自己的文明历史不甚了了、不尊重我们自己的文明历史的缘故。比如火药的发明，我们常常看到和听到诸如“我们的古人发明了它，却用来制造烟花爆竹，而西方人引进后，所派的用场是制造火枪大炮”之类的议论，其实，制造烟花爆竹以供节庆活动观赏，总比用之于制造火枪大炮以供征战杀掠要人道得多、好得多。问题只不过是既然有人已经制造了火枪大炮，用来征战杀掠，其征战杀掠的对方若不以同样的甚至更为“先进”的火枪大炮予以还击，就得束手就擒、任其宰割，因此才得出只有制造火枪大炮才似乎是发明火药的“正经”用场的“结论”而已。到底谁之过？难道人类自己的科技发明创造，目的就是用来更为“有力地”、更为大规模地“有效地”残杀人类自己？结果按照国人近代变形扭曲了的伦理观念，反倒认为是西方人高明，中国古人愚蠢至极、可笑至极、罪过至极了。为了反对帝国主义的侵略，我们必须提高国防实力和反侵略能力，做到来之能战、战之能胜，但我们不能认为侵略者有理，我们不侵略别人就是罪恶。

诚然，世界范围内科技时代的到来及其突飞猛进的发展，无疑是由西方世界发起和刺激起来的，以至于像我国这样的科技相对落后的国家不得不奋起直追，由此所裹挟而来的“科技病”也似乎在所难免。我国的海洋科技尽管也同样相对“落后”，发展速度尚不尽如人意，也仍然已经“充分”显示出了其莫大的副作用。1998 年“国际海洋年”的六一期间《中国海洋报》曾出过一个专版，题为“我们心中的大海”，发表的是来自全国各地包

① 罗承选：《要重视理工科学生的人文素质培养》，《求是》1996 年第 21 期。

括沿海和内陆小学生们的征文，从其中很多征文可以看出，由于海洋被“科技文明”严重污染，很多孩子们心中的大海已经不再那么可爱了。海洋若失去了孩子们的喜爱，失去了下一代人的喜爱，海洋事业何以为继？

“科学的发展渐次将鲸的神秘面纱层层揭开，人类对鲸的崇拜也遂偃息消歇……当人的欲望之喙膨胀得比鲸口还大时，鲸类的黄杨厄闰便过早地降临了。”

“‘福兮祸之所伏’，两千年前的孔子一语直抵壶奥……科学能使人的生活变得更加舒适和便捷，却也加剧了资源消耗和环境恶化；科学能使人类变得无比强大，却未能使世界变得更加安全，原子战、化学战、细菌战的阴影，常使人类惴惴不安；科学能使人类去广泛认识物质世界，却未能使人变得更加善良和高尚……”①

实事求是地说，尽管如李约瑟《中国科技史》中高度铺陈和评价的那样，中国古代的科技文明成就令我们中国人不无自豪，但近世科技文明时代的到来，却的确是西方人的“功绩”。然而成也萧何，败也萧何；功在萧何，罪亦在萧何。何况，西方人在开创近代科技文明的时候，脑子里还有一个上帝，他们一方面追求以科技手段进行对自然世界的认识和把握、利用，一方面还在笃信上帝的旨意和安排，在他们的信仰里，上帝掌管人的灵魂，人的道德，人的价值观，社会的人文理想，“西方高等教育，由教会管人文，管灵魂，管德育；由大学管科学，管知识，管智育”②。而中国与此不同。近代以来，“从清朝末年开始，我们搬来了西方大学，没有搬西方教会，只搬来西方高等教育整体的一半，即科学这一半，丢下另一半，即人文那一半……中国自己有几千年的人文，管灵魂，管德育，管得怎样呢？至少不比西方教会管的差。所以不搬西方教会，是对的，因为中国自己早有一套……近百年来，‘可为痛哭’‘可为流涕’‘可为长太息’的是，中国人文，尤其是人文精神，被中国人（当然不是全部）‘批判’、糟蹋、凌辱、摧残、横扫，没有与科学同步发展，而是濒于绝灭，沦为垃圾，于是人失灵魂，恶于癌瘤（当然也不是全部）。物极必反，剥极而复，复兴人文，呼声四起，这是极好消息，是真正值得敲锣打鼓送喜报的‘特大喜讯’”③。

既然科技是柄双刃剑，因而问题就在于怎样才能在大力发展科技的同时，除其弊而兴其利。科技本身没有错，错就错在那些掌握科技的人缺失

① 李存葆：《鲸殇》，《青年博览》2013 年第 7 期。
② 罗承选：《要重视理工科学生的人文素质培养》，《求是》1996 年第 21 期。
③ 涂又光：《论人文精神》，《高等教育研究》1996 年第 5 期。

了人文自觉和人道精神。观照我们的海洋科技，其利其功与其弊其罪，也是同样。不错，发展是硬道理，但“发展是历史范畴，是随着历史进程而变化的，经历了注重经济到社会最终到人的发展历程。大致分为 4 个阶段：第一阶段，人们最初对发展的理解是走向工业化社会或技术社会的过程，也就是物质财富的积累或经济增长的过程，这一过程从工业革命延续到 20 世纪 50 年代前。第二阶段，到 20 世纪 70 年代初，随着工业化进程，人们将发展看作为经济增长和整个社会变革的统一，即伴随着经济结构、政治体制和文化法律变革的经济增长过程。第三阶段，在 1972 年的联合国斯德哥尔摩会议通过《人类环境宣言》以来，人们将发展看作追求和社会要素（政治、经济、文化、人）和谐平衡的过程，注重人和自然环境的协调发展。第四阶段，20 世纪 80 年代之后，人们将发展看作人的基本需求逐步得到满足、人的能力发展和人性自我实现的过程，以可持续发展观念形成和在全球取得共识为标志”①。这是就人类社会发展的总体状况乃至西方一些发达国家的状况而言的，在我国，我们进入每一个阶段都晚得很多，尤其是进入第四个阶段，可以说只是最近些年的事情，而且还远远没有达到观念普及、意识明显的程度，还需要我们做大量的深入持久的工作。我们现在面临的状况是，至今还有不少人“对社会发展问题认识不够”，“甚至认为只有等将来经济发展了才能顾得上社会发展”。然而“发达国家和一些发展中国家曾经走过不少弯路，在工业化过程中造成人口膨胀、环境污染、资源浪费、大量失业、贫富差距悬殊以及城市病等严重的社会问题，过后不得不回过头来解决，并为此付出了数倍的沉重代价。我们应当吸取他们的教训”②。

UNDP 一本宣传册中有一段话：“传统的发展模式正受到怀疑。尽管在许多人的想法中市场经济取得了成功，但现实日益表明，我们过去对于发展的认识已经不合时宜，‘从前的方式’已经没有立足之地。如今发展正面临三大危机。首先是政策的危机，其权威性已大为减弱并在许多国家产生了信任危机；其次是市场的危机，由于对自然资源的过度开发，对政府职能的侵蚀破坏，以及‘取得合理价格’原则凌驾于一切之上的做法，使市场在人们心目中变得越来越不可靠，过去对市场的许多支持也将会失去；危机之三来自科学，尽管科学的重要性不容置疑，但其发展过于专

① 王葆青：《科技引导社会可持续发展》，《中国人口·资源与环境》1995 年第 2 期。

② 王葆青：《科技引导社会可持续发展》，《中国人口·资源与环境》1995 年第 2 期。

一，难以适应诸如多样性之类的需要，已使人们对它产生了疑问。”“发展中国家在近半个世纪的时间里一直误认为发展就是物质的发展。我们不能在‘人类可持续发展就是物质发展’的误区中痛失另外半个世纪。”[①]——岂止半个世纪。

为此，具体到海洋经济和海洋科技的发展来说，一方面，我们需要海洋经济和海洋科技的大步骤、高速度的发展；一方面，海洋人文精神和整体人文精神的缺失，是我们必须补课、必须避免的问题。重视和落实这个问题，已经刻不容缓了。那种一提海洋发展就是海洋科技与海洋经济发展，那种一提“海上山东”“海上辽宁”“海上苏东”“海上浙江”“海上福建”“海上广东”“海南海洋大省”以至“海上中国”就是海洋经济发展指标的单一战略，如同一谈成就、一谈政绩就是 GDP 增长多少一样，再也不会继续下去了。

“以人为本”，这是人类社会之所以成为人类社会而优于动物世界、并以文明社会的进步程度为理想的、理智的发展动力和发展目的的标尺。文化是相对于自然而言的人的创造，以及因这种创造而享用的人与自然共同作用的一切精神的和物质的成果。文化的全部成果就是文明，从这一视角观之，科技本身就是文化的构成部分。科技只有充分显示文化的内涵，它才不会与文化、文明的目标相偏离。近代以来，尤其是现代以来，更尤其是在当代社会，“以人为本”的追求物质享受、享乐主义的一面被有意无意地得到了强调，导致了并非一时一地的物欲横流，因而科技对物质文明、对经济发展的贡献率被人们过分地看重，科技已经被从文化之中剥离了出去，偏离地夸大了它的“魔力”，似乎成了独立于文化的存在，如此的科技所暴露出来的问题也就越发明显了。“由于工业化过程中的处置失当，尤其是不合理地开发利用自然资源，造成了全球性的环境污染和生态破坏，对人类的生存和发展构成了现实威胁。保护生态环境，实现持续发展，已成为全世界紧迫而艰巨的任务。”[②] 现在，还“以人为本”的全面内涵，还科技以本来应有的文化面目，是时候了。即使是对应于狭义的文化概念，摆正科技与文化的关系，也是时候了。面对 21 世纪作为海洋世纪的到来，海洋科技在海洋事业的可持续发展方面、在合乎人类海洋文明的方向与目的方面所应有的贡献率，是不得不纳入海洋文化范畴甚至整个文

① 王葆青：《科技引导社会可持续发展》，《中国人口・资源与环境》1995 年第 2 期。
② 李鹏：《中国 21 世纪议程》，中国环境科学出版社 1994 年版。

化范畴来认识和把握的时候了。

"以人为本"，就环境发展而言，就需要"以生态为本"。这是最起码的以人为本。环境破坏了，人的健康、生活的资源就破坏了，人的生存生活权谈不上了，那么这个发展也就不是成就，而是罪恶了。

为此，必须明确和确立海洋科技的海洋文化内涵。

其一，以海洋人文发展目标规范海洋科技发展目的。强化人文终极关怀的目的意识，使海洋科技发展合乎海洋文化战略的发展目标。人类的文明社会与动物的"本能社会"的高低之分，就在于从总体上来说，人类的一切活动除了其作为人的本能以外，还有着为了整个同类、整个社会的发展和获得精神享受、道德修养而更为高级、更为长远的目的。为了达到一定的目的，人类可以理性地思辨、克制自己已经意识到的可能有违、有碍最终目的的某些本能。我们认识和把握海洋，开发利用海洋，目的既然是为了人类自身获得的财富更多，经济发展更快，生活条件更好，那么进行海洋科技开发时就不能不考虑它对人类生存和发展的质量、对人类的身心健康和心理感受、审美感受有无副作用，有多大副作用，能否防止或克服其副作用。只考虑其一而不考虑其二，只知其一而不知其二，只顾其一而不顾其二，鉴于已有的如此众多如此严重的教训，显然是不能再容忍的。目的即利益。短暂的目的有短暂的利益，长远的目的有长远的利益；局部的目的有局部的利益，全面的目的有全面的利益。"事情有大道理，有小道理，一切小道理都归大道理管着。"[①] 我们在对待海洋上之所以已经出现了这么多问题，导致了海洋资源减少、海洋环境越来越恶化，人们对海洋产品消费的安全感、幸福感、美感等越来越缺失，就是由于很多时候我们的眼光太短浅、目的太片面，急功近利、只顾其一不顾其二。

其二，只顾小道理而忽视或根本不懂大道理的缘故。我们需要的是大胸怀、大道理、大目的和由此而带来的大利益。一个国家、一个民族文明的发展需要这种大胸怀、大道理、大目的；整个人类文明发展都需要这种大胸怀、大道理、大目的。以海洋人文思想规范海洋科技发展走向，海洋科技发展应与海洋发展的人文方向相一致。"人文为科学启示方向"，"人文使技术获得人道方向"[②]。海洋科技与海洋文化的关系，自然同样如此。目的既已明确，没有合乎人文发展轨道的正确方向，科技就会走上歧途，

① 《毛泽东选集》第2卷，人民出版社1991年版，第348页。

② 涂又光:《论人文精神》,《高等教育研究》1996年第5期。

就达不到应有的目的，甚至事与愿违，给人类带来灾难。海洋文化建设发展的主要任务，就是要强化人们面对海洋发展空间的人文意识、人道意识、审美意识、幸福意识，并为此提供保障机制，凡是不符合这一方向的科技"创新"，自然都在被排除、淘汰之列，如此，海洋科技专家们也就会在这样的人文、人道、社会审美和使人类生活获得幸福感的方向下，自觉地去进行"合目的性"的科技创新了。

其三，以海洋人文意识规范海洋科技成果的用途。从而使海洋科技的发展获得一个全社会的伦理观念制约的人文环境，避免再开发出一些虽从经济角度看效益很好，却对环境保护、对生态平衡、对人体健康、对心理审美、对资源保护与可持续发展祸患无穷的"海洋高科技产品"来。而一旦出现了这类"高科技产品"，海洋文化的机制又可以通过道德舆论、大众心理与价值评判和法治化渠道，使得它不被社会接纳和承认，使得它无立锥之地。

其四，为海洋科技提供人道主义关怀。海洋科技工作者在当代海洋发展中是高智商、高能力、因而具有高社会贡献率、高社会影响力的人群，他们的科技工作不应是为科技而科技，以研究出某种科技发明、研制出某种科技产品为最终满足，对他们来说，海洋科技发明、科技产品的成功只是一种媒介和途径，一种获得社会承认（越广泛越好）和评价（越高越好）的媒介和途径，他们最大的成就感和幸福感，应该是他们的海洋科技成果得以在海洋发展的应有方向上有所作用，获得社会的不仅在当时、而是经得住历史检验的广泛承认和高度评价，由此获得一种为人类社会生活美好、海洋事业和海洋文明高度发展而贡献了自己的能量的使命感、自豪感与神圣感。无疑，这种社会的、历史的承认与评价，这种成就感和幸福感、神圣感和使命感，这种为海洋发展而贡献了自己力量的工作目标甚至是人生目标，就是文化的内涵，因而也是海洋文化的内涵。因此，海洋文化的强调，不但可以强化海洋科技的目的意识和方向意识，强化海洋科技工作者的社会贡献意识和人生价值意识，而且可以通过全社会海洋意识和海洋观念的强化，增强全社会对海洋科技工作者及其科技工作的理解、认可和评价，增强海洋科技工作者在全国人民心目中的形象和地位，从而对他们进行更多的人文关怀。如此，也有利于海洋科技成果的社会化转化和应用，同时也有利于海洋科技成果更好更多地出现及其社会转化和应用的良性循环。

2. 海洋自然与人文资源开发的生态文明化、审美化

中国作为一个具有 1.8 万多公里的大陆海岸线、数千个岛屿、拥有约 300 万平方公里管辖海域的海洋大国，海洋文化历史悠久，丰富灿烂，拥有着难以计数的历史文化遗产资源，而且拥有着数不胜数的海洋自然风景和海洋人文景观资源，琳琅满目的珍珠般遍布在我国滨海的海岸带、潮间带、大大小小的岛屿和近海海域上。这些海洋人文资源，具有十分可贵、不可复制、丰富独到的认知、鉴赏、教育等多重内涵的开发利用价值。但是，无论是在滨海城乡之中，还是港口、渔村之间，海洋人文资源却大多只被挖掘、“开发”成为“滨海旅游”或“海洋旅游”的旅游经济（产业）资源。无疑，沿海、海上乃至海底旅游景观景点的开辟和“建设”，或悄然成风或大张旗鼓，正在形成越来越热、越来越烈的局面，是经济利益在驱动着、主导着。

为什么会形成现在这种局面？海洋旅游的本质是什么？有哪些内部规律可循？现在存在着哪些亟待解决的问题？旅游开发经营者与旅游管理者、旅游者这三者之间，到底应该是什么关系？三者之间在目标和理念上，应该如何定位？一句话，海洋旅游的正确发展方向，应该指向哪里，怎样发展才好？这些问题如果不加以解决，或者解决不好，绝非仅仅关系到一个或几个旅游企业、一个或几个旅游地区的发展成败问题，而是关系到整个海洋旅游事业的大局问题，甚至会关系到整个国家的海洋发展事业，影响到整个国家的资源与环境保护事业、人文遗产保护事业，影响到海洋发展的人文目标的实现。

海洋旅游，是以人类的消闲游赏、观光娱乐活动为主体，以海洋自然风光和海洋人文历史风情的景观景点为客体，所形成的一种融休闲性、知识性、趣味性为一体的赏心悦目的审美文化事象。20 世纪中叶以来，这种审美文化事象同时又以旅游者作为消费人群构成“买方”，以旅游服务与管理机构为“卖方”构成了一种“产业化”经济门类，被称为“无烟产业”的“第三产业”，并且发展势头迅猛。

海洋自然风光成为人类的审美对象，是因为自然环境是人类赖以生存的空间，人和自然具有天然的亲和关系、依赖关系和互动关系。海洋是人类与之相依相存、密不可分的生存环境，因而人类也会把本来就神奇绝妙、风光无限、神秘多彩的海洋大自然视为审美鉴赏的对象物。

海洋自然风光的审美存在形态，就空间的平面布局来看，大体说

来，有这样几种：（1）大洋风光；（2）海湾风光；（3）海岛风光；（4）岩礁风光；（5）海滨海岸风光；（6）口岸风光；（7）极地（南北极）风光；（8）海中海底风光；等等。

海洋自然风光的存在形态，就时间的立体表现来看，大体说来，有这样几种：（1）碧海蓝天，海面上近看波光荡漾，粼粼潋滟，远望平如镜面，光点闪闪，令人赏心悦目，悠然心静；（2）惊涛骇浪，汹涌澎湃，大浪排空，在海中形成波峰浪谷，在海边拍岸击石，卷起千顷雪，声如万钧雷，气势壮观，动人心魄；（3）江口大潮，气象万千，如“浙江之潮，天下之伟观也”（宋周密《武林旧事》语）；（4）海雾茫茫，天海一片；（5）海中海底的“动、植物园”；（6）海市蜃楼，神奇幻漫。[①]

就海洋自然风光的美感特征而言，主要有：优美、柔美、壮美、奇美。优美如身披晚霞，登高望海，或海边散步，风平浪静，波光粼粼，轻浪喧哗；柔美如沙滩沐浴，雾海如纱，细浪呢喃；壮美如海天寥廓，如大石嶙峋，如惊浪拍天，涛声如雷；奇美如海市蜃楼，如海上双日，如钱塘观潮，如海中海底动植物花园世界，令人惊叹称奇。

海洋自然风光作为人类审美对象的存在形态，以及人类游赏海洋自然风光所产生的审美效应，往往将人类与海洋关系的历史文化内涵赋予其中，从而使海洋自然风光与海洋人文历史景观往往你中有我、我中有你，很多情况下甚至浑然一体。这是因为，海洋自然风光作为人类审美对象的存在形态，是一种动态变化的历史过程。且不说海洋的历史存在，是多少亿年的事情，即使自从有了人类文明的历史以来，海洋也在岛屿、陆地之间，在海岸线、海平面等各个方面，都一直呈现着一种动态的、不断演变着的历史过程，这一过程，海洋一直参与着人类文明历史创造和改造，甚至反过来改造着人类文明发展的历史。人类海洋文明的历史，使得海洋自然与人文景观具有了悠久丰富的历史文化内涵。

所谓海洋人文历史景观，就是人类文明的历史在海洋上的反映所构成的可供旅游观光、审美鉴赏的存在物，既包括人造存在物及其残留，如海

① 近几十年来，海市蜃楼现象，已见报道和记载的，仅我国沿海就有很多。比如：（1）1974年春夏之交，在渤海的庙岛群岛海域；（2）1981年4月28日，浙江的舟山群岛海域；（3）1981年7月14日，渤海庙岛群岛海域；（4）1984年3月30日，舟山群岛海域；（5）1984年7月29日，庙岛群岛海域；（6）1987年5月21日，蓬莱北部的南长山岛海域；（7）1987年6月11日，厦门附近海域；（8）1987年12月14日，青岛崂山以东海域；（9）1988年6月7日，蓬莱海域；（10）1989年5月30日，山东海阳县土埠岛海域；（11）1990年7月7日，蓬莱北部南长山岛海域；（12）2001年5月22日，青岛团岛海域；等等。可参看王常滨：《神奇的海洋现象》，黄河出版社1999年版。

洋艺术建筑，海洋历史名人事迹遗址，海洋文化活动场馆等；也包括“拟人造化”的自然存在物，亦即在人们的信仰或审美中的人造物或神造物。主要包括：

海洋信仰所产生的人文景观，主要产生于古代。我国古代妈祖天后信仰的宫阁庙宇，遍布我国沿海和东南亚国家，其他国家和地区也多有所见。不但古代建筑遗址或保存完好者很多，现已重新修复开放者也不少。“海中神山”“蓬莱仙人”和“不死之药”的信仰，在我国海洋文化历史上独具特色，加上先秦以降尤其是秦皇汉武的多次东巡海上，其对人文历史的影响十分深远，相关的滨海人文遗迹多有存在。

众多非人造而信以为“神造”的海洋自然景观。它们兼具海洋自然风光与人文景观的性质和特点，并往往附着着一个个神奇优美的故事传说，令人信疑参半，心驰神往。比如，我国广西壮族自治区防城港市的“珍珠湾”传说、山东半岛最东端的荣成天尽头的“秦桥遗址”等。

宗教信仰与海洋自然景观和人文景观，往往有着密切的因缘。对海洋自然景观来说，宗教信仰对自然景观的附着，主要表现在一些海滨海岸和海中的山石岛屿等上，如或耸立或深藏于山海之间的佛教塔寺与道教观庙建筑、碑林石刻、文人墨宝、古树石器、人神绘塑等。在这方面，我国泉州、舟山、崂山等地，可谓洋洋大观。比如崂山道教景观。吟咏崂山山海的佳作佳句：“三围大海一平田，下镇金鳌上接天。”“海雪茫茫不见涯，潮头只见浪翻花。高峰万叠连云秀，一簇围屏是道家。”“群峰峭拔下临渊，绝顶孤高上倚天。沧海古今吞日月，碧山朝夕起云烟。”“鳌山三面海浮空，日出扶桑照海红。浩渺碧波千万里，尽成金色满山东。”崂山的太平宫，影壁上镌有“海上宫殿”。“海上名山第一”“山海奇观”“莲池海会”“东海崂山”“海波参天”“天风海涛”“浴日观海”等刻石留字不可胜数。

海洋历史名人和事件所创造的人文景观。海洋历史名人和事件，在中外海洋文化历史中多有存在，他（它）们当年的遗迹以及人们为此而修复或建造的纪念物或祭祀物，就成了驰名的人文景观。如秦始皇巡海、求仙所留下的历史遗迹及后人的附会；徐福东渡所留下的历史遗迹及后人的附会；郑和下西洋所留下的历史遗迹及其后人的附会；戚继光所留下的历史遗迹及后人的附会；中日甲午海战威海刘公岛纪念馆的相关建筑与陈设；等等。

海洋艺术建筑与雕塑、书法与绘画。这一类海洋人文景观，主要是指海滨海岸、岛屿岩礁、港口码头上的艺术建筑和雕塑、书法和绘画，是建筑艺术家、雕塑艺术家等立体艺术家甚至包括一些平面艺术家结合立体艺术形态的艺术创造。这些艺术创造大多与海洋自然风光和海洋人文历史有关，或者与海滨海岸、岛屿岩礁、港口码头等的自然风景相协调、相搭配，浑然一体。

海洋艺术建筑和雕塑，如我国沿海和东南亚妈祖信仰圈中城镇、码头的妈祖雕塑；山东省青岛市前海的栈桥，早已成为青岛城市的象征，其色彩、格调、环境装扮作用及其审美特征，都与海滨海岸的自然风光和人文环境文化浑然一体，作为广义的海洋艺术建筑、雕塑作品，具有海洋艺术审美的魅力。书法艺术，作为海洋人文景观，是在沿海和海岛旅游胜地常见的海中或沿岸山石上、岩礁上、古老建筑或现代建筑上随处可见的古今名人墨迹；绘画艺术，内容多为或传统或现代的体现海洋信仰或审美心态的故事、意象，如海洋神话传说、海上航行、海上日出、渔家丰收等。

沿海、海岛海滨的民俗风情。这一类包括，一是其日常生活的民俗风情，一是其民俗节日风情，大多极富特色。如中国北方沿海的渔民节，在每年的谷雨节。渔民过谷雨节已有2000多年的历史。谷雨时节，渔汛来临，渔民们开始出海，因而选择这一时节举行隆重的祭海活动，祈求海神娘娘保佑出海平安，鱼虾丰收，祭海仪式结束后，大小船只，竞相扬帆。再如中国南北沿海尤其是东南沿海和台湾地区祭祀妈祖的活动，影响更大。妈祖天后阁庙宫祠遍布中国南北沿海各地以及东南亚华人社区，祭祀妈祖、祈风祭海的信仰普遍存在。[①]

自从人类开始了海洋审美活动，海洋旅游文化就产生了。而海洋旅游作为一种产业，则是进入工业化时代之后的事情。交通工具的革命，使得海洋旅游活动与日俱增。尤其是城市化之后，“返璞归真、回归自然”，涌动的旅游人群开始奔向壮阔美丽的海洋，奔向滨海和海岛旅游区，回到“人类的第二故乡”。就世界范围而言，海洋旅游业作为海洋经济的一项产业，兴起于20世纪60年代后期，最早从拉丁美洲的加勒比海地区开始，后来又逐渐扩大到欧洲和亚太地区。地中海沿岸，加勒比海地区，波罗的海及大西洋沿岸，夏威夷的海滨、海滩、海岛，至今仍是负有盛名的世界级海洋旅游度假胜地。

当今时代，除了海洋自然风光尤其是滨海自然风光和人文风情的观赏

---

① 近年来，中国两岸妈祖文化研究已呈“显学”之势，兹不赘引。

之外，海洋旅游的发展还呈现出如下一些热点：一是“出售”阳光、沙滩、海水，Sun、Sand、Sea，简称“3S”；二是海洋疗法，现代化的海洋疗法以法国最盛行，目前法国在沿海各地建立了许多海洋疗法中心；三是海上游钓；四是海底观光。海洋旅游的具体项目，还有赛艇、潜水、冲浪、帆板、水橇、海上游艇观光、沙滩体育（球类）、海滨高空跳伞、海滨购物、海洋探险、海洋科学考察、海洋水下博物馆观光等，不一而足。

海洋旅游业作为一种新兴的、综合性的海洋产业，不但已经是国民经济的重要支柱产业，而且可以带动和促进滨海地区相关产业的发展。海洋旅游消费包括“衣、行、住、游、购、娱”6大要素，对食品工业、建筑工业、船舶工业、交通运输业、轻纺及手工业、商业、邮电通信业和其他服务行业提供市场，为社会提供更多的就业机会。同时，海洋旅游更是人类审美娱乐的一种生活方式，对于陶冶性情，启迪审美感受力和想象力，提高审美创造力，促进社会文明进步，意义重大。

海洋旅游开发，具有着双重的价值尺度：对于旅游者来说，旅游是一种求新、求知、求美的休闲文化需求和审美感受活动。因此，旅游首先是一种审美文化活动，其次才是一种消费活动。旅游者首先关注的是，旅游景点及其内容的好不好、美不美、值不值，这是旅游者选择旅游景点和去处的首要价值尺度。这就是说，对于旅游者来说，休闲审美是一种主体动机活动，消费只是一种附带的被动活动。而对于旅游企业，包括旅游景点开发、旅游服务部门来说，则是一种企业经营活动，与旅游者的动机和目的恰恰相反，是以营利为主体动机和最高目的。

这就是“旅游”的双重价值，和评价“旅游”本身的双重价值尺度。

在中国，传统上的“旅游”是以游赏观光为主要内容和中心活动，是一种消闲审美活动，而不是一种客观的经济消费活动，因而人们尚没有将“旅游”作为一个经济产业来对待。那个时候，作为今天意义上的“旅游”的双重价值，还主要体现在旅游主体的文化消闲与审美这一方面。也就是说，以营利为目的的企业行为，那时不占突出位置，人们还没有形成“以营利为最高手段和目的”的思想观念，认为那是不正当的、不高尚的、甚至十分可耻的。

改革开放和确立社会主义市场经济体制之后，“市场”变成了经济发展和企业经营的杠杆，国家和政府管理部门对经济发展指标的追求，与企业对营利目的的追求，形成了利益的一致，甚至共同构成了当代社会的经济理念和企业经营理念。表现在旅游部门和旅游企业，就是同样打出“为企业服务”“游客就是上帝”的招牌——旅游管理部门的“为企业服务”，目的就是帮助旅游企业绞尽脑汁提高经营收入、多创产值，让他们为国家（当然也为本部门）多交税（租、费），因而本部门就可以“政绩辉煌”；旅游企业的“游客就是上帝”，其真实涵义是“游客的钱包就是上帝”，为了吸引人来，不惜在广告、声势上大做文章，言过其实、天花乱坠，甚至无所不用其极，乱开发、乱收费、乱要价甚至乱“宰客”，在景点的开发上，着眼点不是让其如何更美，更具有审美文化含量，而是着眼于让其如何使得游客肯掏腰包，而且不掏腰包不行，能制定“规范”并按规范经营就已经谢天谢地，不按规范经营甚至压根儿就没有规范者大有人在，“宰你没商量”。于是，在很多地方，本来很美、很有旅游价值的“景点”或“准景点”，凡搞“开发”，往往就是“现代化”的“钢筋水泥石板玻璃声光电工程”，就是挖山凿石工程，就是仿古伪造工程，就是对人文历史景点的“去人文历史工程”。一开发出来，往往就只管收钱，不管治理，至少把治理放在次要的地位，于是很快就变得污染严重，脏乱黑差，甚至乌烟瘴气。至于开发得是否合理，自然景观开发得是否更美了，更有味道了，更赏心悦目了；人文历史景观开发得是否合乎人文历史意蕴，文化古迹、遗迹是否开发得“复旧如旧”，是否“像那么回事儿”，在旅游“企业家”们那里，则很少有人看重，更很少有人懂行，他们更关心更懂得的是，如何把游客们腰包里的钱赚进自己的腰包。这已经不是个别现象，我们不能熟视无睹。

作为旅游企业，这自然无可厚非。但是，第一，企业是由“企业家”经营和管理的，“企业家”们首先是社会中的一员，而且是重要一员，“企业家”们的素质，在某种程度上决定着企业的行为及其行为准则和导向，因此，提高“企业家”队伍的人文素养和审美鉴赏能力，优化他们的素质水平结构，是作为政策制定者和管理者的政府部门的义不容辞的责任，而且已经到了刻不容缓的程度。第二，旅游管理部门作为政府职能部门，行使的是政府行政管理职能，政府部门在性质上是行政的机构，而不是服务公司。第三，旅游尽管是一种产业，是第三产业，却是一种特殊的产业，一种特殊的文化产业，无论是自然风光旅游，消闲娱乐旅游，还是人文历史景观旅游，都必须以审美价值的体现为根本原则，离开了这一原则的体现，就是本末倒置，旅游就会成为无源之水，无本之木，就会断送旅游事业，旅游产业就无从谈起，旅游企业就无从存在。这不是危言耸听。

一言以蔽之，旅游业、旅游经济目下往往是部分政府和企业的立场、视角、眼光，考虑的多是经济效益；但“旅游文化”才是“旅游”本身的主要内涵和属性，因为人类的旅游现象本身是一种文化现象，我们不能逐本求末。因此，必须采取如下措施：

其一，“还原”政府职能观念，使政府职能部门的行政管理职能归位。

其二，加强旅游管理的政策法规建设，政策法规应体现“旅游”作为国民审美消闲文化活动的本质，体现“旅游经济（产业）”从属于国民审美鉴赏活动的特性，法律规章制定的越细致越具有可操作性越好，这样可以减少执法过程中的干扰因素，容易做到有法可依，执法必严。使旅游景点的开发与经营布局与规划，设计与验收，以及开发经营主体的招标与经营办法，包括服务规范、价格标准等，都纳入政府职能部门的管理范围。

其三，加强旅游经理人员和服务人员的道德素质和人文素养培训，使全行业整体素质与服务水平得到切实的提升，通过“换位”思维，改变只想赢得“物有所值”的经济回报想法，从而树立起良好的行业形象和企业形象，创造优美雅致、物有所值、使人流连忘返、回味无穷的旅游景点景观环境。

其四，对旅游者，并不是所有的旅游者都是“上帝”，部分游客素质有待提高，对此一方面加强旅游景点的文明宣传，如文明标牌、告示（包括警示）等，一方面加强执法措施和惩处警示力度。

其五，强化全民的生存环境保护意识和自然风景资源、人文历史景观资源的保护观念。无论是旅游开发者、经营者还是旅游观光者，在“旅游”的本质属性——文化属性和派生属性——经济属性上形成更多的统一，相辅相成，达到更为符合人文理念的良性循环的目的。在旅游景区景点的开发规划上，应该在“特色”上做文章，在“文化”上做文章，而这种“特色”和“文化”，不是凭空拍脑袋想出来的，应当基于这方“风水”、这方“人气”、这方“文脉”，即这一区域的历史文化和民俗风情内涵，而不应是一味地“创新”，甚至把原本应该好好加以修缮保护的历史文化遗产这种极好的人文历史景点景观，也给予“翻旧如新”，要好好“打扮”一番，结果适得其反，无可挽回地破坏了这一无价的旅游资源（岂止仅仅是“旅游资源”！）。海洋历史文化景点景区，其本来面目不是“开发”出来的，一经“开发”，往往失却本然，而成为假货，毫无历史“味道”，使人不但难觅历史感觉，而且往往使人遗憾、扫兴甚至痛心疾首。因此，许多海洋历史文化遗迹的开发与保护应该并重；若无能力开发建设得好，就应该注意做好保护工作，而不应急于开发，使之反而遭到破坏，尽管这是“无意”的、“好心”的破坏。至于在“创新”上一味地追求新奇、刺激，则往往失之于粗俗甚至低级趣味，甚至落入黄毒者流。总之，失去了“特色”，就失去了生命力；失去了历史，就失去了“本钱”；失去了“文化”的品位，就失去了审美的魅力。

随着全球性“重返海洋”的发展态势的出现，海洋开发的新一轮浪潮正在世界范围内形成，海洋旅游开发作为一种方兴未艾的产业，也在世界范围内如火如荼。中国作为一个发展中的海洋大国，大规模的海洋开发建设工程包括海洋旅游开发建设工程，也正在沿海各地频频传来开工剪彩或竣工典礼的鞭炮的轰鸣。诚然，鉴于国际社会对全球环境问题的重视有加，中国也在环境保护领域加大了管理力度，包括对海洋环境的保护和海洋自然景观与历史文化景观开发建设的环境评价，但是，如何总结中外海洋开发建设的经验教训，如何从意识观念层面和制度建设层面改变只重经济效益的开发与管理模式，把社会发展尤其是人文终极关怀和审美文化效应的体现作为海洋开发建设包括海洋旅游开发建设的终极目标，并能够始终贯穿开发建设的全过程，这是摆在人们面前的不容忽视的重要课题。

（四）弘扬“丝绸之路”精神，推进“一带一路”建设

自从国家主席习近平在国际社会上提出共建“一带一路”即“丝绸之路经济带”“21世纪海上丝绸之路”倡议，“丝绸之路”及其研究已经成为这几年来社会上和诸多学科学界的“热词”和“显学”。诸多机构、课题出现、诸多“丝路学”或“新丝路学”等概念和“学科”等也不断在学界涌现。而什么是“丝绸之路”，对其内涵，尽管人们一直在热议，学界也不断给出解说，可谓“仁者见仁、智者见智”。在大多数人们的心目中，“丝绸之路”的内涵，指的是数千年中外关系历史上包括内陆和海上的一条条连通中外的丝绸——还有陶瓷、茶叶、木材、香料和其他“物质”作为贸易商品的“商路”；并由此来赋予其对今日“一带一路”建设可资借鉴、传承、弘扬的“历史意义”。但是，商品、物质意义上的“丝绸之路”，无论是“陆上”还是“海上”，都不是其全部内涵，而且不是主要的、主体的内涵，只强调其商品的、物质的层面，是远远不够的，而且远远不符合历史的原貌、原义和定位。更有甚者，还有不少不“仁”、不“智”的论说，歪曲丑化历史，甚至肆意解构历史、“重造”历史，把

什么都算作“丝绸之路”，[①] 似是而非，误导视听，不可不辩。因此，对于“丝绸之路”包括“海上丝绸之路”的内涵到底是什么，尽管已有不少学者有针对性地作过辨析，[②] 但问题尚未解决，多种误导误识仍在发酵，[③] 有必要厘清辨明。

事实上，中外古代历史上的一条条“陆上”和“海上”的所谓“丝绸之路”，就其主体内涵而言，就是中外联结政治、经济、文化、社会的综合性“文化通道”，亦即“文化线路”。“丝绸之路”只不过是这种整体意义上的“文化线路”的形象化“代称”；其中，政治要素是第一要素，最“上位”要素，离开了中国历朝历代“中外一体”“天下一家”的政治建构，无论“陆上”“海上”，作为“商路”的“丝绸之路”都不会存在。古代“丝绸之路”在近代的终结，就是这种政治建构被腐蚀瓦解的结果。

应该看到，“丝绸”尽管是中外古代历史上跨陆、跨海的一条条“路”上的物质商品的代指代称，这一条条“路”尽管被称为“丝绸之路”，并不意味着“丝绸”（以及其他商品）的“物质元素”之外，其他的与之相关的“精神元素”“政治元素”“制度元素”“社会因素”等文化因素不重要、可以被忽视。事实上，这些“其他的元素”更为重要，是“丝绸”商品等“物质元素”之上的“上位元素”。这就是为什么这条“路”具有这么大的魅力、伟力、凝聚力、生命力的缘由所在。无论是“陆路”还

---

① 如［英］彼得·弗兰科潘：《丝绸之路：一部全新的世界史》，把“基督之路”“奴隶之路”“天堂之路”“铁蹄之路”“战争之路”“黑金之路”“纳粹之路”“冷战之路”“美国之路”等统统说成“丝绸之路”，却被国内一些出版社、大小媒体吹得天花乱坠，如宣称“国内外政商学文界巨擘联袂推荐！”“新浪 2016 年度十大好书！豆瓣 2016 年度十大历史书！《21 世纪经济报》2016 年度十大书破天荒！”“《人民日报》19 天内两度刊文推荐！掀起全国公务员团购热！”“席卷英国、美国、德国、意大利、荷兰、西班牙、波兰、土耳其、印度、韩国等 23 个国家！”（http://book.kongfz.com/17477/823385127）真假莫辨，影响之大，可见一斑。诚如《人民日报》发文所说：“彼得·弗兰科潘颠覆性地提出：丝绸之路其实并不只是一条古代的贸易道路，而是一个两千年来始终主宰着人类文明的世界十字路口”［陈功：《陆权与海权的上下两千年（“一带一路”文化）》，《人民日报海外版》2018 年 8 月 24 日］，作者就是“解构”历史上的“丝绸之路”——古代的“贸易道路”的——解构之后，这条“贸易道路”也就“物是人非”了，甚至连“物”也被解构得面目全非了。

② 如葛剑雄、陈支平等先生，一直不断对此作出辨析解说。参见葛剑雄：《史上丝绸之路是中国人兴建的吗？》，财经网（北京），2015-03-25，http://money.163.com/15/0325/10/ALHUUEHS00253B0H.html；葛剑雄：《“一带一路”与古丝绸之路有何不同》，《解放日报》2016 年 6 月 7 日；陈支平：《关于“海丝”研究的若干问题》，《文史哲》2016 年第 6 期；等等。诸多学者的论说，本文正文或注释中另有提及，此不赘述。

③ 如英国人彼得·弗兰科潘《丝绸之路：一部全新的世界史》的影响仍在扩散，2018 年各大媒体仍在发文宣传其“颠覆性”的观点：“丝绸之路其实并不只是一条古代的贸易道路，而是一个两千年来始终主宰着人类文明的世界十字路口”（《人民日报海外版》2018 年 8 月 24 日）；且这种论说已经堂而皇之进入了我国高中的教材和课堂，成为教师必教、他们必考甚至复习应对高考的科目内容。

是“海路”，都是远距离跨区域、跨民族、跨文化的“通道”，即“文化线路”。

目前，各国人们对这条“路”的认知主要在于其“丝绸”等物质商品的交通交往交流交换交易等“物质的元素”上。这显然是不够的，因为这样就遮蔽了“丝绸之路”的全部内涵的主要元素和主要意义。主要意义是什么呢？就是它在历史上建构了人类跨地区、跨民族的和谐万邦、天下一家的文化共同体。这才是今天的人们应该传承的所谓“丝路文化”的最本质的东西，即“丝绸之路精神”。“丝绸”包括其他物质的载体只是媒介而已，没有精神的、政治的、制度的、社会的“和谐万邦、天下一家”的“丝路精神”即“丝路文化”的内核，任何“丝路”都不会有，有了也不会长久。

近年来，由中国提出并已得到不少国家和地区响应的“丝绸之路经济带”和“21世纪海上丝绸之路”建设，即“一带一路”建设的构想与行动方案，是人们所关注的，人们的热情所在、动力所在，更多的也是经济考量下的“谋利”行为。尽管这是基于历史上“丝绸之路”的文化内涵，也提出“合作共赢”的理念，但主要是对“丝绸之路”历史基础、文化内涵的“经济利用”。事实上，要在全世界范围内打造这样一种基于“利益驱动”的“世界工程”，尽管出于“合作共赢”的美好愿景，如果这个“共赢”的“赢”是经济利益上的“赢”，而没有继承、继续历史上之所以使得“丝绸之路”能够绵延发展数以千年计的“丝路精神”“丝路政治”“丝路制度”“丝路社会”等“丝路文化”的内涵，是不可能长久的。

因此，必须认识到：古代“丝绸之路”，是中国自开辟海外交通而主导世界3000年（先秦即已滥觞，自汉大规模开辟）、致力于“协和万邦”“天下一体”“中外一家”的政治、经济、文化联结一体的陆上、海上通道。历代政府致力于文化自信，“声教四海”，为此而“厚往薄来”，赢得了数以千年东亚地区包括东南亚地区、印度洋地区、非洲地区乃至欧洲地区的长期的、真诚的尊重，由此中华文化不仅影响、传播、接受而形成了东亚汉文化圈，而且影响、传播并不同程度地接受于世界其他地区。这无疑显示了政治、文化意义上的“丝绸之路”精神内涵的伟力。只有政治、文化之路通了，商品贸易之路才会畅通。当然这里所指的商品贸易是国家管理下的，就海上贸易而言，唐朝之前主要是政府经营，唐朝之后民间贸易兴起，主要是市舶司、海关管理。而走私偷渡，古今中外都是禁止的，禁而不止，就祸乱丛生。古代“海上丝绸之路”之所以在近代解体，被西方崛起的海盗性“列强”们以“坚船利炮”所取代，就是“禁而不止”——由外因内因共同作用的结果——晚清政府在西方侵略加侵蚀下，高层腐化、社会黑暗、人心糜烂，官商、外敌、内奸里应外合，引狼入室，海外贸易、海疆地盘冲破国家管制，国门洞开才导致的结果。历史的经验与教训同在，需要今人认真总结吸取。

当今时代，基于传统陆上和海上“丝绸之路”建设新的“丝绸之路经济带”“21世纪海上丝绸之路”，与构建“人类命运共同体”一起，是国家主席习近平统筹国内国际两个大局、发展和安全两件大事同世界的和平合作发展提出的战略思想，以倡议的形式公之于世界，得到了国际社会的广泛响应。就“一带一路”之“21世纪海上丝绸之路”言之，无疑是建设“海洋强国”国家战略内涵的升华和延展。中国的“海洋强国”建设的宗旨和目标，是对内和谐、对外和平的海洋生态文明强国，只有这样的“海洋强国”才会有长久的可持续发展的生命力，才能产生和保持对内对外的感召力，才能实现国家发展包括海洋发展的文明富强目标，同时起到对周边地区、对“一带一路”沿线、进而对整个世界的感召、主导、引领、影响、协同作用，共同建成和平美好的“人类命运共同体”，包括“海洋命运共同体”。

（五）构建“海洋命运共同体”，建设美好的海洋文明世界

2019年4月23日，习近平主席集体会见出席海军成立70周年多国海军活动外方代表团团长，提出了构建“海洋命运共同体”的理念和倡议。习近平主席强调了海洋对于人类社会生存和发展具有重要意义，并指出，我们人类居住的这个蓝色星球，不是被海洋分割成了各个孤岛，而是被海洋连接成了命运共同体，各国人民安危与共，海洋的和平安宁关乎世界各国安危和利益，需要共同维护、倍加珍惜。习近平主席倡议，我们要像对待生命一样关爱海洋，中国将全面参与联合国框架内海洋治理机制和相关规则制定与实施，落实海洋可持续发展目标，高度重视海洋生态文明建设，持续加强海洋环境污染防治，保护海洋生物多样性，实现海洋资源有序开发利用，为子孙后代留下一片碧海蓝天。

构建“海洋命运共同体”的倡议一经提出，立即得到了国际社会的积极回应。这应该是、也一定会是中国和世界海洋文明发展的共同理念。

这个理念就是，人类与海洋生态系统“和谐共生”，世界各国各地区人民和平友好，建立基于“人类命运共同体”的“合作共赢”海洋和平、和谐机制和制度，最终目标是实现区域海洋和全球海洋的生态、和平、和谐发展，进而建成全人类的自然—社会生态和谐美好的“天下大同”世界。

有了美好的共同理念、共同目标，全人类为之共同努力，锲而不舍，就一定会将之成为美好的现实。

而中国是这一美好理念的首倡国，也必然是带头践行国；中国的海洋文明强国建设，与之相辅相成；中国的海洋文明强国目标的实现，与之涵化一体：其世界意义和世界性，就在这里。

参考文献

一、国内著述

[1]《马克思恩格斯选集》第2卷，北京，人民出版社1972年版。

[2]《马克思恩格斯全集》第47卷，北京，人民出版社2004年版。

[3]《毛泽东文集》第6卷，北京，人民出版社1999年版。

[4]《毛泽东选集》第2卷，北京，人民出版社1991年版。

[5]白寿彝总编:《中国通史》，上海，上海人民出版社2006年版。

[6]曹世潮:《文化战略——一项成为世界一流或第一的竞争战略》，上海，上海文化出版社2001年版。

[7]陈高华、吴泰、郭松义:《海上丝绸之路》，北京，海洋出版社1991年版。

[8]陈炎:《海上丝绸之路与中外文化交流》，北京，北京大学出版社1996年版。

[9]陈明义:《海洋战略研究》，北京，海洋出版社2014年版。

[10]陈玉荣:《蓝色跨越：海洋强国的生态逻辑》，北京，中国水利水电出版社2018年版。

[11]董金明等:《走向海洋强国——高校思想政治理论课海洋意识教育新视野》，北京，高等教育出版社2019年版。

[12]高兰:《中国海洋强国之梦》，上海，上海人民出版社2014年版。

[13]龚缨晏:《20世纪中国“海上丝绸之路”研究集萃》，杭州，浙江大学出版社2012年版。

[14]龚缨晏:《中国海上丝绸之路研究百年回顾》，杭州，浙江大学出版社2011年版。

[15]广东炎黄文化研究会编:《岭峤春秋——海洋文化论集》，广州，广东人民出版社1997年版。

[16]广东炎黄文化研究会编:《岭峤春秋——海洋文化论集（二）》，广州，广东人民出版社1999年版。

[17]广东炎黄文化研究会编:《岭峤春秋——海洋文化论集（三）》，广州，中山大学

出版社 2002 年版。
[18] 广东炎黄文化研究会编:《岭峤春秋——海洋文化论集（四)》，北京，海洋出版社 2003 年版。
[19] 国家海洋局机关党委编:《中国海洋文化论文集》，北京，海洋出版社 2008 年版。
[20] 海洋发展战略研究所课题组:《中国海洋发展报告 2011》，北京，海洋出版社 2011 年版。
[21] 亨廷顿:《文明的冲突与世界秩序的重建》，北京，新华出版社 1998 年版。
[22] 洪晓楠:《文化哲学思潮简论》，上海，上海三联书店 2000 年版。
[23] 花建等:《软权力之争：全球化视野中的文化潮流》，上海，上海社会科学院出版社 2001 年版。
[24] 霍桂桓:《文化哲学论稿》，北京，中国社会科学出版社 2007 年版。
[25] 季国兴:《中国的海洋安全和海域管辖》，上海人民出版社 2009 年版。
[26] 江泽慧、王宏主编:《中国海洋生态文化》，北京，人民出版社 2017 年版。
[27] 金永明:《新时代中国海洋强国战略研究》，北京，海洋出版社 2018 年版。
[28] 李德顺:《家园——文化建设论纲》(合作)，哈尔滨，黑龙江教育出版社 2000 年版。
[29] 李德顺:《立言录——李德顺哲学文选》，哈尔滨，黑龙江教育出版社 1998 年版。
[30] 李明春:《我们的渤海》，北京，海洋出版社 2001 年版。
[31] 李明春、吉国:《海洋强国梦》，北京，海洋出版社 2014 年版。
[32] 李鹏程:《当代文化哲学沉思》，北京，人民出版社 1994 年版。
[33] 林华东:《河姆渡文化初探》，杭州，浙江人民出版社 1992 年版。
[34] 林拓等主编:《世界文化产业发展前沿报告》，北京，社会科学文献出版社 2004 年版。
[35] 凌纯声:《中国边疆民族与环太平洋文化》，台北，经联出版事业公司 1979 年版。
[36] 刘凤鸣、耿昇等主编:《登州与海上丝绸之路——国际学术研讨会论文集》，北京，人民出版社 2009 年版。
[37] 刘凤鸣:《山东半岛与东方海上丝绸之路研究》，北京，人民出版社 2007 年版。
[38] 刘进田:《文化哲学导论》，北京，法律出版社 1997 年版。
[39] 刘长林:《中国系统思维》，北京，中国社会科学出版社 1990 年版。
[40] 柳和勇:《舟山群岛海洋文化论》，北京，海洋出版社 2003 年版。
[41] 柳和勇主编:《中国海洋文化资料和研究丛书》，北京，海洋出版社 2006 年版。
[42] 栾丰实:《海岱地区考古研究》，济南，山东大学出版社 1997 年版。
[43] 鸾丰实:《东夷考古》，济南，山东大学出版社 1996 年版。

[44] 陆儒德:《毛泽东的海洋强国路》，北京，海洋出版社 2015 年版。
[45] 罗荣渠主编:《从西化到现代化》，北京，北京大学出版社 1990 年版。
[46] 马若芳:《中国文化建设讨论集》，上海，经纬书局 1935 年版。
[47] 曲金良、周秋麟主编: *China Ocean Culture*，Ocean Press2006 年版。
[48] 曲金良主编:《中国海洋文化史长编（先秦秦汉卷）》，青岛，中国海洋大学出版社 2008 年版。
[49] 曲金良主编:《中国海洋文化史长编（魏晋南北朝隋唐卷）》，青岛，中国海洋大学出版社 2013 年版。
[50] 曲金良主编:《中国海洋文化史长编（宋元卷）》，青岛，中国海洋大学出版社 2013 年版。
[51] 曲金良主编:《中国海洋文化史长编（明清卷）》，青岛，中国海洋大学出版社 2012 年版。
[52] 曲金良主编:《中国海洋文化史长编（近代卷）》，青岛，中国海洋大学出版社 2013 年版。
[53] 曲金良主编:《中国海洋文化研究（第一卷）》，北京，文化艺术出版社 1999 年版。
[54] 曲金良主编:《中国海洋文化研究（第三卷）》，北京，海洋出版社 2002 年版。
[55] 曲金良主编:《中国海洋文化研究（第 4~5 合卷）》，北京，海洋出版社 2005 年版。
[56] 曲金良主编:《中国海洋文化研究（第 6 卷）》，北京，海洋出版社 2008 年版。
[57] 曲金良主编:《中国海洋文化基础理论研究》，北京，海洋出版社 2014 年版。
[58] 曲金良主编:《中国海洋文化发展报告（2013 年卷）》，北京，社会科学文献出版社 2014 年版。
[59] 曲金良主编:《中国海洋文化发展报告（2014 年卷）》，北京，社会科学文献出版社 2015 年版。
[60] 曲金良主编:《中国海洋文化发展报告（2015 年卷）》，北京，社会科学文献出版社 2016 年版。
[61] 曲金良:《中国海洋文化遗产保护研究》，福州，福建教育出版社 2019 年版。
[62] 沈文周:《中国近海空间地理》，北京，海洋出版社 2006 年版。
[63] 司徒尚纪:《中国南海海洋文化》，广州，中山大学出版社 2009 年版。
[64] 宋正海、郭永芳、陈瑞平:《中国古代海洋学史》，北京，海洋出版社 1986 年版。
[65] 宋正海:《东方蓝色文化——中国海洋文化传统》，广州，广东教育出版社 1995 年版。

[66] 苏秉琦:《中国文明起源新探》，北京，生活·读书·新知三联书店 1999 年版。
[67] 苏勇军:《浙东海洋文化研究》，杭州，浙江大学出版社 2011 年版。
[68] 孙光圻:《中国古代航海史》，北京，海洋出版社 2005 年版。
[69] 孙光圻主编:《中国航海史基础文献汇编》，北京，海洋出版社 2007 年版。
[70] 唐晋主编:《大国崛起》，北京，人民出版社 2006 年版。
[71] 田昌五:《中国历史体系新论》，济南，山东大学出版社 1995 年版。
[72] 王凤珍:《人类理性的重建——环境危机的哲学反思》，北京，高等教育出版社 2004 年版。
[73] 王震中:《中国文明起源的比较研究》，西安，陕西人民出版社 1994 年版。
[74] 王诗成:《海洋强国论》，北京，海洋出版社 2000 年版。
[75] 席龙飞:《中国造船史》，武汉，湖北教育出版社 2000 年版。
[76] 谢维扬:《中国早期国家》，杭州，浙江人民出版社 1995 年版。
[77] 徐质斌:《建设海洋经济强国方略》，济南，泰山出版社 2001 年版。
[78] 严中平等:《中国近代经济史统计资料选辑》，北京，科学出版社 1955 年版。
[79] 杨国桢、郑甫弘、孙谦:《明清中国沿海社会与海外移民》，北京，高等教育出版社 1997 年版。
[80] 杨国桢:《瀛海方程：中国海洋发展理论和历史文化》，北京，海洋出版社 2008 年版。
[81] 杨金森:《海洋强国兴衰史略》，北京，海洋出版社 2007 年版。
[82] 叶大兵编:《中国渔岛民俗》，温州，温州市民俗文化研究所 1993 年版。
[83] 殷克东、方胜民:《海洋强国指标体系》，北京，经济科学出版社 2008 年版。
[84] 张岱年、方克立主编:《中国文化概论》，北京，北京师范大学出版社 2009 年版。
[85] 张开城、张国玲:《广东海洋文化产业》，北京，海洋出版社 2009 年版。
[86] 张开城、徐质斌:《海洋文化与海洋文化产业研究》，北京，海洋出版社 2008 年版。
[87] 张立文等主编:《传统文化与现代化》，北京，中国人民大学出版社 1987 年版。
[88] 张曙光主编:《民族信念与文化特征》，北京，人民出版社 2009 年版。
[89] 张威主编:《海洋考古学》，北京，科学出版社 2007 年版。
[90] 张炜、方堃:《中国海疆通史》，郑州，中州古籍出版社 2003 年版。
[91] 张晓明主编:《中国文化产业发展报告》，北京，社会科学文献出版社 2004 年版。
[92] 张震东:《中国海洋渔业简史》，北京，海洋出版社 1983 年版。
[93] 章巽主编:《中国航海科技史》，北京，海洋出版社 1991 年版。
[94] 赵亚娟:《联合国教科文组织〈水下文化遗产保护公约〉研究》，厦门，厦门大学

出版社 2007 年版。

[95] 郑鹤声、郑一钧:《郑和下西洋资料汇编》，济南，齐鲁书社 1980 年版。

[96] 中国国家博物馆水下考古研究中心编:《水下考古学研究（第 1 卷）》，北京，科学出版社 2012 年版。

[97] 中国海洋学会、中国太平洋学会编:《第九届海洋强国战略论坛论文集》，北京，海洋出版社 2019 年版。

二、国外著述

[98][美] 海思、穆恩、威兰著:《世界通史》，刘启戈译，大孚出版公司 1948 年版。

[99][美] 斯塔夫里阿诺斯著:《全球通史：1500 年以后的世界》，吴象婴、梁赤民译，上海，上海社会科学院出版社 1999 年版。

[100][荷] 冯·皮尔森著:《文化战略》，刘利圭等译，北京，中国社会科学出版社 1992 年版。

[101][美] 塞缪尔·亨廷顿著:《文明的冲突与世界秩序的重建》，周琪等译，北京，新华出版社 1998 年版。

[102][德] 黑格尔:《历史哲学》，王造时译，上海，上海书店出版社 2001 年版。

[103][荷] 雨果·格劳修斯著:《海洋自由论》，宇川译，上海，上海三联书店 2005 年版。

[104][日] 木宫泰彦著:《日中文化交流史》，胡锡年译，北京，商务印书馆 1980 年版。

[105][日] 圆仁著:《入唐求法巡礼记》，顾承甫、何泉达点校本，上海，上海古籍出版社 1986 年版。

[106][英] 保罗·肯尼迪著:《大国的兴衰》，陈景彪等译，北京，国际文化出版公司 2006 年版。

[107][英] 李约瑟著:《中国科学技术史》第 4 卷，汪受琪等译，北京，科学出版社 1975 年版。

[108] 联合国教科文组织编:《十五至十九世纪非洲的奴隶贸易》，黎念等译，北京，中国对外翻译出版公司 1984 年版。

索　引

T

W